江浙典型茶园地理特征指标空间测度

方　斌　董立宽　阚博颖　著

科学出版社
北　京

内 容 简 介

本书借助 SPSS、GS+、ArcGIS 等软件的相关功能，探讨了江浙地区茶园地理特征指标空间分布特征。主要方法包括描述性统计分析、相关性分析、地统计学分析、耦合性分析以及标准差椭圆分析等。研究结果表明江浙地区茶园各养分含量整体水平较高，重金属含量水平基本符合绿色标准；但各指标表现出明显的空间异质性，并彼此相关，土壤和茶叶因子间耦合度较高。

本书可为农学、生态学及土地资源管理专业人士及农业、环境等政府管理人员提供理论指导和参考依据。

图书在版编目（CIP）数据

江浙典型茶园地理特征指标空间测度/方斌，董立宽，阚博颖著. —北京：科学出版社，2017.3

　ISBN 978-7-03-051765-4

　Ⅰ．①江⋯　Ⅱ．①方⋯　②董⋯　③阚⋯　Ⅲ．①茶园-地理环境-研究-江苏②茶园-地理环境-研究-浙江　Ⅳ．①S571.1

中国版本图书馆 CIP 数据核字（2017）第 027045 号

责任编辑：周　丹　郑　昕　沈　旭/责任校对：钟　洋
责任印制：张　伟/封面设计：许　瑞

科 学 出 版 社 出版
北京东黄城根北街16号
邮政编码：100717
http://www.sciencep.com

北京建宏印刷有限公司 印刷

科学出版社发行　各地新华书店经销
*

2017 年 3 月第　一　版　　开本：720×1000　1/16
2017 年 3 月第一次印刷　　印张：19
字数：383 000

定价：99.00 元
（如有印装质量问题，我社负责调换）

前　言

我国农产品质量事件时有发生，引发了人们对农产品安全的质疑，如何较大幅度提升我国农产品的安全可信度成为亟待解决的重要问题。研究优质农产品的地理特征标志，不仅可以提出产品的品质标准，还可以指导农产品质量的提升方向。而农产品优质性的形成与地理背景、生态环境状况、历史渊源等因素有着十分密切的关联，深入揭示农产品品质与地理环境关系的理论，能有针对地保护和适当调控农产品的生长环境，维护、改善甚至逐步提升农产品品质。在此基础上构建具有我国特色的优质农产品品质评价标准将更具说服力，也更能巩固和提升我国农产品品牌的国际地位和质量话语权。

茶叶既是重要的经济作物，又是重要的饮品，而且具有典型地理性，对其进行研究显然具有十分重要的意义：①历史悠久，种类丰富，覆盖面积广，具有典型普识性特征；②茶叶质量状况与地理指标特征关系紧密，具有典型地理属性；③茶叶价值高、价格波动大，又是区域经济和农民收入增长的重要影响因素。基于此，本书以江浙两省优质名茶茶园为例，借助 SPSS、GS+、ArcGIS 等软件的相关分析功能，对江浙地区茶园的地理特征指标进行测度，主要结论如下：

（1）描述性统计分析表明：江苏省茶园土壤 pH 处于适宜茶叶种植的水平，而浙江省茶园土壤 pH 处于最适宜茶叶种植的水平。江浙地区茶园土壤养分整体供给水平及叶片养分整体富集水平均较高，其中土壤养分供给整体水平浙江省高于江苏省，但变异水平也较大；茶叶有机质及速效氮富集水平浙江省高于江苏省，而速效磷及速效钾富集水平江苏省高于浙江省，但江苏省茶园养分含量整体变异水平大于浙江省。江浙地区茶园土壤重金属污染整体状况良好，除土壤锌在整体水平上存在一定程度的污染外，其他整体水平均在标准限值范围内，未造成污染。就锌元素本身而言，其含量高对人体是有益的，但过高也需适当控制，防止对人体产生危害。除茶叶叶片有机质含量变异整体水平小于 1%，属于弱变异水平外，江浙地区茶园土壤-叶片各要素指标含量的变异水平均在 10%~100%之间，属于中等强度变异水平。总体而言，江浙地区茶园土壤-叶片养分含量整体水平较高，重金属含量水平较低，茶叶整体质量较优。但由于变异系数受人为影响程度较大，因此，仍然需要进一步建立健全茶园规范化管理，提高因地制宜的水平及各元素的利用效率。

（2）相关关系分析表明：土壤要素之间、茶叶要素之间以及土壤与茶叶要素之间均存在一定的相互作用。土壤系统中，土壤硒最活跃，与土壤 pH、有机质、铜、锌、镉、砷等均表现出显著的相关关系。茶叶系统中，叶片砷最活跃，与叶片有机质、速效磷、铜、镉等均表现出显著相关关系。土壤-叶片系统中，由于叶片对土壤各营养元素及重金属的吸收具有选择性特征，因而在含量上并没有表现出较强的显著性相关关系。

（3）变异函数分析表明：研究区土壤-叶片各要素指标变量本身存在着因采样误差、短距离变异、随机和固有变异等引起的各种正基底效应。江浙地区茶园土壤-叶片各要素指标空间分布既受结构性因子的影响又受到随机性因子的影响。就江浙地区茶园土壤-叶片各要素的整体水平而言，由采样误差、施肥管理等随机因素引起的变异较小，而由土壤母质、地形地貌、土壤类型等结构性因素引起的变异较大。江苏省土壤-叶片的各要素指标均表现为相对较大尺度上的空间自相关性，浙江省则表现为相对较小尺度上的空间自相关性，这主要与江苏省研究区茶园相对浙江省地势较为平缓有关。

（4）Kriging/IDW 插值分析表明：江浙地区土壤-叶片各要素指标的空间分布均呈现出相连成片的共性，但又各具形态。居民点、交通道路等人为影响较大的区域及其附近有机质及速效养分含量普遍偏低，而重金属含量普遍偏高。浙江省土壤有机质及速效养分含量整体上较江苏省更高；但茶叶养分的区域性差异特征并不明显，其中江苏省天目湖及浙江省溪龙乡茶叶有机质和速效氮含量整体上较江苏省东山镇和浙江省龙井村更高，而浙江省溪龙乡茶叶速效磷及速效钾含量整体上较其他三个研究区茶叶明显要低。江浙地区茶园重金属含量整体水平均在相关标准限值范围内，基本符合茶叶质量安全标准，但都存在局部异常或突变的情况。

（5）耦合性分析表明：江浙地区茶园土壤-叶片各要素整体水平耦合度均较高。其中，仅东山镇要素砷和龙井村要素铜属于磨合阶段；其他各要素属于高水平耦合阶段。就研究区要素综合水平而言，江浙地区四个研究区要素耦合水平由高到低依次为溪龙乡>天目湖>龙井村>东山镇。江浙地区土壤-叶片要素耦合协调度整体水平也较高。除东山镇要素镉、砷的耦合协调强度为中度协调，其余要素均为高度协调或极度协调。就研究区要素综合水平而言，其要素综合耦合协调度水平由高到低依次为溪龙乡>天目湖>龙井村>东山镇。高耦合性也体现出该区域土壤要素与叶片要素间确实存在较强的关联性。

（6）标准差椭圆分析表明：江浙地区茶园土壤-叶片各要素标准差椭圆耦合度整体水平均较高，说明茶叶整体品质状况与茶园土壤整体质量状况密切相关。同一研究区要素标准差椭圆整体分布情况比较相似，但不同研究区要素标准差椭圆相差较大，说明地形地貌特征、采样点布设等对标准差椭圆的特征具有重要影响。由土壤-叶片要素标准差椭圆短轴与长轴比值可知，天目湖、东山镇及龙井村研究区茶园要素在空间分布上均表现出明显的趋势性，而溪龙乡研究区茶园要素空间分布的趋势性则较弱。由标准差椭圆主轴方位角可知，除东山镇茶园要素空间分布在南北方向上的差异较东西方向上的差异更大外，其他三个研究区要素空间分布均为在东西方向上的差异较南北方向上的差异更大。因此农户应结合茶园土壤及茶叶的实际状况，因地制宜地制定茶园经营管理策略。

受技术、时间等因素的影响，本书仍存在一些有待改进的地方。在广度上，还可以考虑时间因素，进行动态分析；在深度上，还可以对土壤进行分层研究，对茶树其他组织进行分类研究等；在内容上，还可以对农户茶园经济效益进行研究分析等。

本书的成果得到了国家自然科学基金项目——"优质农产品地理特征指标的测度研究——以江浙地区优质茶叶为例（41271189）""县域土地利用格局'三生'融合模式研究——以江浙两省为例（41671174）"的大力支持；同时，本书的出版还得到了"江苏高校优势学科建设工程资助项目"的经费支持，在此致以诚挚的谢意！此外，本书的完成还要感谢徐云鹤、蔡燕培、祁欣欣、施龙博、吕庆玉、崔继昌、杨惠、李雪、周俊彦、王晨歌、邢璐平等同学，他们的辛勤劳动也为本书的顺利完成创造了良好的条件！

方　斌

2016 年 12 月 9 日

于南京师范大学

目 录

第1章 绪 论

1.1 茶园地理特征指标测度研究背景

我国是世界上最早发现、利用和栽培茶树的国家。有据可查的人工栽培茶树已有近 3000 年的历史。茶树是多年生作物，没有轮作，长期生长在热带和亚热带气候条件下，逐渐进化形成了其特有的生长发育条件，如喜温怕冷、喜酸怕碱、喜湿怕涝、喜光怕晒等。其中喜酸怕碱是茶树最重要的特点，它能在 pH 为 3.0~6.8 的土壤中生长，最适 pH 为 4.5~5.5。目前，我国典型茶区有 50%以上的茶园土壤 pH 低于 4.5（韩文炎等，2002）。

同时，我国也是世界上最大的茶叶生产国、消费国和主要的贸易国。茶叶是我国重要的经济作物，至 2010 年年底，我国共有茶园面积 197 万 hm²，茶叶产量 147.5 万 t，分别占世界茶园总面积和总产量的 53.4%和 35.4%（ITC，2011）。其中茶叶出口量 30.24 万 t，茶叶出口总额 7.84 亿美元，分别占全球茶叶贸易量和贸易额的 19.2%和 17.6%。全国茶叶总产值达 558.5 亿元人民币，涉及人口数千万。茶叶是公认的健康食品之一，近年来茶叶的消费量在逐年增加，茶叶产品从直接饮用到茶叶饮料，各类茶叶升级转化产品不断涌现。

自古以来，江浙地区就是鱼米之乡，富甲天下，物产富饶，人文荟萃。江浙地区自明清以来就盛产茶叶，许多地区现在一年只产春茶，而当地居民也以绿茶为主，尤其喜欢清明、谷雨前的茶，大部分绿茶以一芽一叶为标准，也有少部分的是纯芽头。相较于其他几类茶叶，绿茶与江南人文环境还是相得益彰的，每年早春做茶时，江浙的茶山上都形成一道靓丽的风景线。而碧螺春和龙井茶则是该地区孕育出的两大瑰宝。近年来，江苏、浙江等一些地方，还专门开展旅游项目，如各种茶会、茶叶节，也由此带动了与茶相关的一些产业的发展（葛晋纲等，2013）。

茶叶生产有赖于各项技术措施的应用和实施。据研究，1970~1992 年间世界主要茶园中，化学肥料对茶叶生产的贡献率为 41%，在其他物资投入中，农药等投入也占到了较大比例（阮建云，2003）。现代茶叶生产已经日益严重依赖于资源和资本的投入，既增加了能源消耗，也加重了茶叶生产环境负荷，造成近年来茶叶中重金属和农药超标现象时有发生。国外许多发达国家已经注重于茶叶的绿色食品生产，严格控制重金属、农药和有害细菌的残留。随着我国加入世界贸易组织（WTO），参与农业国际化，今后茶叶生产将面临着一个更为开放的国际市场，作为自然因素和中国传统文化高度结合的产物、我国最典型的地理标志产品——茶叶，如果不从根本上消除横亘于我国农产品成为国际认可品牌的真正障碍，那么贸易的"绿色壁垒"将会使我国茶叶在国际市场的竞争力和占有率受到极大程度的挑战。

1.2 茶园地理特征指标测度研究意义

在消费领域，随着环保意识的增强、人们价值观念的转变，崇尚自然、注重安全、追求健康的思想将首先影响人们的消费行为，在国际贸易领域，对茶叶卫生和质量监控越来越严，对茶叶生产加工方式及其对环境的影响日益受到重视。茶叶生产涉及产前、产中和产后等过程，都存在着受到污染的风险，特别是茶叶生长的产地环境质量是关系到茶叶安全问题的一个重要环节。通过基地建设改善产地环境，从源头上控制茶叶农药、重金属残留和有害微生物数量，全面提高茶叶的卫生质量，降低产品的质量风险，既迎合了现代人对食品卫生质量的要求，同时也减少了因质量安全而产生的市场风险，是提高我国农产品出口和国际竞争的有效措施。

茶叶优质性的形成与地理背景、历史渊源、生态环境状况等因素有着十分密切的关联，深入揭示茶叶品质与地理环境关系的理论，能有针对地保护和适当调控茶叶的生长环境，维护、改善甚至逐步提升茶叶品质。在此基础上构建具有我国特色的优质茶叶品质评价标准将更具说服力，也更能巩固和提升我国茶叶品牌的国际地位和质量话语权。

碧螺春茶和龙井茶分别是苏州和杭州的两张名片，茶业已成为集经济、生态、社会于一体的特色产业，在农业产业结构调整、发展高效农业、增加农民收入和解决农村就业方面发挥着十分重要的作用。特别是近几年来茶叶的经济收益水平呈逐年加速提高的态势，茶农因收益增速加快而种茶的积极性日益高涨，茶园面积增幅较大，但是在茶叶经济快速发展的同时，生态环境面临着巨大的压力，出现生态破坏和环境质量恶化的现象。加强对江浙地区茶园产区土壤和茶叶地理特征指标的调查和研究，提出控制茶叶产品质量安全技术措施，对促进江浙地区农业生态环境保护和实现茶叶生产的可持续发展具有重要的意义。

1.3 茶园地理特征指标测度研究进展

1.3.1 茶园土壤性状研究进展

土壤是茶树生长的基础，良好的土壤肥力状况是保证茶叶产量和品质的先决条件，同时茶树的生长特性也影响土壤理化和土壤中微生物的状况，形成了有别于其他作物的茶园土壤特性（刘美雅等，2015）。近年来，有关茶园土壤的研究主要从土壤物理性状、化学性质和微生物等方面展开。

1）土壤物理性状研究进展

土壤物理学是土壤学中最早的 6 个分支学科之一。迄今为止，我国对茶园土壤的研究，大部分都是以茶园土壤化学性质为主，关于物理性质方面的研究还是一个薄弱环节，有许多问题亟待解决。对于茶园土壤来说，由于其所进行的特殊栽培和管理，与其他旱作土壤相比有很大的特殊性，因而茶园土壤的物理性质研究较其他农耕地土壤复杂，研究进展也比较缓慢，大部分成果仅是原始调查所总结的一般规律（廖万有，1997）。

（1）茶园土壤的发生学特征

由于茶树是多年生深根系作物，一旦栽植即长期固定，因此，植茶土壤是一个单作土壤。随着茶树生长、采摘面积的不断扩大，茶行之间的土壤覆盖率逐渐提高，到成年后，只有行间可勉强作为施肥、采茶等管理作业的通道。因此，行间土壤长期受人为活动的影响，而株间土壤在定植茶树后，没有经受过耕翻等人为影响，有比较稳定的理化性质。与普通旱作地的表层土壤相比，普通旱作地土壤由于培肥等管理而变得不一致时，可由每茬翻耕等作业使其重新一致。然而茶园土壤却不同，它随着树龄的不断增大，行间不同位置的土壤性质，尤其是物理性质的不一致也就越来越明显，这就形成了茶园土壤发生过程中区别于其他旱作土壤的重要特征之一（廖万有，1997）。

众所周知，茶树属热带和亚热带喜酸作物。因此，在我国植茶土壤主要是红壤、黄壤和黄棕壤，也有部分紫色土和冲积土等。这些酸性土壤在植茶前均经历过脱硅富铝化的地球化学过程。植茶后，随茶树的生长、茶园施肥、茶树对养分的吸收和茶树落叶的生物富集等，0~20cm 土层中固相：液相：气相为 43~50：22~19：35~31；20~40cm 土层中固相：液相：气相为 43~54：25~21：31~25。林心炯（1989）对福建省高产红壤茶园调查提出：0~20cm 土层中固相：液相：气相以 42~46：33~24：25~30 为宜。中国农业科学院茶叶研究所在 1986 年主编的《中国茶树栽培学》一书中表明高产茶园表层土壤中固相：液相：气相大致以 50：20：30 左右为宜，而心土层则以 55：30：15 左右为宜。

（2）茶园土壤的含水量和容重

茶园土壤水分是目前茶园土壤物理性质研究中最为活跃的领域，进展也较快。

其一是初步探明了茶树生育的适宜土壤含水量。据苏联奥夫恰联柯对老茶园土、新茶园土和未经垦殖的生荒土等长期研究结果，产量较高的熟化茶园土在 0~50cm 土层中土壤容重为 1.02~1.34g/cm^3、总孔隙度在 52%~60% 时，水分物理特性参数是：最大吸湿水 6.5%~11.9%、凋萎湿度 20.5%、最大持水量 32.2%~40.4%，茶树生长的有效水分为 17.7%。杨跃华等（1987）研究表明在土壤相对含水量为 60%~75%时，茶树地下部分生长最好，根粗而长；而相对含水量为 105%时，根系生长较差，只在近地表部分有一些新根；当相对含水量达 30%时，根系不能生长。我国赵晋谦等（1979）、许允文等（1986）研究表明，红壤茶园以土壤含水量达到田间持水量的 90%左右时，茶树生长最好，产量最高；土壤含水量降低到田间持水量的 70%时，就需要灌溉补充水分。据王晓萍（1992）研究，当土壤相对含水量为 70%~90%时，根系在土壤中分布范围最广，根系总量和吸收根的重量最大，反映根系活力的脱氢酶活性最强；当土壤含水量为 50%和 110%时，根系发育受到严重抑制，从而降低了根系吸收和利用土壤养分的能力。

其二是探明了茶园土壤有效水与土壤物理结构的关系。测得茶园土壤有效含水量与土壤总孔隙度呈曲线相关，与有机碳呈直线相关；饱和渗透率及累计渗透率与大孔隙率呈指数相关（杨跃华等，1987）。

其三是探明了我国低丘红壤茶园土壤的持水特性及水分循环特征。许允文等（1991）对浙赣地区第四纪红壤茶园土壤调研结果表明，此类茶园持水量与黏粒含量和毛管孔隙（<0.05mm）的数量呈高度线性相关，田间持水量可达 32%以上，然而有效含水量仅为 11%左右，且 50%以上的释放量在 0.1~0.3MPa 的高吸力段内，对茶树供水力差。红壤茶园虽然在 1m 深土体中的贮水量可高达 500mm 左右，但在旱季能参与土壤水分循环的仅约 1/4，这就是红壤茶园易受干旱威胁的重要原因。他们的研究还表明，我国红壤茶园土壤水分动态特征与该地区的水文气候特点一致，大致可分为贮水高峰期（3~6 月），蒸散消耗期（7~10 月）和补充恢复期（11 月~次年 2 月）等 3 个阶段。由此可见，充分利用低丘红壤茶园水资源是该地区茶叶生产的首要任务。

（3）免耕茶园土壤的物理性状

20 世纪 70 年代开始，我国提出了在茶园中实行密植免耕，很自然地把高度密植与免耕法结合起来进行茶园密植免耕对土壤物理性状影响的研究。姚国坤和葛铁钧（1987）研究表明，与现行条栽耕作茶园相比，密植免耕茶园的表层（0~10cm）土壤容重增大 10%~13%，大于 0.1mm 的大孔隙减少 5.6%~8.4%，总孔隙度减少 3.9%~7.8%，而其他层次土壤的大、中、细、极细的孔隙及容重较接近。与现行条栽耕作茶园相比，密植免耕茶园 0~20cm 土层的透水系数（K 值）低得多，持水力明显降低，但 20~60cm 土壤的透水系数及持水力差异甚小。张亚莲（1990）、刘继尧（1991）的结果表明，红壤常规茶园免耕与耕作土壤相比，0~45cm 土层中>0.25mm 的水稳性团聚体增加 27%，在日降水量达 50mm 以上时，土壤冲刷量仅为常规耕作茶园的 21.5%，水土保持能力加强。据我国贵州、浙江、湖南、江西、湖北等省的大量试验表明，免耕法作为密植茶园土壤集约化管理方法之一是可行的，但在茶园实行免耕时，对树体和土壤物理指标都有一定的要求，因此，要因地制宜，灵活掌握。

2）土壤化学性质研究进展

（1）氮元素

氮元素是茶树生长所需的重要元素，在所有生命体中起着极其重要的作用，是茶树体中除碳、氢、氧外含量最多的元素。茶园土壤中的氮元素除来自于成土母质外，还可通过以下途径获得：①大气中分子氮的生物固定，植物无法直接吸收大气和土壤空气中的氮分子，氮分子需要经过固氮微生物固定成为有机氮化合物，才可进入土壤；②雨水和灌溉水带入，雷电可使大气中的氮氧成为二氧化氮与一氧化氮等氮氧化物，其可与气态氮溶解在降水中，随雨水进入土壤，而随灌溉水进入土壤的则多为硝态氮；③有机肥与化学肥料，增施有机肥可增加土壤含氮量，提高土壤肥力（黄昌勇，2000）。

氮元素在土壤中主要以无机氮与有机氮两种形式存在，有机氮占全氮量的95%以上，无机氮只占少部分。有机氮包括腐殖质、氨基酸、蛋白质等，必须在微生物的作用下经过矿化作用转化为无机氮，才能被茶树吸收。无机氮可分为铵态氮（NH_4-N）与硝态氮（NO_3-N）两种形态（向芬等，2012）。茶树吸收 NO_3-N 后必须将其还原成 NH_4-N 后才能利用，其还原过程分为两步，NO_3-N 首先经过硝酸还原酶的作用还原成 NO_2^-，NO_2^- 再经过亚硝酸还原酶的作用还原成 NH_3，由于第二步比第一步迅速，因此茶树体内不会残留 NO_2^-。茶树吸收的 NH_4-N 经过谷氨酸脱氢酶系统（GDH）和谷酰胺合成酶-谷酰胺-α-酮戊二酸氨基转移酶系统（GS-GOGAT）的同化作用合成谷氨酸，茶树把多余的谷氨酸转化为茶氨酸、谷酰胺和精氨酸，最后合成的谷酰胺和精氨酸转移到茶树的各器官中，通过转氨作用形成茶树所需的各种氨基酸（胡明宇等，2009）。

土壤氮元素对茶叶品质的影响显著，主要体现在蛋白质、茶多酚、氨基酸与咖啡碱含量以及茶叶香气的组成，维生素与多种酶类也与氮元素密切相关（胡明宇等，2009）。Yuan（2000）、苏有健等（2011）研究发现，随着土壤含氮量的增加，茶叶中氨基酸与咖啡碱的含量逐渐增加，而茶多酚的含量则有所降低，酚氨比下降。氨基酸能够提高茶叶的鲜爽度，咖啡碱则会加强茶叶的苦涩度，酚氨比作为茶叶的重要评定指标，其值与茶叶品质成反比，酚氨比越低代表茶叶品质越高，反之品质越低。由此可知土壤氮元素对茶叶的品质具有积极的作用，能够有效提高茶叶的品质。

但土壤氮元素过多或缺少都会对茶叶产生不良影响。邓敏等（2012）研究发现，土壤氮元素超过适宜数量后，茶叶百芽重和新梢生长量将下降。杨耀松（1996）

研究表明，土壤施氮过多会影响儿茶素的含量和组成，限制糖类向多酚类转化，使多酚类和水浸出物含量降低，引起叶绿素残留，导致茶色灰暗，汤色混浊，并增加咖啡碱含量，影响茶叶品质。林郑和等（2013）认为，缺氮对不同品种的茶树植株生长量均有负面影响。缺氮时，树体长势较弱，叶色枯黄，芽细叶小，叶片容易提前掉落，产量降低且品质较差。研究发现，土壤氮素含量与氨基酸及茶多酚含量有很大关联，缺氮会限制茶多酚的积累与代谢，降低氨基酸含量，从而影响茶树长势（Ruan et al.，2010）。

（2）磷元素

土壤磷元素是土壤肥力的重要组成之一，具有沉积性，磷元素的迁移性在营养元素当中是最低的，在成土过程中，磷元素的风化、淋溶和富集迁移是诸多成因共同作用而成，其积累主要由生物富集迁移作用决定（李玲等，2008）。土壤中的磷元素主要源于成土母质与肥料，其含量有明显的区域性差异，从北至南逐渐降低（黄昌勇，2000）。由于磷元素以沉积的形式存在，迁移性较低，故其利用效率低，尤其在南方，酸性或强酸性土壤较多，活性铁、铝含量相对较高，可溶性磷多与其结合形成难溶性化合物，降低有效磷含量（张鼎华等，2001）。

土壤中按其化学结构可分为无机磷与有机磷两大类，按其利用效率可分为活性磷（速效磷）与非活性磷。不同形态的磷元素对茶叶品质有不同的影响，磷元素进入茶树体内后，多以有机化合物的形式存在，约占80%，也有部分以无机形式存在，约占20%。无机磷中，主要是闭蓄态磷（O-P），其次为磷酸铁（Fe-P），磷酸铝（Al-P）和磷酸钙（Ca-P）较少。磷酸铝与茶多酚、水浸出物正相关并达显著水平。范腊梅等（1988）研究表明：土壤全磷和茶叶的茶多酚、氨基酸、水浸出物等品质成分无明显相关；速效磷与茶多酚、水浸出物呈显著正相关，相关系数分别为0.561和0.578，但与茶叶氨基酸含量无明显相关；土壤中无机磷及有机磷总量与茶叶品质成分无明显的相关性，但为茶树生长提供了营养支持。

（3）钾元素

钾是茶树生命代谢过程中具有重要生理功能的一价阳离子，在茶树体内的含量仅次于碳、氢、氧、氮。钾元素在土壤中的形态通常有矿物态钾、非交换性钾、交换性钾和溶液态钾4种。4种不同形态的钾在一定条件下可相互转化，处于动态平衡中。溶液态钾是茶树吸收钾的直接来源，随着茶树对钾的吸收或淋失，土壤溶液态钾浓度降低，交换性钾就会发生解吸，进入溶液中。速效钾由溶液态与交换性钾组成，两者间平衡速率极快。伴随交换性钾含量下降，非交换性钾将会释放转变为交换态，而矿物态钾则只有经过长期风化作用才能释放出来，是植物有效钾的储备库（吕连梅和董尚胜，2003）。

据阮建云等（1996）研究表明，我国茶园土壤的全钾含量为10~20g/kg，缓效钾含量为101~820mg/kg，平均值只有276mg/kg，速效钾含量低于80mg/kg的茶园占 59.05%，多在广东、广西、云南等南方省市。茶园土壤有效钾含量表现出区域性差异，有自南向北逐渐增加的趋势，如以土壤类型分则为棕壤>黄棕壤>红黄壤>赤红壤>砖红壤（韩文炎等，2004）。另外，张荣艳等（2006）研究发现，同一地区的速效钾在土壤剖面上的含量分布特征表现为上层土>中层土>下层土，不同地区的速效钾则由于施肥、耕作等因素而有所不同。

（4）pH

茶树起源于我国西南地区的云贵高原，地处亚热带温和湿润气候，所以茶树形成了喜酸怕碱的习性（马立锋等，2000）。一般来说，土壤 pH 在 4.0~6.5 之间茶树能正常生长，pH 高于 6.5 时茶树生长逐渐停滞，超过 7.0 时甚至会死亡；低于 4.0 时茶树生长受到抑制，影响茶叶产量与质量。林智等（1990）的研究表明，在 pH 为 5.0~6.0 的土壤上，茶树发芽早、新梢生长较快、根系发达；pH 为 5.5 时，新梢生长速率最大、根系生长最好、对茶叶品质最有利；茶树对锌的吸收随土壤 pH 升高而降低。理论上茶园土壤最佳 pH 应是 5.5，但在生产实践中，最适宜控制在 5.0~6.0，且要注意增加锌肥的施用。茶叶的产量和品质是建立在茶园土壤环境基础上的，而茶园土壤酸化会增加重金属向茶叶中转移的可能，降低茶叶饮用的安全性。马立峰等（2000）的研究表明，茶园施肥不平衡，偏施氮肥，少施甚至不施有机肥；工业发展带来的三废和酸雨；茶园中的枯枝落叶还原以及土壤溶液中的阳离子和土壤的交换性阳离子都能引起茶园土壤的酸化。

（5）铅元素

铅是一种有神经毒性的微量重金属元素，为生物体非必需元素，对人体无任何生理功用，理想血液中浓度为零。但是全球现代工业和交通的迅猛发展，使铅元素在环境中普遍存在。茶叶中的铅是目前人们关注最多的重金属元素之一，含量一般在未检出到几十毫克每千克之间，我国茶叶中重金属残留限量国家标准规定茶叶中铅元素的最高限量为 5.0mg/kg（以 Pb 计）（石元值等，中国茶叶检测技术讲座）。浙江省龙井茶中 1996 年铅元素平均含量为 0.63mg/kg；1997 年铅元素平均含量为 0.74mg/kg；1998 年铅元素平均含量为 0.87mg/kg；1999 年铅元素平均含量为 2.11mg/kg，呈逐年上升的趋势（陈宗懋，1988）。铅污染已成为影响茶叶卫生质量和出口创汇的一个主要因素。

铅是一种对环境污染危害较重的重金属元素之一，它的污染来源主要有以下途径：一是通过根系从土壤中吸收；二是大气中的铅元素通过干湿沉降黏着于茶叶表面，或通过叶片吸收系统被吸收；三是在加工过程中污染，其中由根系从土壤中吸收是很重要的途径（陈宗懋等，2007）。根是茶树从土壤吸收养分的主要器官，由于铅离子带正电，当铅离子通过细胞壁时会因为细胞壁的负电荷而大量络合并沉积，只有少量的铅离子进入细胞内部，因此茶树的吸收根是铅元素的主要蓄积部位（石元值等，2003）。茶树根部蓄积的铅元素通过木质部运输扩散到茎、叶和新梢。试验表明，茶树新梢中的铅元素含量与土壤有效态铅呈极显著正相关（$P<0.01$），与土壤全铅也呈显著正相关（$P<0.05$），降低土壤中的铅元素含量，能相应地降低茶树新梢中的铅元素含量（石元值等，2003；孔牧等，1999）。石元值等（2003）的盆栽实验说明，当整个耕层土壤有效铅元素含量为7.28mg/kg时茶叶中铅元素含量达到了2mg/kg。很多研究也表明铅主要累积在植物根部，在重金属污染环境中生长的植物更大比例地积累和富集于根部及茎等不易被次级消费者啃食的部位，从而避免了向环境中的扩散，对环境污染具有一定的净化作用（石元值等，2003）。由此可见，控制茶叶中铅元素含量的关键是土壤中有效态铅的含量。关于田间自然条件下土壤的全铅含量与茶叶中铅元素含量的关系还需要进一步研究。

（6）锌元素

锌是茶树体内的生命活性元素之一，它不仅是许多酶的组分活化剂，而且与叶绿素和生长素的合成有关。土壤有效锌含量降低已成为很多茶园产量和品质进一步提高的重要制约因素，国内外许多学者都认为施锌能提高茶叶产量和改善品质。韩文炎等的研究表明，茶树对锌元素有很强的吸收能力，叶部（喷施）和根部（土施）吸收的锌元素能很快转移到茶树的其他部位，除成熟叶外，新梢、生产枝、主根和吸收根的含锌量与土壤有效锌含量均呈极显著正相关，新梢可作为茶树缺锌诊断的取样部位。适量施锌能改善茶树的整体生理机能，使茶树氧化还原酶促反应和碳代谢朝着有利于茶叶产量和品质形成的方向发展；但过量施锌，茶树生长就会受阻，PPO（polyphenol oxidase，多酚氧化酶）和NR（nitrite reductase，亚硝酸还原酶）活性下降，碳代谢也向着不利于茶多酚和氨基酸合成与积累的方向进行，从而降低茶叶产量和品质。龚子同和陈鸿昭（1995）等通过对名优特茶叶的地球化学环境的调查研究发现茶汤中锌元素含量对绿茶级别的影响十分明显。

（7）砷、镉元素

砷元素在农业生态系统中以及一般食物包括茶叶中或多或少都存在。长期以来人们把砷元素和砷化物看成是污染元素，其实砷元素的毒性比硒元素还要低。还有研究表明，砷是一种人类生命必需元素，在人体内含量恒定，参与人体正常的生命活动。人体缺砷，就会导致机体功能的减弱，但若摄入过多就会损害人体健康。我国茶叶行业标准中类重金属元素砷的残留限量为2mg/kg（以As计）（石元值等，中国茶叶检测技术讲座）。镉是一种对人体有很大毒害的重金属元素，它的来源主要是由于提炼金属工厂中散发出含有镉元素的气体和烟雾随大气浮动扩散而沉降散落在附近的茶园中（陈宗懋，2004）。可溶性镉化合物属中等毒类金属毒物，能抑制体内的各种巯基酶系统，使组织代谢发生障碍，也能损伤局部组织细胞，引起炎症和水肿。可溶性镉化合物对人体产生毒性的浓度为

15~30mg/kg，我国茶叶中重金属元素残留限量行业标准规定镉元素的残留限量为1mg/kg（以 Cd 计）（石元值等，中国茶叶检测技术讲座）。石元值等（2006）的研究表明，近 10 年来茶叶中的砷、镉元素的含量升高了近 1 倍。

由于砷、镉元素在茶树体内活性较低，进入根部的砷、镉元素大部分被根固定，所以茶树各部位受砷、镉元素污染后，吸收根累积量最大，新梢累积量最小。茶树各部位的砷、镉元素累积量顺序表现为：吸收根>主根>老叶或主茎>新梢。在砷、镉元素污染条件下，茶树的主根与吸收根对阻止土壤砷、镉元素向新梢转移起着重要的缓冲及屏障作用，这说明茶树根部最易受砷、镉元素毒害。石元值等（2006）研究结果表明，土壤中砷、镉元素向茶树迁移是茶树新梢中砷、镉元素的主要来源。茶树新梢砷、镉元素增加量与土壤外源砷、镉元素添加量呈显著正相关关系。因此，控制茶园土壤中砷、镉元素的含量是控制茶叶中砷、镉元素含量和保护茶树根系不受砷、镉元素毒害的关键。

（8）铜元素

铜元素是人体所必需的 14 种微量元素之一，铜元素在人体内是氧化还原体系中的一种重要催化剂，是体内 30 多种酶的活性成分并参与造血过程；但摄入过量的铜元素，将对人体产生一定的毒性。铜元素和茶叶的发酵有密切的关系，茶树叶片中大约有 30%的铜元素存在于多酚氧化酶中，如果缺少酶态铜元素茶叶便不能发酵，茶树新梢中铜元素的含量一般在 16~30mg/kg（陈宗懋，2004）。国家规定无公害茶园土壤中铜元素含量应不大于 150mg/kg（中华人民共和国农业部，2001），茶叶中铜元素的含量不超过 60mg/kg（中华人民共和国卫生部，1988）。很多研究结果表明（韩文炎和许允文，1993；石垣幸三等，1977；吴彩和方兴汉，1993；韩文炎，1992；矢野清等，1986；水野直治等，1981），茶树从土壤中吸收铜元素主要是根据自身生长发育或生理代谢所需而定的，当吸收到足以满足生长所需的量后，并不因为土壤中有较高的铜元素含量而继续被动吸收，说明茶树对铜元素的吸收规律为"主动"吸收，也表明茶树对铜元素的富集能力较弱（黄苹等，2003）。韩文炎和许允文（1995）研究表明，茶树的主根和吸收根对土壤有效态铜含量的反应较敏感，土壤施铜能明显提高茶树体内的铜元素含量，但铜元素的移动性较差，主要集中于吸收根和主根中。

（9）镍元素

镍元素是某些高等植物的必须营养元素，但是在过量的情况下，镍元素也是一种有毒化学物质（王济等，2007）。长期施用化肥和农药以及工业废弃物的排放等可使茶园土壤不同程度地受到镍元素等重金属元素污染（吴永刚等，2002），进而通过茶树吸收可能使茶叶中的镍元素含量增加，对人体健康造成潜在威胁。唐茜等（2008）的研究表明，茶树对土壤镍元素污染较敏感，镍元素对茶树生长有明显抑制作用，外源镍在茶树体内的活性以及向新梢迁移、富集的能力比铅元素、砷元素强，茶树各部位的镍元素含量都与土壤和水培液中镍元素处理浓度呈极显著的正相关，根部富集镍元素的能力均强于地上部分各器官。这表明镍元素污染更容易影响茶叶卫生质量。从茶叶质量的安全角度出发，确定土壤重金属元素的限量值，应以茶树新梢的重金属元素含量不超过茶叶卫生标准为依据，但目前我国茶叶卫生标准的制定还不完善，尚无镍元素的标准可供引用。

（10）铬元素

铬元素在由胰岛素参与的糖或脂肪代谢中是必不可少的一种元素，也是维持正常胆固醇代谢所必需的元素。我国茶叶行业标准中重金属元素铬的残留限量为5mg/kg（以 Cr 计），而我国大部分茶叶中的铬元素含量都低于 1mg/kg（以 Cr 计）（石元值等，中国茶叶检测技术讲座）。唐茜等（2008）的研究表明，铬元素在茶树体内由高到低的分布次序是：吸收根>主根>主茎>枝条>老叶>新梢（一芽二叶），茶树根部吸收的铬元素大部分被吸收根所固定，向地上部分运输的比例较低，不同品种的茶树对铬元素的吸收、积累和迁移能力有一定差异；茶树各器官的铬元素含量总体随铬元素胁迫浓度的增加而增加，并且与胁迫浓度呈极显著或显著正相关。

3）土壤微生物研究进展

茶园土壤微生物种群、数量、活性以及养分是影响茶树生长和茶叶品质的重要因素。近年来，除研究土壤 pH、水分、温度、施用石灰等（Wang et al.，2014；Xue et al.，2010）措施对茶园土壤微生物种群和数量的影响外，逐步开始利用新技术、新手段更深入地探讨茶园土壤微生物的演变特性。如 Zhao 等（2012）通过提取土壤 RNA、嵌套 PCR-DGGE 技术证明了生态环境变化对微生物种群数量的重要性，并研究表明茶园土壤微生物遗传多样性指数明显低于荒地，茶园土壤微生物主要以酸杆菌为主，其次是蛋白菌、厚壁菌和蓝细菌。杨清平等（2014）对鄂北丘陵茶区的几处人工生态茶园中的土壤微生物、脲酶和养分情况进行了研究，比较了不同类型人工生态茶园之间的土壤微生物、脲酶和养分情况差异，为人工生态茶园建设提供参考依据。

1.3.2　茶叶品质指标研究进展

1）氨基酸

氨基酸（amino acid，AA）是茶叶中主要的化学成分之一，茶叶中氨基酸的含量与组成对茶叶品质有重要作用，并且也有一定的营养价值及药理功效。

（1）茶叶中蛋白质和氨基酸的特点

茶叶中蛋白质（protein，Pr）高达 15%~30%，但其中水溶性蛋白质还不到 2%

（Stagg and Millin，1975；程启坤，1982）。茶叶中游离氨基酸含量为 2%~4%（程启坤，1982）。茶叶中已发现的氨基酸在 25 种以上，用纸层析法从幼叶分离鉴定的有：茶氨酸（Thea）、天冬氨酸（Asp）、谷酰胺（Gln）、谷氨酸（Glu）、甘氨酸（Gly）、丝氨酸（Ser）、酪氨酸（Tyr）、苏氨酸（Thr）、丙氨酸（Ala）、缬氨酸（Val）、亮氨酸（Leu）、异亮氨酸（Ile）、苯丙氨酸（Phe）、赖氨酸（Lys）、精氨酸（Arg）、组氨酸（His）、色氨酸（Trp）、天冬酰胺（Asn）和脯氨酸（Pro）（Bhatia，1965；Roberts and Sanderson，1966）。Thea、Asp 和 Glu 是茶叶中最普遍最丰富的三种氨基酸。在茶叶中必需氨基酸齐全，但以游离状存在的含量较少（Selvendran，1973）。Thea 为茶叶中非蛋白质氨基酸，占茶叶氨基酸总量的 50%以上，这是茶叶氨基酸的一个很重要特征（Wickremasinghe，1978）。Thea 最初在茶叶中发现（Sakato et al.，1950），并鉴定为 5-N-乙基谷酰胺。Thea 的生物合成物质是 Glu 和乙胺（ethylamide，EA），EA 来自 Ala（Sasaoka and Kito，1964；Wickremasinghe and Perera，1972；Takeo，1974）。

以前认为 Thea 在根部合成，然后转移到叶中（Sasaoka and Kito，1964）。后来，Takeo（1981）从茶芽中分离出 Thea synase，并用 ^{14}C 标记 EA，证实了芽叶中也能合成 Thea。在茶叶中还存在两种类似于 Thea 的化合物，N-乙酰胺天冬酰胺（Wickremasinghe，1965）和 N-甲酰胺谷氨酸（Konishi and Takahashi，1966）。

（2）茶叶氨基酸的品质构成

茶叶中氨基酸不仅是构成茶叶品质滋味的重要成分，它们对茶叶香气的形成也有重要作用。从茶叶中氨基酸的滋味特征（表 1-3-1）来看，茶叶氨基酸主要构成茶叶鲜浓的滋味（程启坤，1982；Sanderson and Grahamm，1973；王泽农，1979）。据中川致之（1973）研究：Glu、Thea、Asp 和 Arg 对绿茶滋味的作用最大，这几种氨基酸与滋味评分的相关系数分别为 0.892、0.787、0.752 和 0.641。不过，Feldheim 等（1986）研究认为：红茶中 Thea 及总 N 量与品质没相关性。

氨基酸在茶叶加工中参与茶叶香气的形成（Co and Sanderson，1970；Saijo，1982），它所转化而成的挥发性醛或其他产物，都是茶叶香气物质的成分。此外，有些氨基酸本身也具有一定的香味（表 1-3-1）。在茶叶干燥工序中的高温条件下，氨基酸参与非酶性褐变反应，对红茶乌润色泽的形成有关。氨基酸在与儿茶素结合而形成的有色化合物，对红茶汤色有良好作用。

（3）茶叶氨基酸与茶叶品质级别的关系

由于茶叶中氨基酸对茶叶品质有重要作用，近年来，茶叶中氨基酸含量与茶叶品质，特别是与绿茶品质级别的相关性研究引起了国内外的重视，大多数研究都表明（Nakagawa and Ishima，1971；朱珩等，1983；刘文斌，1983）：绿茶氨基酸含量与品质级别有明显的相关性（表 1-3-2）。

表 1-3-1　茶叶中氨基酸的滋味及香味特征

氨基酸种类	滋味特征	香味特征
Thea	鲜爽带甜	焦糖香
Glu	鲜甜带酸	花　香
Asp	鲜甜带酸	—
Cln	鲜甜带酸	—
Asn	鲜甜带酸	—
Gly	甜　味	—
Ala	甜　味	花　香
Ser	甜　味	酒　香
Arg	甜而回味苦	—
Phe	—	玫瑰花香
Thr	—	酒　香
Leu	—	芳　香

表 1-3-2　绿茶氨基酸含量与品质级别的关系

级　别	氨基酸/%		氨基酸/（mg%）
	龙　井	珠　茶	舒　绿
极品	3.20	—	—
特级	2.59	2.37	—
一级	2.49	2.26	1305.9
二级	2.34	2.16	997.6
三级	2.20	2.24	948.7
四级	2.23	1.87	799.9
五级	1.27	1.67	657.7
六级	1.54	1.58	564.3
相关系数（R）	−0.8680*	−0.9389**	−0.9779**

注："*"表示 5%水平下显著相关，"**"表示 1%水平下极显著相关

毛清黎（1989）对 1979~1983 年湘炒青和湘临炒青绿茶标准样及 1983 年全国八种炒青标准样（杭、温、遂、平、屯、舒、饶和鄂）的品质级别与茶多酚（PP）、氨基酸（AA）、咖啡碱（Caf）、水浸出物（SS）及粗纤维（RF）五种绿茶主要品质成分的逐步回归分析结果表明（表 1-3-3）：氨基酸经逐步筛选均被保留，可见，氨基酸是决定绿茶品质级别的主要因子，可望作为绿茶化学审评品质级别的

参数。但据 Feldheim 等（1986）研究结果表明：红茶中的 Thea 及全 N 量最高，低档茶次之，而高档茶最少。

表 1-3-3　炒青绿茶品质级别（QG）与主要化学成分的逐步回归分析结果

	主要化学成分的平均含量/%					逐步回归方程及复相关系数
	PP	AA	Cuf	SS	RF	
1983 年全国八种炒青标准样	21.70	1.73	3.23	39.18	11.72	QG=−0.021−0.8020AA−0.9776Caf+0.6876RF $R=0.9278^{**}$
1979~1983 年湘炒青标准样	24.29	1.81	3.91	38.58	11.30	QG=17.7082−1.8184AA−2.7908Caf $R=0.8886^{**}$
1979~1983 年湘临炒青标准样	26.56	1.79	3.86	40.91	11.67	QG=14.9914−1.5380AA−0.3188SS+0.3677RF $R=0.9399^{**}$

注："**"表示 1%水平下极显著相关

（4）茶叶氨基酸分析方法的发展趋势

20 世纪 70 年代以前，茶叶氨基酸的组成分析主要是纸层析法（PC），Bhatia 和 Deb（1965）就是首先利用纸层析法对幼叶中各种氨基酸进行分离鉴定的，由于这种方法分离效果不太理想，显色灵敏度较低，一般只能分辨到 $1 \times 10^{-6} \sim 1 \times 10^{-5}$ g，很难适应茶叶氨基酸有关研究的深入进行。20 世纪 70 年代末，随着色谱技术的发展，在国外气相色谱（GC）及高压液相色谱包括同一原理的氨基酸自动分析仪（AAAA）已逐渐取代了纸层析法。HPLC（高效液相层析）方法应用于茶叶氨基酸分析具有四大特点：①一机多用，几乎所有的茶叶品质成分都可用 HPLC 分析，利用率高；②样品前处理较简单；③分析精度及效率高，并可用微机控制及处理分析数据；④HPLC 的 OPA 荧光分析法，可避免氨基酸自动分析仪分析中茚三酮显色受多酚干扰（李聪，1988）。因而，HPLC 的 OPA 法是国内外进行茶叶氨基酸定性定量分析的主要趋势。

对茶叶氨基酸总量测定，大多采用茚三酮显色法。为使茶叶氨基酸测定更简便准确，近年来中川致之（1973）、青木智（1985）等对该法进行了不少改进。另外，青木智（1985）又探讨了一种固定化氨基酸氧化酶膜-过氧化氢电极定量测定茶叶氨基酸的方法。该法的原理为

$$AA + O_2 + H_2O \xrightarrow{\quad AAO \quad} 酮酸 + NH_3 + H_2O_2 \qquad (1\text{-}3\text{-}1)$$

茶叶提取液中的氨基酸将在氨基酸氧化酶（AAO）催化下，产生定量的 H_2O_2，

用 H_2O_2 电极测定 H_2O_2 产生量便可推算出氨基酸的含量。用该法测定的结果与茚三酮显色法的测定数值呈极显著正相关（$P<0.01$）。该法操作简便，不易受其他物质干扰，准确性高。

2）咖啡碱

咖啡碱是一种甲基黄嘌呤，是茶叶的主要呈味物质和生理活性成分。一段时期，国内外出现了饮用咖啡或含咖啡碱的饮料会致癌、致突变等的报道（陈宗懋，1988）。但是，近期的一系列研究表明，适量地摄入咖啡碱不仅不会对人体产生危害，而且咖啡碱的化学性质对茶多酚的抗氧化作用还具有协同作用（阮宇成，1997），从而对人体具有积极的保健功效。

（1）茶叶咖啡碱的药理功效

早在 1908 年，Saleeby 在纽约出版的《健康·体力及快乐》报道："饮茶能使头脑清醒，而咖啡则否。茶中咖啡碱纯兴奋剂，无别作用。"随后 Medico-Chirurgical 药物系的 Wood 于 1912 年报道："茶中咖啡碱在脊髓内对神经中枢作为兴奋剂，使肌肉收缩更有力，而无副作用，所以肌肉活动的总和较无咖啡碱影响为大"（宛晓春，2003）。Kanas 医学院神经系 G.Wilse Hobinso 于 1912 年研究发现，茶叶中咖啡碱能兴奋中枢神经，使大脑外皮层易受反射刺激，从而改良心脏的机能，能使思维敏捷，提高思维效率，消除疲劳感（杨巍，2006）。除此之外，茶叶咖啡碱还具有治疗高血压、头痛和神经衰弱等功效（张忠良和毛先颉，2006）。

茶叶咖啡碱可以通过刺激肠胃，促进胃液分泌，帮助消化（宛晓春，2003；张忠良，2006）。已证实咖啡碱具有刺激膀胱的作用，同时可协助利尿（宛晓春，2003）；咖啡碱能够提高肝脏对药物的代谢作用，促进血液循环，把血液中的酒精排出体外，起到解酒的作用。

咖啡碱具有使冠状动脉松弛，促进血液循环的功能，对治疗心脏病、心绞痛和心肌梗死具有良好的功效。咖啡碱具有直接兴奋心肌的作用，可使心动幅度、心率及心输出量增加。而咖啡碱在血液中的含量变化，会影响呼吸。咖啡碱已被用于生产防止新生儿周期性呼吸停止的药物（杨晓萍，2005）。

咖啡碱还具有促进机体代谢，消毒灭菌，增强机体对疾病的抵御力，解热镇痛，提高记忆力，影响细胞周期、DNA，抗氧化，抗癌变，消除羟自由基等诸多作用。

（2）茶叶咖啡碱含量的测定方法

茶叶咖啡碱传统的测定方法有：碘量法、重量法、定氮法、比色法等。目前应用较多、较为先进的方法有：高效液相色谱法、紫外分光光度法、薄层扫描法、气相色谱法、导数光谱法等。

茶叶咖啡碱含量测定方法中，国内外应用较为广泛的是高效液相色谱法（HPLC 法），该法具有分析精度高、回收率高、重现性及稳定性好，且不受基质干扰等优点。叶勇等（2006）等采用 HPLC 法测定茶叶咖啡碱含量，结果表明，线性相关系数为 0.999 99，线性范围为 10~250mg/mL；陈鹤立（2006）和康海宁等（2007）也同样采用 HPLC 法测定了茶叶咖啡碱的含量，证明了此方法简便、准确度高，能较客观地评价茶叶的品质；Wang（2000）等采用 HPLC 法测定了绿茶中的咖啡碱、儿茶素及没食子酸；Zhou 等（2002）等采用 HPLC 法测定了绿茶、乌龙茶、红茶及普洱茶中的咖啡碱，表明绿茶中的咖啡碱含量最高；Nishitani 和 Sagesaka（2004）采用 PHLC 法从茶叶中同时测定出 8 种儿茶素、8 种其他酚类化合物及咖啡碱。

紫外分光光度法是利用咖啡碱结构上的嘌呤环具有共轭双键体系，在 272~274nm 具有最大吸收值，其消光度与咖啡碱含量呈线性关系，从而得以测定其含量。此法具有操作简便、测定快速、检出限低、准确度好、灵敏度高等优点。林郑和和严兰芳（2001）采用紫外分光光度法测定了茶叶中咖啡碱，表明该法具有很好的实用性；杨明（1999）采用微波加热-紫外分光光度法快速测定了茶叶中的咖啡碱，并与经典沸水浴浸提法和回流抽提法进行比较，得出微波加热-紫外分光光度法更适合大批样品分析，且操作简便、快速。

薄层扫描法也称薄层光密度法（TLC 法），是薄层色谱技术与光密度计和微型电子计算机相结合的一种新型仪器分析方法。罗健和蓝红梅（1995）采用 TLC 法测定了英德红茶的咖啡碱含量与标准样含量相吻合，表明 TLC 法是可靠的。

气相色谱具有灵敏、准确、快速、简便等优点。气相色谱法测定咖啡碱含量，用峰高法定量，在 0.5~4.0mg/mL 范围内呈线性关系。谢一辉（1998）采用导数光谱法快速测定了茶叶咖啡碱的含量，其回收率为 99.53%，变异系数为 0.5658%，线性相关系数为 0.9998。

目前，茶叶咖啡碱主要被用作兴奋剂、强心剂、麻醉剂、利尿剂、镇痛剂等，此外茶多酚的抗癌、防癌作用还有协同效果在医疗市场具有十分广阔的前景（杨巍，2006）。

3）茶多酚

茶多酚（tea-polyphenols，TP），又名茶单宁、儿茶酸，属多酚类物质，是一种新型的天然抗氧化剂，是从茶叶中提取的多羟基酚类衍生物的混合物，占茶叶干重的 13%~30%，鲜叶的 2%~5%。以儿茶素为主体成分，占总酚含量的 60%~80%；主要由表儿茶素（EC）、没食子儿茶素（GC）、表没食子儿茶素（EGC）、表没食子儿茶素酸酯（EGCG）、表儿茶素没食子酸酯（ECG）组成。自从 20 世纪 60 年代初发现茶多酚具有抗氧化活性后，茶多酚的提取、分离、检测、应用就引起了国内外广大学者的关注。经研究表明它是一种高效、天然安全的抗氧化剂。目前它在油脂、食品、医药、日化、轻化、保健等诸多方面已有广泛应用，并被专家誉为 21 世纪将对人类健康产生巨大影响的化合物。1991 年我国食品添加剂标准化技术委员会正式批准其为食品抗氧化剂和保鲜剂。我国是茶叶生产大国，从茶叶中有效提取茶多酚，并研发成保健食品、药品，不仅能增强人类身体体质，而且能创造出良好的社会效益。此外，它还具有清除自由基、防癌治癌、抗辐射等功能（于华忠等，2004）。

目前茶多酚粗品的提取方法有溶剂萃取法、金属离子沉淀法、萃取-沉淀法（蔡照胜等，2000）、微波浸提法（周志等，2001；洪兴平和周志，2002）、超声波浸提法（尹莲，1999）、超临界 CO_2 萃取法等（曹优明，2002）。

粗品提取之后要进行分离纯化。茶多酚主体成分是儿茶素。儿茶素早期的制备方法主要有三种：1959 年 Vuataz 报道的纤维素柱色谱法、1969 年 David 报道的逆流分配法和 Wilkns 报道的 Sephedex LH-20 柱色谱法。近期儿茶素的单体制备有以下几种分离纯化法：制备 HPLC 法（钟世安等，2003）、吸附树脂法（张盛等，2002；龚雨顺等，2003；曹利等，2001；林种玉等，1999）、凝胶柱层析技术（王洪新等，2001）；膜技术（龚雨顺等，2003）、高速逆流色谱制备技术（罗晓明等，2002；杜琪珍等，1996）。此后需对茶多酚的含量进行测定，测定方法有：TLC 检测法（黄洋等，2003）、UV 检测法（何强等，2003；高志杰和蒋丽，2002）、HPLC 检测法（朱勤艳和陈振宇，1999；戴军等，2001；于海宁等，2001；罗晓明等，2003；张莉等，1995）等。

茶多酚作为一种保健品广泛应用于食品加工中，具有抗菌消炎、抗衰老、抗辐射等多种保健功能，其具体应用如下：在食品工业上可作氧化剂、保鲜剂、除臭剂；在日用化工产品上作保质剂、护肤（发）剂和香烟解毒剂；在医疗保健上具有防治癌症等疾病和抗衰老、增强免疫等功能（綦菁华，1998；陶荣达，1997；李咏梅等，2003）。

总之，茶多酚研究发展于 20 世纪 80 年代，20 世纪 90 年代形成高潮，其应用领域不断拓展，对于茶多酚的提纯和应用研究仍处于一种热门阶段，有待于进一步开发研究。

第2章 相关概念与理论基础

2.1 相关概念

2.1.1 地理特征

"地理环境"一词，最早是 1876 年由法国地理学家列克留（E. Reclews）提出的。他认为地理环境是"围绕人类的自然现象的总和"。此后的学者们大都采用此种解释。李秀林（2004）等将地理环境定义为："与人类社会所处的地理位置相联系的各种自然条件的总和，如气候、土壤、山脉、河流、矿藏以及植物和动物等等。"这种理解仅指出地理环境的自然属性，把地理环境单纯地理解为"自在自然"，是一种狭义的地理环境的理解，置人类影响形成的"人化自然"于不顾，把地理环境看成一个近乎不变的纯自然体，必然导致地理环境千万年不变的地理环境虚无论。

基于这一定义外延过窄，内涵没有揭示出自然性和社会性双重本质有机统一的局限性，有的学者对地理环境的定义作了补充和修改。《中国大百科全书·地理学》的定义是："生物，特别是人类赖以生存和发展的地球表层。"它一般包括自然环境、经济环境和社会文化环境。这种理解虽然比传统地理环境概念全面，但其内涵过大。曹诗图在其《地理环境概念辨析》中指出："由于地理环境的'自然实在性'，社会文化或人文环境大多不应该属于地理环境的范畴，至少不能全部属于地理环境的内容，充其量只能是具有物理属性的那一部分（即物理社会环境），心理社会环境则不属于地理环境。若将自然环境、经济环境和社会文化环境（或文化环境）都包括在地理环境之中，那么'地理环境'与'环境'或'区域环境'之间还有什么区别呢?"根据这种对地理环境的理解，其外延比较明确，但内涵不够清楚，同时地理环境包含了所有的政治的、经济的、文化的要素，必然导致"地理环境决定论"。还有一种观点认为，在地理环境作用的考察上应该包括两个方面，即一方面应把地理环境作为社会的外部因素看待，另一方面应把地理环境作为社会的内部因素看待，如薛勇民在《走向社会历史的深处》、顾乃忠（2000）在《地理环境与文化——兼论地理环境决定论研究的方法论》中持的就是这一观点。理解地理环境，把握地理环境这一客体庞大、外延广泛、内涵丰富的概念，特别是在当前经济全球化形势下，地理环境出现了新的特点和发展趋势，对地理环境概念的正确理解和重新界定，无论是在理论上还是在实践中都有重要的意义。

1）地理环境是人类改造的客体，具有自然的客观实在性

首先，地理环境是一种自然存在物，但不等于自然本身，只是自然中起基础作用的那部分。它首先具有自然属性，同时它先于人类社会而存在，具有先在性。自然是人们使用最为广泛和频繁的概念之一，广义上的自然是指"具有无穷多样的一切存在，它与宇宙、物质、存在、客观实在这些范畴同义"（胡乔木，1987）。另外，自然还有一种客观规律，"天行有常，不为尧存，不为桀亡"。可见自然是指全部物质世界，是一个相互联系、不可分割的整体。而地理环境仅是自然中的一部分，是自然中围绕在主体周围的世界。有时人们并不作过细的区分，而直接把地理环境称之为自然，这时人与地理环境的关系被泛化为人与自然的关系。

其次，地理环境是人类改造的客体。地理环境作为主体改造的对象，具有客观实在性，因此不能把人类社会以及社会文化环境中诸如人口、劳动、政治、心理感应、精神文化和意识形态等主体成分包括在地理环境之中。

2）地理环境的主体是人，具有属人的社会历史性

首先，地理环境是人的地理环境，地理环境是对应主体而言的。马克思指出："被抽象地孤立理解的、被固定为与人分离的自然界，对人说来也是无。"（刘丕坤译，1983）在这里马克思并非否认自然的自然属性和天然自然的现实意义，而是认为人们所面对的自然界，主要是通过劳动创造占有和再生产的自然界，也就是人化了的、打上了人的意志和烙印的自然。因此，作为自然一部分的地理环境必然也是"人化自然"，是自然性和属人性的有机统一，或者说是自然本质和社会历史本质的有机统一。虽然在人的活动能够触及介入乃至于发生重大影响之前的自然是存在的，但因未能与人发生联系，因此它只能作为一种潜在的地理环境而存在。

其次，地理环境是在社会发展中、在人的实践活动作用下不断变化的，具有社会历史性。地理环境绝不是盘古开天辟地以来就已经存在的、始终如一的东西，而是人类活动的产物，是历史的产物。正像马克思在 19 世纪已经说过的那样，即"先于人类历史而存在的那个自然界……除去澳大利亚新出现的一些珊瑚岛以外，今天在任何地方都不再存在了"。在地球上的自然环境中，原生态的未受人类影响的自然早已寥寥无几，为数不多。

由此可见，马克思历来把地理环境当作人与自然关系中的一个哲学范畴来考察。在他看来，离开人和自然关系无所谓地理环境。在《德意志意识形态》中指出："任何历史记载都应当从这些自然基础以及它们在历史进程中由于人们的活动而发生的变更出发。"显然马克思把地理环境理解为进入人的活动范围，受人类活动影响和制约并伴随历史进程而不断扩大着的范围和不断"人化"着的

自然界。

通过以上分析，可以看出：所谓地理环境是指在地球表层空间范围内，具有地域分布规律的、围绕并影响着某种主体的周围的自然界（如矿藏），以及在自然基础上改造形成的人化自然。"地球表层空间范围大体为上至对流层、下至岩石圈上部的地球表层，这也是目前人类活动所影响的主要空间范围，它具有因时而异的特点，随着人类社会的发展而不断扩展、变化。"（曹诗图，1999）备受学者赞同的还有陶富源先生（1991）的观点，即"地理环境是具有社会的属人性的作为社会外界条件的自然"，以及著名地理学家黄秉维先生的观点"地理环境是对应主体而言的，主体是人类社会"（钱学森，1994）。

地理环境这一概念所反映的是自然现象过程和社会的地理现象过程的统一。人与地理环境互相联系、互相影响、互相制约，在人与地理环境的物质变换中不断发展演变，这种演变既是自然演变过程的结果，更是人类社会发展过程影响的结果。地理环境对社会生活的影响和社会有目的地改变自然不是两个独立的过程，而是自然与人类社会关系相互统一过程的两个方面，是自然的人化和人的自然化的统一。我们在看待地理环境时不能只看到其自然属性，只从单一的客观实在性上分析其运动规律，而应当从人与地理环境的物质交互作用中、在人与人的交往中分析其社会属性。地理环境首先为人类创造历史的活动提供广阔的空间场所，从这个意义上说，地理环境好像只是人类活动的背景，仅起着类似舞台、布景乃至道具的作用。但人类历史创造活动中更为重要的方面是通过和自然界之间的物质交互作用，或者说通过对自然物质的调整、控制和改造，以谋求自身的生存和发展。因此，地理环境绝不是人类历史活动的沉默的背景和消极的旁观者，它为人类活动提供劳动对象和劳动材料，无时无刻不参与人类历史的创造。与此同时，自身也在与人类活动的交互作用中不断改变面貌。这种面貌变化同和人与自然交互作用中引起的变化相比要缓慢得多（地震、台风等引起的变化除外），而在人与自然的交互作用下引起的变化，随着社会的发展、生产力的提高，不断扩大、加剧、加深。因此，作为人与自然相互关系的一个方面的地理环境，既是一个自然范畴也是一个历史范畴。

2.1.2　地理特征指标

地理特征指标即地理环境指标，一般包括地形和气候指标，地形指标为海拔，气候指标为气象部门常用的气候统计指标。

海拔：长时间观测海水水位而确定的海水面平均位置，叫做平均海水面，通常作为高程的基准面。某一地点高出平均海水面的垂直距离，叫做海拔，以米（m）为单位。

年日照时数：一地太阳的中心从东面地平线出现到进入西面地平线为止的时

间，称为实照时间。在一年时期内，太阳实际照射时数的总和，称为年日照时数，以小时（h）为单位。

年平均气温：气温是指离地面1.5m高的百叶箱内测得的空气温度。在一年时期内各次定时观测的平均值称为年平均气温，以摄氏度（℃）为单位。

年平均相对湿度：空气中的实际水汽压与当时气温下的饱和水汽压之比称为相对湿度。在一年时期内各次定时观测的平均值称为年平均相对湿度，以百分数（%）为单位。

年降水量：降水量指自天空下降的液态、固态降水（融化后）积聚在水平器皿中的深度。年降水量是将全年各日的降水量累加而得，以毫米（mm）为单位。

气温年较差：在一年时期内，最热月与最冷月平均气温的差值，以摄氏度（℃）为单位。

年平均风速：风速指空气在单位时间内所移动的水平距离。在一年时期内各次定时观测的平均值称为年平均风速，以米/秒（m/s）为单位。

茶园的地理特征指标除一般的地理环境指标外，还包括一些特定的化学元素，如氮、磷、钾、铅、锌、砷、铬、铜、镍、镉等。

氮（N）：原子序数7，原子量为14.006 747。处于元素周期表的第二周期、第ⅤA族。自然界绝大部分的氮以单质分子的形式存在于大气中。氮是组成动植物体内蛋白质的重要成分，但高等动物及大多数植物不能直接吸收氮。

磷（P）：原子序数15，原子量为30.973 762。处于元素周期表的第三周期、第ⅤA族。磷存在于人体所有细胞中，是维持骨骼和牙齿的必要物质，几乎参与所有生理上的化学反应。磷还是茶树各器官必不可少的物质组成部分，在茶树生理过程中具有重要作用，对茶叶品质具有重要影响。

钾（K）：原子序数19，原子量39.098 3。处于元素周期表的第四周期、第ⅠA族。钾在自然界不以单质形态存在，以盐的形式广泛地分布于陆地和海洋中，也是人体肌肉组织和神经组织中的重要成分之一。

铅（Pb）：原子序数为82，原子量207.2。处于元素周期表的第六周期、第ⅣA族。铅是柔软和延展性强的弱金属，有毒，也是重金属，可用作耐硫酸腐蚀、防电离辐射、蓄电池等的材料。其合金可作铅字、轴承、电缆包皮等之用，还可做体育运动器材。

锌（Zn）：原子序数30，原子量65.41。处于元素周期表的第四周期、第ⅡB族，是一种浅灰色的过渡金属。锌是人体必需的微量元素之一，在人体生长发育、生殖遗传、免疫、内分泌等重要生理过程中起着极其重要的作用。

砷（As）：原子序数33，原子量74.921 60。处于元素周期表的第四周期、第ⅤA族，是一种类金属元素。砷元素广泛存在于自然界，与其化合物普遍运用在农药、除草剂、杀虫剂中，其化合物三氧化二砷被称为砒霜，是种毒性很强的物质。

　　镉（Cb）：原子序数 48，原子量 112.4。处于元素周期表的第五周期、第Ⅱ
B 族。它是一种吸收中子的优良金属，制成棒条可在原子反应炉内减缓核子连锁
反应速率，而且在锌–镉电池中颇为有用。

　　铜（Cu）：原子序数 29，原子量 63.55。处于元素周期表的第四周期、第Ⅰ
B 族。表面刚切开时为红橙色带金属光泽，单质呈紫红色，是一种柔软的金属。
其延展性好，导热性和导电性高，因此是制造电缆和电气、电子元件最常用的
材料。

　　镍（Ni）：原子序数 28，原子量 58.69。处于元素周期表的第四周期、第ⅧB
族，属于亲铁元素。地核中含镍最高，是天然的镍铁合金，其近似银白色、硬而
有延展性并具有铁磁性，能够高度磨光和抗腐蚀。

　　铬（Cr）：原子序数 24，原子量 51.996。处于元素周期表的第四周期、第Ⅵ
B 族。铬在地壳中的含量为 0.01%，居第 17 位。自然界不存在游离状态的铬，主
要存在于铬铅矿中。

　　pH：氢离子浓度指数是指溶液中氢离子的总数和总物质的量的比。它的数值
俗称"pH"，表示溶液酸碱度的数值。

2.2　理论基础

2.2.1　土壤肥力理论

1）基本内涵

　　土壤肥力是土壤能够提供和协调植物生长发育所需的水分、养分、空气和能
量的能力，它对耕地地力评价的结果影响非常大。影响耕地肥力高低的不仅有自
然因素，而且有社会经济因素，即土壤肥力包括自然肥力和人工肥力，自然肥力
与人工肥力是共同存在的，是在作物生长的统一过程中实现的。自然肥力是在成
土母质、生物、气候、地形、时间五大自然因素综合作用下形成的，是土地的客
观属性。它在一定程度上只是一种潜在的肥力，只有通过农业技术对土地的作用
才能发挥出来，而发挥作用的程度又取决于社会生产力发展的水平。科技的进步
可以提高土壤肥力水平，如平整土地，采取灌排措施，采取人工措施调节土地的
水分、养分、空气和热量状况，可以培养高产作物品种（刘秀英等，2007）。

　　土壤中的许多因素直接或间接地影响土壤肥力的某一方面或所有方面。这些
因素可以归纳为物理因素、化学因素、养分因素和生物因素 4 个方面。其中土壤
物理因素主要包括表土层厚度、障碍层厚度、容重、黏粒、粉黏比、通气空隙、
毛管孔隙、渗透率、团聚体稳定性、大团聚体、微团聚体、结构系数、水分含量、
温度、水分特征曲线、渗透阻力。土壤化学因素是指土壤的酸碱度、阳离子吸附

及交换性能、土壤还原性物质、土壤含盐量以及其他有毒物质的含量等。它们直接影响植物的生长和土壤养分的转化、释放及有效性。主要包括pH、CEC（阳离子交换量）、电导率、盐基饱和度、交换性酸、交换性钠、交换性钙、交换性镁、铝饱和度、氧化还原电位（Eh）；养分因素是指土壤中的养分贮量、强度因素和容量因素，主要取决于土壤矿物质及有机质的数量和组成。主要包括全氮、全磷、全钾、碱解氮、水解氮、速效磷、缓效钾、速效钾、微量营养元素全量和有效性（Ca、Mg、S、Cu、Fe、Zn、Mn、B、Mo）；就世界范围而言，多数矿质土壤中的氮、磷、钾三要素的质量分数大致上分别是 0.02%~0.50%、0.01%~0.20%、0.20%~3.30%。我国一般农田氮、磷、钾三要素的质量分数分别为 0.03%~0.35%、0.01%~0.15%、0.25%~2.70%。生物因素是指土壤中的微生物及其生理活性。它们对土壤氮、磷、硫等营养元素的转化和有效性具有明显影响。主要表现在：一是促进土壤有机质的矿化作用。增加土壤中有效氮、磷、硫的含量；二是进行腐殖质的合成作用，增加土壤有机质的含量，提高土壤的保水保肥性能；三是进行生物固氮，增加土壤中有效氮的来源。主要包括有机质、有机质易氧率、胡敏酸（HA）、胡敏酸/富里酸（H/F）、微生物生物量碳、微生物碳、总有机碳、微生物总量、细菌总量和活性、真菌总量和活性、放射菌总量和活性、尿酶及活性、转化酶及活性、过氧化氢酶及活性、酸性磷酸酶及活性（庞元明，2009）。

2）研究进展

土壤肥力理论是耕地地力评价的最基本理论依据。土壤肥力是农业持续发展的重要基础，有机质是土壤的主要组成部分，是衡量土壤肥力高低的重要指标之一。在评价土壤肥力时，人们多从土壤有机质或氮、磷、钾等单方面加以评价，不能把它们之间综合起来加以评价，因此，难以把握土壤的整体质量特征。近年来，GIS 技术逐渐应用到土地质量评价中，运用 GIS 和相关统计技术建立多指标评价体系，对土壤肥力进行综合评价，甚至构建了土壤信息的快速查询系统、地图和图表等，不仅加快了评价的速度，也保证了评价结果的准确性和精确性，对于土壤质量评价研究和土壤资源可持续利用具都具有十分重要的作用。20 世纪 70年代至 80 年代，加拿大及美国开始建立土壤数据库。继发达国家早期的土壤信息系统研究之后，国际上也开始运用土壤信息系统研究全球土壤问题。1985 年，国际土壤学会建议建立 1：1 000 000 世界土壤和土地数字化数据库。1986 年 8 月被第十三届国际土壤会议确定。同时，联合国环境署 1987 年主持建立全球土壤退化评价体系，示范建立和应用 SOTER 数据库。SOTER 计划的整个过程从 1987 年 9月开始持续到 20 世纪 90 年代，覆盖区域从拉丁美洲、北美、非洲西部等国家和地区逐渐推向东南亚等其他地区。其首次用 1：1 000 000 的比例尺来对全球的土壤和土地资源信息进行管理，包括在全球地理信息管理系统之中，覆盖和兼并了其他的资源数据，如地形、植被、地质、气候、人口密度等，提高了数据的产地、修正、兼容的能力以及人们对天然资源信息的理解能力，同时也为发展中国家提供了资源规划的信息服务及技术应用的系统模型。

美国对农田土壤肥力的评价研究较早，主要是为了制定农地利用规划以及确定地价和为税收提供依据。美国是第一个将土地生产力进行分级的国家，归并制定了全美土壤三大农业用地等级。第一次世界大战后，美国农业部则完全根据作物产量制定土地的分级，当然，也有利用因子互乘法将其派生性分级并将个别因子的效应相加而非相乘，构成所谓的土壤形状分级方法。这些分级方法更多地强调了土壤性状、气候条件以及作物产量等方面的因素，将各种土壤因子数值归并成总的级别，然后进行一系列的综合评价。前苏联的土壤学家在肥力评级方面也作出一些贡献，他们认为评价标准不应当只是土壤特性，还应有直接反映土壤水、肥、气、热状况以及植物赖以生存的生态条件（气候、地貌、水文等）和特征（地段的形态、含砾度、灌木覆盖度）等综合性的指标，主张从农业生态学的角度来解决肥力评价问题。

由于我国的 GIS 技术起步较晚，在农业可持续利用方面，GIS 技术还是相当新的技术。20 世纪 80 年代中期我国的土壤工作者开始进行某些专项土壤信息研究，至今已取得一些重要成果。1986 年年底，北京大学高校联合遥感应用研究中心建立区域土壤侵蚀信息系统，对数据输入及数据结构进行比较研究，同时建立多种土壤侵蚀信息系统，对数据输入及数据结构进行比较研究，同时建立多种土壤侵蚀信息模型。新疆土壤侵蚀试验的结果表明，这一信息系统是实用的。这是我国较早关于土壤信息系统的研究。1989 年南京中国科学院土壤研究所用两年时间完成了 1∶500 000 东北三江平原土壤信息系统土壤图与数据库的建立；1990 年又完成了 1∶50 000 江西中国科学院红壤生态实验站土壤信息系统土壤侵蚀图。1991 年中国科学院沈阳应用生态研究所探索主持了区域微机土壤信息系统的建立与应用研究，在吉林省农安县试验表明，这是一个比较成功的土壤信息系统，所建立的 SIS 具有信息的提取和查询、土壤信息更新和纠正、信息综合处理等多种功能。进入 20 世纪 90 年代以来，地理信息系统在全球得到了迅速的发展，广泛应用于各个领域，产生了巨大的经济和社会效益。自它应用于研究土地之后，土地的研究内容、性质、方法与技术不断翻新，定量化、标准化与科学化水平不断提高，给本领域带来了一场空前的革命，土壤信息系统越来越趋于国际化并解决全球问题。

我国土壤学家何同康（1983）曾对土壤资源评价的主要方法进行了比较，总结出了评价方法可分为直接法和间接法。他指出应以土壤系统分类为基础，根据不同的条件和需要，正确地从中选定某些分类单元，作为自己的评价单元。一般而言，在我国对省（区）评价，评价单元以采用亚类或土属为宜；对县，以采用土种为宜。武伟和刘洪斌（2000）采用土种作为评价单元，指出土种强调以土体构型作为区分指标，而土体构型既能反映土壤的发生特点，又能反映土壤的养分水平。吕苏丹等（2002）以田块为评价单元，指出由于人们以田块为基本单元进行操作，经过长期人为耕作因素的影响，同一田块内的土壤基本属性，尤其是土壤肥力具有相对的一致性。因此，按田块进行评价和农民的生产习惯相一致。周红艺等（2002）用土壤图（土系）层与土地利用现状图相叠加的方法取得多个图斑单元，并根据地貌类型及土壤类型近似，单元空间界线及行政隶属关系明确，利用方式及耕作方式基本相同的原则取其中部分单元作为评价单元。孙艳玲等（2003）以评价因素的组合确定土壤肥力评价单元，其方法为先将各评价因素的单因素图件数字化，再利用 GIS 软件 ARCINFO 的多边形拓扑叠加功能对各单因素图层进行叠置分析，最后用生成图层的图斑作为土壤肥力评价的评价单元。史志华和蔡强国（1999）应用网格作为评价单元，强调在一个网格的空间范围内各因子数值的任意变化对土壤肥力的评价不能产生有意义的影响。

3）理论借鉴

土壤肥力理论的研究成果进一步揭示了农田土壤质量不仅与区域自然条件有较密切的关系，也与农户土地利用行为及其管理手段有较密切的关系。养分的合理搭配使用对农田土壤质量的保持与提升具有十分重要的作用。而且，不同土地利用类型与自然形态的有机结合会对区域土壤质量的改善具有一定的作用。因此，土壤肥力理论的借鉴意义在于：①结合土壤肥力等级标准及有害物质标准限值，全面了解茶园土壤质量实际情况（土壤养分及有害物质等的含量），充分利用或全面改善土壤现实条件，以提高生产效率，进而提高茶叶经济效益。②了解养分及有害物质间相互依存及作用关系，整体把握茶园土壤养分及有害物质的空间分布规律，分析其原因，加以调整和改善，从而提高茶园土壤质量的整体状况，进而全面提高茶叶产量及品质。③运用土壤肥力理论指导构建茶园耕地质量保护对策及措施，一方面指导农户生产实践以保护耕地的质量，另一方面可以防止工业等外界环境对其产生的侵害。

2.2.2 区位理论

1）基本内涵

区位是指自然界的各种地理要素和人类社会经济活动之间的相互联系和相互作用在空间位置上的反映，即自然地理区位、经济地理区位和交通地理区位在空间位置上有机结合的具体表现。区位理论是区域经济理论起源的基石，是区域经济学的核心基础理论之一，区位理论是关于人类活动所占有场所的理论，经济活动的区位理论则构成经济区位理论。区位理论是关于人类活动的空间分布及其空间中的相互关系的学说，它有两层基本内涵：一层是人类活动的空间选择；另一层是空间内人类活动的有机结合。具体内容是指：按各种土地利用特点来选择相应区位，保证资源得到合理利用，获得最大经济效益。就耕地而言，自然地理区位指该位置上的气候、土壤、植被、地质地貌等自然条件的组合特征，属于土地的自然条件，它对农作物的生产有十分重要的作用；经济地理区位，是指具体地块在特定经济区内所处具体位置及与城镇、农村居民点之间经济上的相互关联；交通地理区位主要是指耕地与交通路线和设施的关系。一般来说，经济区位和交通区位对耕地的影响是间接的、双重的，主要表现在以下两个方面：一方面区域内部地块的交通区位条件越好，利用成本越低，在同等投入水平的条件下，耕地的质量就相对越高，反之相对较低；另一方面是区域的经济、区位条件越好，农民的外出就业就越多，对耕地的重视程度越低，种植业的比较优势越小，耕地的质量就越低，反之就越高。因此，区位理论是区域耕地地力等级体系建立的理论基础。

2）研究进展

区位理论的产生可以追溯到 19 世纪初，并于 20 世纪得到了全面的发展。古典区位理论产生于 19 世纪初，研究基础是地租理论及比较成本理论并在随后扩展到区域科学和经济学各领域。研究方法和模型经修正发展到新古典区位理论阶段，但新古典区位理论仍然依托完全信息和理性人假设。现代区位理论围绕更加广阔的区位因素范围和更加宽松的理论假设条件，两条主线对区位理论进行了深化和发展，并且由于融合了发展经济学等相关理论，区位理论从纯粹的单一经济主体区位选择理论衍变成集区位选择、区域经济增长和发展等内容为一体的综合区域经济理论。

（1）古典区位理论

古典区位理论的代表是德国经济学家杜能（J. H. von. Thunen）的农业区位理论和韦伯（A. Weber）的工业区位理论。杜能在 1826 年出版的《孤立国同农业和国民经济的关系》是第一部关于区位理论的古典名著，奠定了农业区位理论的基础。他通过经济活动的空间配置模型，论述单一运输因素确定农业生产及经济空间的配置定向，并提出了销售价格决定产品种类和经营方式，运输费用决定生产成本，主张依据运输、距离确定最佳配置点的环形农业区位理论，通过分析农业生产在城镇周边的选址问题，证明市场间的距离是生产决策的依据。19 世纪中后期，德国经济学家劳恩哈特（W. Launhardt）利用几何学和微积分，将网络结点分析方法应用于工厂的布局。1882 年，劳恩哈特在《工程师协会期刊》上发表的《确定工商业的合理区位》一文中第一个提出了在资源供给和产品销售约束下，使运输成本最小化的厂商最优定位问题及其尝试性的解法，并于 1902 年，在 *The Principles of Railway Location* 一书中提出了著名的"区位三角理论"为工业区位理论奠定了基础。韦伯第一个全面而系统地论述了工业区位理论。1909 年，韦伯在《工业区位理论——区位的纯粹理论》一书中，提出了工业区位理论的基本思想。1914 年，韦伯又发表了《工业区位——区位的一般理论及资本主义理论》，韦伯认为，集聚节约额比运费指向或劳动费指向带来的生产费用节约额大时，便会产生集聚。韦伯通过加工系数，即单位区位重量的加工价值来判断集聚的可能性。韦伯首次将抽象和演绎的方法运用于工业区位研究，建立了完善的工业区位理论，并且提出了区位理论中的经典法则——最小费用区位法则（徐阳和苏兵，2012）。

（2）新古典区位理论

第二次世界大战以后，空间相互作用模式、各种规划模式、网络和扩散理论、系统论及运筹学思想与方法的应用使区位理论获得迅速发展，新古典区位理论逐渐形成。古典区位理论对企业生产和定价的地域空间效应进行了研究，主要关注微观区位的布局均衡，忽视了宏观区位选择的一般均衡问题。典型的微观区位选择局部均衡模型把产出水平、最小化指标、投入产出的市场价格作为参数，在现实经济活动中，由于地貌特征、河流以及道路的影响，区位选择从一条直线演变为平面或拓扑网络。因此，在古典区位理论研究的基础上，新古典区位理论不仅继承和发展了古典区位理论开辟的研究领域和研究方法，而且在研究内容、研究对象以及研究方法上有了更加深入和更加广阔的拓展（涂妍和陈文福，2003）。

新古典微观区位理论。古典区位理论主要研究企业的线性区位选择问题。但是，由于地貌特征、河流、道路的影响，用线性方法不一定能够解决现实中的企业区位选择问题。从而，在此基础上，网络（network）、均衡等就成为新古典微观区位理论研究的重要问题。首先，由于网络（network）更接近现实的企业区位选择情形，新古典区位理论的主要代表拉伯（Labber）和蒂斯（Thisse Jacques-Francois）等学者利用拓扑网络构建区位模型，研究微观经济主体的区位选择问题。其次，空间竞争均衡问题是新古典微观区位理论的重要研究领域。在《理论和应用经济学的基础》一书中，盖布茨维茨（Gabszewicz）和蒂斯（Thisse）对空间竞争均衡的研究进行了综述。

新古典宏观区位理论。19 世纪末 20 世纪初，垄断逐渐代替自由竞争在社会经济生活中占据统治地位，由此引起资本主义社会经济、政治和社会生活发生了一系列的根本性变化，区位理论的研究逐渐从以成本为重心偏向市场。区位理论即由古典区位理论演变为近代区位理论。德国经济学家克里斯泰勒于 1933 年在其博士论文《德国南部中心地原理》中提出了中心地理论。从区位选择的角度，阐述了城市和其他级别的中心地等级系统的空间结构理论。中心地理论的核心思想是：城市是中心地腹地的服务中心，根据所提供服务的不同档次，各城市之间形成一种有规则的等级均匀分布关系。廖什的市场区位理论集中见于他在 1940 年出版的《经济的空间分布》一书。从经济区位的观点来看，他的区位理论是以最大利润原则代替韦伯的最低费用原则为特点，标志着区位理论研究从古典区位理论发展为近代区位理论。廖什第一个把需求作为空间变量，引入成本和需求两个空间变量。同时，廖什也发现最佳区位问题不能只考虑单个厂商，还要考虑到厂商之间相互依存的关系。这样，问题的复杂化使区位系统的平衡不能再用图解的方式来表达，而只能以一个实际上可能不易求解的方程式系统来表达。总之，市场网络的分异和排列由多个因素影响并取决于利润最大化的经济原则。由这种市场网络按经济原则排列所形成经济分布空间的等级序列，廖什称之为"经济景观"（贾式科和侯军伟，2008）。

（3）现代区位理论

20 世纪 50 年代，区位理论获得迅速发展。以被称为"区域科学之父"的美国经济学家艾萨德（W. Isard）为代表的新古典区位理论的兴起和繁荣标志着现代区位理论的逐渐形成。1956 年，艾萨德出版了《区位与空间经济》，4 年后他又出版了《区域分析方法》。艾萨德在新古典微观区位理论的基础上，利用宏观均衡方法将局部静态均衡的微观区位理论动态化、综合化。20 世纪 70 年代，结构学派的代表人物英国经济学家玛西（D. Massey）认为，空间作用离不开社会作用，没有社会意义的空间作用，根本不存在纯空间动因、空间规律、空间相互作用。20 世纪 80 年代，斯科特（A. Scott）将交易成本理论引入城市和区域规划领域。斯科特以经济学的交易成本理论为基础，通过分析交易成本对空间聚集和分散的影响，揭示了现代工业的区位原则和城市空间形态演变的规律。20 世纪 90 年代至今，区位理论最突出的成就当属以 2008 年诺贝尔经济学奖获得者美国经济学家克鲁格曼（P. Krugman）、日本空间经济学家藤田昌久（F. Masahisa）、英国经济学家维纳布尔斯（A. J. Venables）等为代表的新经济地理学。1991 年，克鲁格曼发表的《收益递增与经济地理》一文中提出了著名的中心-外围模型。克鲁格曼的中心-外围模型将空间经济模型纳入区位理论的分析框架，成功地揭示了经济地理聚集和区域产业集中化的内在机制，为区位论的一般均衡研究提供了微观经济学的依据。1995 年，克鲁格曼的《发展、地理学与经济理论》一书通过构建有见地的数学模型，填补了标准经济学理论中关于经济地理内容的空白。1999 年，克鲁格曼与藤田昌久、维纳布尔斯合著了《空间经济学——城市、区域与国际贸易》。在该书中克鲁格曼等人引入了迪克希特-斯蒂格里茨模型（Dixit-Stiglitz Modle，简称 D-S 模型）、规模经济和垄断竞争市场结构的理论框架以及萨缪尔森（P. A. Samuelson）的冰山运输成本理论（Iceberg Cost），以规模经济、报酬递增和不完全竞争为条件研究区域经济问题，克服了传统区域经济学以完全竞争和规模效益不变作为研究假设条件的缺陷（徐阳和苏兵，2012）。

3）理论借鉴

区位理论表明，不同的地理位置和环境对作物生长具有较大的影响力，经济区位不仅会影响作物的产量，更会影响到作物的经济产出。因此结合江浙地区茶园自然地理区位、经济地理区位以及交通地理论区位的实际情况，运用"杜能圈"理论对指导农户合理规划茶叶种植的策略及茶园经营管理方式的选择具有重要意义；其次，区位理论对强化地方基础设施建设，提高对农业用地基本投入水平，增加农民收入，提高茶园区位优势等具有重要指导意义。

2.2.3 复合生态系统理论

1）基本内涵

马世骏于 1981 年最早提出复合生态系统理论，针对当代粮食、能源、资源、环境等重大问题，提出这类问题并非是孤立的社会问题、经济问题、自然生态问题，而是若干系统相结合的复杂问题，并从复合生态系统的观点进行了探讨。人类复合生态系统又称经济—社会—自然复合生态系统，指人类社会与自然环境构成的多级系统，是自然子系统、经济子系统和社会子系统组成的多级复合体。其多级性表现为由小到大的序列：小如居民点，是区域人群和自然、社会环境构成的总体，大如包括人在内的整个地球生物圈。人类复合生态系统与其他各类生态系统的区别在于：它内在地包括经济、社会属性和意识的作用，除了无意识的自然调节和控制以外，还存在价值规律的市场调节以及有意识的社会调节和人为控制。人类复合生态系统作为科学概念，其核心思想是反映人与环境的统一、自然规律与社会规律的统一、物质和意识的统一。其科学意义在于它对科学研究的指南作用，即要求科学把有关自然规律和社会规律的研究统一起来；把人与自然作为物质运动的统一整体加以认识，以解决传统科学分别研究自然和社会所不能认识和解决的问题。我国著名的生态学家马世骏和王如松认为人类社会是以人的行为为主导、自然环境为依托、资源流动为命脉、社会体制为经络的人工生态系统（褚祝杰，2013；王亚力，2010）。图 2-2-1 为王如松等描述的社会—经济—自然复合生态系统的结构示意图。

2）研究进展

复合生态系统并非自然生态系统和社会经济系统的简单叠加，而是由自然、社会、经济各子系统组成的结构更复杂、融合更紧密、相互制衡更明显的生态系统。这个系统的组成要素、结构功能以及物质流、能量流和信息流均呈现新的特

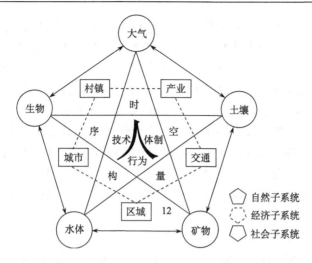

图 2-2-1　社会—经济—自然复合生态系统结构示意图

征，这些新特征集中体现在它们之间如何复合，如何循环。正确认识这些特征，探索其形成演变的规律，对于生态系统理论的发展和指导生态经济、循环经济的实践具有重要意义。自然生态系统演变成为复合生态系统反映了人类经济社会活动的强化，是一种社会的进步，认识其发展演变规律，有赖于复合生态系统的理论构建和实际运用（石建平，2005）。

人类社会是以人的行为为主导、自然环境为依托、资源流动为命脉、社会文化为经络的社会-经济-自然复合生态系统。首先王亚力把一个社会看作由人、自然、社会等因素组成的复合生态系统。这是复合生态系统的一个体现。复合生态系统理论由自然子系统、经济子系统、社会子系统三部分组成。自然子系统是由水（水资源和水环境）、土（土壤）、气（大气和气候）、生物（植物、动物和微生物）、矿及其间的相互关系来构成人类赖以繁衍的生存环境；经济子系统是人类主动地为自身生存和发展组织有目的的生产、流通、消费、还原和调控活动；社会子系统由人的观念、体制和文化构成。复合生态系统理论的核心是生态整合，通过结构整合和功能整合，协调三个子系统及其内部组分的关系，使三个子系统和谐有序，实现人类社会、经济与环境间复合生态系统的可持续发展（陈璐，2013）。

（1）自然子系统

自然子系统由地球上的岩石圈、大气圈、生物圈、水圈和阳光组成，包括地形、矿产、气候、土壤、水体、生物、太阳能等基本要素。来自地球内部的内力和来自太阳能的外力是自然子系统形成和发展的根本动力，地球化学循环、生物循环过程和以太阳能为基础的能量转换过程是自然子系统各组成成分之间联系的纽带。自然子系统主要为人类生产、生活提供能源、资源和空间场所，决定和制约着人类经济活动的方式和规模，也影响着人类文化的发展。因此自然子系统是复合生态系统存在、发展和分布的自然基础，也决定了复合生态系统的规模、特征和发展方向。当然随着科学技术的进步，资源的范畴会扩大，能源的种类会增多，资源、能源利用的效率会提高，自然子系统对人类活动的影响程度会变小，但这种变化改变不了自然子系统作为人类社会存在和发展的自然基础的基本事实。1976 年的唐山大地震和 2008 年的汶川大地震对人类生态系统毁灭性的破坏，至少说明了人类并没有完全了解自然子系统发展演变的规律，说明了当时当地的自然子系统与经济子系统和社会文化子系统之间存在根本上的不和谐。

（2）经济子系统

经济子系统包括第一、第二、第三等三大产业，包含生产、消费、流通等三个环节，同时由生产者、流通者、消费者、还原者和调控者等五类功能实体间相辅相成的基本关系组合而成。经济子系统是复合系统内为人类个体和集体谋求福利的系统，同时也是人类与自然子系统之间发生关系的重要媒介。一方面，人类的经济活动是人类从自然界获取资源和能源的主要方面，是人类对环境的破坏和影响的主要因素；另一方面，经济发展水平的提高也强化了人们协调人类社会与自然环境关系的能力。因此，经济子系统的水平和结构直接影响和制约着人类与环境的关系，同时经济的发展也是社会进步和人类生态系统演进的主要动力。任何经济子系统内，都有两项相关的功能：一是在个体福利的改善与社会整体福利的改善之间谋求平衡；二是在相互竞争的用途和社会成员之间配置稀缺资源。价值高低通常是衡量经济系统结构与功能适宜与否的指标。在市场经济体系内，价值规律是促进稀缺资源有效配置的最佳手段，货币杠杆是调节人们各种经济行为的最简便、最有效的方式。

（3）社会子系统

社会文化子系统由人口状况、科技文化、道德伦理、政策法规、社会制度、传统习惯等要素组成。这些要素的特殊组合构成了特定地区人类的社会环境，决定了人类的行为方式、经济类型、消费习惯、对自然的态度以及对环境的影响。在复合生态系统中社会文化子系统的功能在于维持系统的协调和平衡。一方面，要保持人与人之间、地区与地区之间的平衡；另一方面，要保持人类社会与自然环境之间的平衡。地球上的正常人并不等同一般的动物，他们有思想、有情感、有文化，他们并不是单打独斗式地与自然发生关系，而是按照一定的关系，组成一定的群体，运用他们的思想和文化，按照他们对自然的理解，理性地利用自然为自己的利益服务。因此，他们的言行受制于一定的文化传统、道德规范、法律法规，他们的影响取决于他们的文化背景、能力水平，他们与自然界关系更多地与生产力水平和对自然的认识和态度有关。因此人类所处的社会文化环境对协调人与人之间、人类与环境之间的关系非常重要。

生态学的基本规律要求系统在结构上要协调，在功能上要平衡。违背生态工艺的生产管理方式将给自然环境造成严重的负担和损害。稳定的经济发展需要持续的自然资源供给、良好的工作环境和不断的技术更新。大规模的经济活动必须通过高效的社会组织、合理的社会政策方能取得相应的经济效果，反过来经济振兴必然促进社会发展，增加积累，提高人类的物质和精神生活水平，促进社会对自然环境的保育和改善。复合生态系统具有复杂的经济属性、社会属性和自然属性，其中最活跃的建设因素是人，最强烈的破坏因素也是人。一方面，人是社会经济活动的主人，以其特有的文明和智慧驱使大自然为自己服务，使其物质文化生活水平以正反馈为特征持续上升；另一方面，人类毕竟是大自然的一员，其一切宏观活动，都不能违背自然生态系统的基本规律，都受到自然条件的负反馈约束和调节。这两种力量之间的消长演变，促进了人类生态系统螺旋式的演进。三个子系统间通过生态流、生态场在一定的时空尺度上耦合，形成了一定的生态格局和生态秩序（王亚力，2010）。图 2-2-2 为复合生态系统中三大子系统的关系示意。

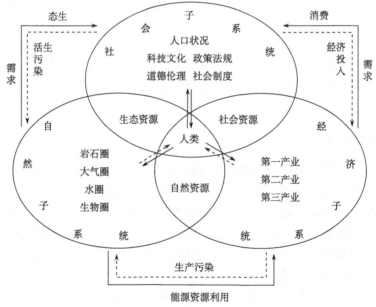

图 2-2-2　复合生态系统中三大子系统关系示意图

3）理论借鉴

茶叶种植加工及其附属产业发展过程是典型的复合生态系统。首先，农户利用自然子系统提供的资源与环境进行茶叶种植栽培活动；其次，通过对茶叶的加工、销售及其旅游等附属产业经营追求经济效益，谋求福利，形成了经济子系统；最后，由于自然资源、科学技术、政策法规及传统习惯等要素的限制，农户形成了特定的种植消费习惯以及对自然与环境的态度等。运用复合生态系统理论对江浙地区茶园地理特征进行研究分析，其理论意义在于：①全面了解自然子系统的客观现状及其发展规律，分析茶叶生产的客观限制因素，为农户因地制宜改善茶园土壤环境、选择适当种植方式、合理制定施肥方案以及提高茶园的经营管理水平等提供理论参考依据；②系统分析研究区经济发展模式，发现农户生产经营过程中存在的问题，尤其是对自然资源与环境造成的破坏及威胁，并针对问题提出有效治理措施；③了解当地的传统文化、生活习惯、对自然的态度等，分析影响茶叶生产经营的人为主观限值因素，为改善生态环境、提高农户收益提供指导建议。

2.2.4　可持续发展理论

发展是人类社会的永恒主题。千百年来，发展始终是人类执著追求的一个最基本、最崇高、最普遍的目标。由于工业化的快速推进，人口膨胀，无节制地消费和战争破坏，大量地消耗了地球上的自然资源，使人类生存的环境日趋恶化，给 21 世纪留下的最大课题是人类需要寻求既满足当代人的需要，又对后代人满足其需要的能力不构成危害的发展。具体来说，就是谋求经济、社会与自然环境的协调发展，维持新的平衡，制衡出现的环境恶化和环境污染，控制重大自然灾害的发生。

1）基本内涵

世界环境与发展委员会 1987 年向联合国提交了一份经过三年多艰苦努力完成的研究报告《我们共同的未来》，报告声称："我们需要一个新的发展途径，一个能维持人类进步的途径，我们寻求的不仅仅是在几个地方几年内的发展，而是在整个地球遥远将来的发展"。这表明，国际社会正在考虑一种新的发展思路，这种思路就是报告中较明确、较具体阐述的："既满足当代人的需求，又不对后代人满足需求能力构成危害的发展"，此即可持续发展（王青云，2004）。

可持续发展是一个涉及经济、社会、文化、技术及自然环境的综合概念。它是立足于环境和自然资源角度提出的关于人类长期发展的战略和模式。它并不是一般意义上所指的在时间和空间上的延续，而是特别强调环境承载能力和资源的永续利用对发展进程的重要性和必要性。可持续发展不同于传统的经济增长，它是人类关于社会经济发展和人类生存的一切思维方式的变革。它的基本思想主要包括四个方面（刘培哲，1996）。

（1）可持续发展鼓励经济增长

可持续发展强调经济增长的必要性，可以通过经济增长提高当代人福利水平，增强国家实力和社会财富。但可持续发展不仅重视经济增长的数量，更要求经济增长的质量。这就是说，经济发展包括数量增长和质量提高两部分。数量的增长是有限的，而依靠科技进步，提高经济活动中的效益和质量，采取科学的经济增长方式才是可持续的。因此，可持续发展要求重新审视如何实现经济增长。要达到具有可持续意义的经济增长，必须审视使用资源的方式，改变传统的以"高投入、高消耗、高污染"为特征的生产模式和消费模式，逐步向可持续发展模式过渡，实施清洁生产和文明消费，从而减少单位经济活动造成的环境压力。环境、资源退化的原因产生于经济活动，其解决的根本也必须依靠经济过程的再造。

（2）可持续发展的标志是资源的永续利用和良好的生态环境

经济和社会的发展不能超越资源和环境的承载能力。可持续发展以自然资源为基础，同生态环境相协调。它要求在严格控制人口增长、提高人口素质和保护环境、资源永续利用的条件下，进行经济建设，保证以可持续的方式使用自然资源和环境成本，使人类的发展控制在地球的承载能力之内。可持续发展强调发展是有限制条件的，没有限制条件就没有可持续发展。要实现可持续发展，必须是自然资源的耗竭速度与资源的再生发现速度相适应，必须通过转变发展模式，从根本上解决环境问题。如经济决策中能够将环境影响全面系统地考虑进去，这一目的是能够达到的。但如果处理不当，环境退化和资源破坏的成本非常巨大，甚至会抵消经济增长的成果而适得其反。

（3）可持续发展的目标是谋求社会的全面进步

发展不仅仅是经济问题，单纯追求产值的经济增长不能体现发展的内涵。可持续发展的观点认为，世界各国的发展阶段和发展目标可不同，但发展的本质应当包括改善人类生活质量，提高人类健康水平，创造一个保障人们平等、自由、安定、受教育和免受暴力的社会环境。这就是说，在人类可持续发展系统中，经济发展是基础，自然生态保护是条件，社会进步才是目的。而这三者又是一个相互影响的综合体，只要社会在每一个时间段内都能保持与经济、资源和环境的协调，这个社会就符合可持续发展的要求。显然，在新的世纪里，人类共同追求的目标，是以人为本的社会—经济—自然复合系统的持续、稳定、健康的发展。

（4）可持续发展承认自然环境的价值

自然资源的价值不仅体现在环境对经济系统的支撑和服务价值上，也体现在环境对生命支持系统的不可缺少的存在价值上。应把生产中环境资源的投入和服务计入成本，进入产品价格，逐步完善国民经济核算体系。这不仅是方法问题，也是人们思维方式的变革，从而引起资源配置、使用方式等的一系列调整。

2）研究进展

"可持续发展"一词，最初出现在 20 世纪 80 年代中期的一些发达国家的文章和文献中，"布伦特兰夫人报告"以及经济合作组织的一些出版物较早地使用过这一词汇。到目前为止，可持续发展作为一个理论体系正处于形成的过程中，对于可持续发展的概念或定义，全球范围还在进行广泛的讨论，众说纷纭，从不同角度对可持续发展进行阐述。

（1）布伦特兰夫人的定义

1987 年，挪威首相布伦特兰夫人主持的"世界环境与发展委员会（WCED）"在对世界重大经济、社会、资源和环境进行系统调查和研究的基础上，提出了长篇专题报告——《我们共同的未来》。该报告首次系统地阐述了"可持续发展"的概念和内涵，认为可持续发展就是"既满足当代人的需要，又不对后代人满足需求能力构成危害的发展"。并指出：满足人类的需要和愿望是发展的主要目标，它包含经济和社会循序渐进的变革。该定义中包括两个重要的概念：一是"需要"，尤其是世界上贫困人口的基本需要，应当放在特别优先的地位来考虑；二是"限制"，技术状况和社会组织对环境满足当前和未来需要能力施加的限制。之后，可持续发展的概念又在两个重要的国际性文献中进一步得到详细说明，一个是《保护地球——可持续生存战略》（*Caring for the Earth: A Strategy for Sustainable Living*，IUCN，1991）；另一个是《21 世纪议程》（*Agenda 21*），这是 1992 年联合国环境与发展大会通过的行动计划。

（2）着重于自然属性的定义

可持续发展的概念源于生态学，即所谓"生态持续性"（ecological sustainability）。它主要指自然资源及其开发利用程度上的平衡。世界自然保护同盟（IUCN）1991 年对可持续性的定义是"可持续性地使用，是指在其可再生能力的范围内使用一种有机生态系统或其他可再生资源"。同年，国际生态学会（INTECOL）和国际生物科学联合会（IUBS）进一步探讨了可持续发展的自然属性，将可持续发展定义为"保护和加强环境系统的生产更新能力"，即可持续发展是不超越环境系统再生能力的发展。此外，从自然属性方面定义的另一种代表是从生物权概念出发，即认为可持续发展是寻求一种最佳的生态系统以支持生态的完整性和人类愿望的实现，使人类生存环境得以持续。

（3）着重于社会属性的定义

1991 年，由世界自然保护同盟（IUCN）、联合国环境规划署（UNEP）和世界自然基金会（WWF）共同发表的《保护地球——可持续生存战略》提出的可持续发展定义是"在生存于不超出维持生态系统承载能力的情况下，提高人类的生活质量"，并进而提出了可持续生存的 9 条基本原则。这 9 条基本原则既强调了人类的生产方式、生活方式要与地球承载能力保持平衡，保护地球的生命力和生物多样性，又提出了可持续发展的价值观和行动方案。报告还着重论述了可持续发展的最终目标是人类社会的进步，即改善人类生活质量，创造美好的生活环境。报告认为，各国可以根据自己的国情制定各自的发展目标。但是，真正的发展必须包括提高人类健康水平，改善人类生活质量，合理开发、利用自然资源，创造一个保障人们平等、自由、人权的发展环境。

（4）着重于经济属性的定义

这类定义均把可持续发展的核心看成是经济发展。当然，这里的经济发展已不是传统意义上的以牺牲资源和环境为代价的经济增长，而是不降低环境质量和不破坏世界自然资源基础的经济发展。巴比尔（Edward B. Barbier）把可持续发展定义为："在保护自然资源的质量和其所提供服务的前提下，使经济发展的净利益增加到最大限度"。普朗克（Pronk）和哈克（Hag）在 1992 年为可持续发展定义为："为全世界而不是为少数人的特权所提供公平机会的经济增长，不进一步消耗自然资源的绝对量和涵容能力"。英国经济学家皮尔斯（D. Pearce）和沃福德（J. Warford）在 1993 年合著的《世界末日》一书中，提出了以经济学语言表达的可持续发展定义："当发展能够保证当代人的福利增加时，也不应使后代人的福利减少"。而经济学家科斯坦萨（Costanza）等则认为，可持续发展是能够无限期地持续下去，而不会降低包括各种"自然资本"存量（量和质）在内的整个资本存量的消费数量。他们还进一步定义："可持续发展是动态的人类经济系统与更为动态的但在正常条件下却很缓慢的生态系统之间的一种关系。这种关系意味着，人类的生存能够无限期地持续，人类个体能够处于全盛状态，人类文化能够发展，但这种关系也意味着人类活动的影响保持在某些限度内，以免破坏生态学上的生存支持系统的多样性"。

（5）着重于科技属性的定义

这是从技术选择的角度扩展了可持续发展的定义。倾向于这一定义的学者认为："可持续发展就是转向更清洁、更有效的技术，尽可能接近'零排放'或'密闭式'的工艺方法，尽可能减少能源和其他自然资源的消耗"。还有的学者提出："可持续发展就是建立极少产生废料和污染物的工艺和技术系统"。他们认为污染并不是工业活动不可避免的结果，而是技术水平差、效率低的表现。他们主张发达国家与发展中国家之间进行技术合作，缩短技术差距，提高发展中国家的经济生产能力。

可持续发展理念风靡全球，布伦特兰夫人的定义得到比较广泛的认可，但它更侧重于时间序列，忽略了空间分布，比如区域资源、环境格局、贫富不均等问题，但这些并不能否定这一理念的真实本意。

　　3）理论借鉴

　　我国作为农业生产大国，农产品的产量和质量对人们日常的生产生活意义重大。而茶叶作为农产品的典型代表，不仅是人们生活的必需品，而且对国家的经济发展也至关重要。茶叶产量及品质直接由其生长环境决定，其中土壤环境尤为重要。然而随着经济社会的快速发展及人们对农业经济效益的追求，我国目前耕地状况总体不容乐观，耕地数量在持续减少、质量在不断下降，生态环境也在不断恶化，由此农产品质量也受到了严重的威胁，这与可持续发展的理念背道而驰。因此，运用可持续发展理论对江浙地区茶园地理特征进行研究分析，主要从以下几个方面：①农户应结合茶园土壤自然属性的实际状况，如土壤类型、质地、pH、气候条件、肥力等，制定相应的施肥、管理方案，以保障茶叶所需养分，同时又避免养分过量而导致污染等问题。②农户应当在不使当地生态环境质量下降的前提下，通过改善种植方式、提高管理水平、加强基础设施建设等措施追求茶叶经济效益最大化。③农户应树立可持续发展意识，在茶叶种植过程中要坚持用发展的眼光看问题，不能因贪图眼前的利益而破坏整体的生态环境，从而真正地做到可持续发展。

2.2.5　农业经济理论

　　农业经济学是研究农业中生产关系和生产力运动规律的科学，是研究农业生产及与其相联系的交换、分配和消费等经济活动和经济关系的学科。其内容包括农业中生产关系发展变化，生产力诸要素的合理组织与开发利用的规律及应用等。

　　1）基本内涵

　　农业经济理论的提出者是美国经济学家西奥多·W.舒尔茨，舒尔茨在 20 世纪 60 年代将人力资本理论和农业经济增长以及农村发展问题结合起来，提出了以人力资本为核心的农业经济理论，实质上就是农村人力资本理论。

　　20 世纪 50 年代，经济学家普遍重工轻农，认为农业对经济增长无所裨益，舒尔茨坚决反对轻视农业的观点，在他看来农业可以成为经济增长的原动力。舒尔茨认为"土地本身并不是使人贫穷的因素，而人的能力和素质却是决定贫富的关键"。传统农业之所以阻碍了经济的发展，是因为农民世世代代使用相同的生产要素，技术水平长期没有长进，它的直接后果是生产率低，进而导致产出低，农民收入微薄。随着时代的发展，新的生产要素应运而生。供给者开发新的生产要素，并提供给农民。然而，农民却不会使用这些新的生产要素，限制了农民对物质资本的适应。因此，帮助农民掌握如何应用新的生产要素才是改造传统农业的关键。这必然要求农民掌握新的知识和技能。从本质上看，它们就是人力资本投资。人力资本是农业增长的主要源泉，这是舒尔茨反复强调的一个观点。如果农民素质跟不上物质资本的要求，传统农业不可能改善。因为物质资本和人力资本之间的鸿沟实在太大，出现了失衡，必然导致农业不能促进经济的发展（许文静，2010）。

当代经济学被划分为微观与宏观两个专门化的分支，农业经济学也是如此。农业经济学的基本理论和理论核心都是在微观领域中形成，然后扩展到宏观领域。而当前农业经济分析的基础是生产函数、贸易函数和需求函数，以及由它们构成的各种系统模型。其中，生产函数居于最基本的中心任务地位，是农业经济分析的科学理论核心。

农业生产函数的最初数学表达形式是德国土壤化学家 Liebig（1803~1873）于 1840 年提出来的，在"矿质营养说"和"营养元素归还说"的基础上 Liebig 将农作物产量与土壤中各种矿质营养元素之间的关系表述为自然运动的函数：

$$y = F(x_j), \quad j = 1, 2, 3, \cdots, m \qquad (2\text{-}2\text{-}1)$$

其中，y 为农作物产量；$F(x_j)$ 为产量函数；x_j 为营养元素。

Liebig 的学说奠定了现代农业科学主导学科——农学的基础，使现代农学成为常规科学，并由此使农业科学获得了现代科学的定义。从此，现代科学技术进入农业部门，农业科学化过程深入发展。Liebig 提出的产量函数，直接导致农业经济学中科学理论核心的形成，也直接导致这一理论公理化形式的形成。容易理解，有了式（2-2-1）便很容易得出微观水平上的核算公式

$$\pi = P_y F(x_j) - \sum_{j=1}^{m} P_{xj} x_j \qquad (2\text{-}2\text{-}2)$$

并很容易地将生产者的行为表述为

$$\max \pi = P_y F(x_j) - \sum_{j=1}^{m} P_{xj} x_j \qquad (2\text{-}2\text{-}3)$$

其中，π 为净收益；P_y 为产品价格；$F(x_j)$ 为产量函数；x_j 为生产因子；P_{xj} 为因子价格，$j = 1, 2, 3, \cdots, m$。

值得指出的是，式（2-2-1）和式（2-2-3）中的 $F(x_j)$ 同为产量函数，但式（2-2-3）中的 x_j，$j = 1, 2, 3, \cdots, m$，已变为市场条件下的生产因子，而不仅是式（2-2-1）中那些土壤化学家所关注的营养元素。

由式（2-2-3）的一阶条件得出：

$$\frac{\partial F}{\partial x_j} = \frac{P_{xj}}{P_y}, \qquad j = 1, 2, 3, \cdots, m \qquad (2\text{-}2\text{-}4)$$

式（2-2-4）表明，生产者行为的最优化目标，实质是效率的平衡。因为式（2-2-4）的两端均是效率。左端为技术的边际效率；右端为市场的边际效率，或称市场分

配效率。容易理解，技术可以理解为主要是生产能力作用于资源，自然能力得到发挥的过程，可以抽象地看作是自然的表现；市场则主要是社会行为运作的表现。式（2-2-4）是当代农业经济分析的实质，当然也是经济当事人行为本质的解释。

这样，由式（2-2-1）至式（2-2-4）的内容可以看出，农业经济学科学的解释体系，是沿着"自然—社会—行为—效率"这样的逻辑逐步展开的。逻辑的起点是 Liebig 的生产函数，并且，更为重要的是，它使整个解释取得了数学形式的表达。因而，由 Liebig 首先提出，而后经过实证不断改进的生产函数，成了农业经济学的理论核心。上文已经谈及，式（2-2-1）中的 x_j，$j=1,2,3,\cdots,m$ 是"营养元素"；而式（2-2-3）中的 x_j，$j=1,2,3,\cdots,m$ 是"生产因子"。由此可以看出，农业经济分析已是在生产技术层次上，而不是在土壤营养技术层次上。

当代农业经济分析，实际上是假定其分析的基础（即生产技术）与土壤营养技术，在"自然关系上"是遵从完全相同规律的。正是这一假定，使农业经济学这一古老的学科与现代科学紧密地联系起来，并有效地使自己的理论核心找到了一种数学表达形式。或者说，是假定土壤营养科学可以直接指导生产技术的表达。20 世纪，农业经济学取得了突出的科学化进展，令人激奋。不管人们在主观上是否清楚地认识到了这一假定的实际作用，这些进展都确定在客观上是与这个假定密切相关的（孙中才，2007）。

2）研究进展

农业经济学在 20 世纪能够迅速成长为一门常规科学，是因为它的理论核心首先进入科学的模型化水平，为经济行为的分析奠定了基础，使应用研究有了概念和逻辑的出发点。事实表明，农业经济学的科学化进展，不仅使本学科有了突出的进步，提高了学术地位，而且也促进了一般经济学的科学化进程。

（1）农业经济学理论的两大直接来源

一个是观察陈述；另一个是理论陈述。考察当代的农业经济学能够发现，这两个陈述似乎明显地分属于两个不同的来源。观察陈述主要来源于对农业领域自身现象的总结，理论陈述主要来源于一般经济学的阐发。观察陈述对农业经济学的贡献，主要体现在两点：第一，阐明了生产本原思想。通过对农业领域诸多现象的观察，明确了这样的陈述：经济成果、经济效率乃至经济的众多社会效应，其本原的力量皆来自生产。这一思想规定了农业经济学的基本探索方向，给定了农业经济学学科网络结构的原始归结点，为农业经济学理论知识的体系连续性奠定了基础。这也为一般经济学，甚至为整体社会科学的理论体系的连续结构做出了示范。第二，发现了报酬递减规律。在"土地肥力递减律"的基础上发现了"土地报酬递减律（Law of Diminishing Returns to Land）"。这一规律的发现，直接推动了生产函数的科学研究，奠定了一般生产力概念的基础。而后，在生产函数理论陈述的基础上，推进了生产力概念的精确表达，由"土地报酬递减律"推演出"生产力变动律（Law of the Variety of Productivity）"。随着对科技进步作用的不断揭示，把生产力变动律的研究推进到了新的水平。这一规律是当代农业经济学的理论基点。随着经济工业化进展，农业的经济地位下降，成为工业部门的附属，整体经济的主体实践和理论探索的关注点，自然都转移到了非农业部门。随之，农业经济学也如同农业的经济地位一样，日益成为一般经济学的附属。这样，随着一般经济学理论的迅速发展，近代以来，农业经济学的理论陈述日益来源于一般经济学的理论知识。能够看到，从生产函数、消费函数的精确化，到随之展开的状态分析和行为分析，都是在工业部门经济实践的促动下才完成的。理论抽象的直观对象也集中在农业之外的经济领域，也就是说，这些知识的观察陈述和理论陈述，一般都不是在农业领域内完成的，尽管其中所涉及的许多基本思想都曾经在农业经济学的发展史上有所提及，甚至提出过很有见地的猜测。因而，人们容易看到，现在农业经济学中的理论陈述，主要来自一般经济学（孙中才，2006）。

（2）农业经济学理论的研究对象的变化

农业经济学属于应用社会科学，农业经济学科存在的意义是为研究对象服务，并培养大量能够学以致用的学生。伴随着社会经济的变化，农业经济学从诞生之初，其研究对象就在不断演变之中，大体经历了三个阶段：最早以农场经营为核心，后来转变为以政策研究为核心，继而转变为市场研究与政策研究并重。具体而言，第一阶段以农场经营为核心。农业经济学起源于如何应用经济学原理促进作物和畜产品产量增加，以达到增加农场利润的目的，现代农业经济学称之为"农场经营管理（farm management）"。农业经济学的基本原理在农业占经济比重很高的农业社会早就存在，但是，其系统化和科学化主要起始于 18 世纪工业革命之后的欧洲国家。西方主要发达国家尤其是美国的农场规模非常大，此阶段农业经济学集中于研究农场的经营管理，主要任务是培养大量优秀的、懂得经营管理的农场主。第二阶段以政策研究为核心。从农业的角度看，经济起飞可以分为三个阶段：食物问题阶段、贫困问题阶段、农业调整问题阶段。在经济起飞过程中，农业的主要作用是为城市产业工人提供便宜的食物。随着经济起飞和城市化推进，食物需求不断增加。食物价格上涨会推动产业工人工资增长，影响非农产业资本积累和经济起飞，出现"食物问题（food problem）"。此时政府通常会制定政策，抑制食物价格上涨，从农业中榨取资本以促进非农产业扩张，同时推进城市化进程。这个阶段在西方主要发生在 1900 年前后，中国则发生在 1949 年至 1978 年。随着经济高速增长以及城市化快速推进，农业问题表现为"贫困问题（poverty problem）"。从事农业的人受限于土地规模，收入无法和城市居民相比，造成了农民贫困。政府应采取必要的措施提高农民收入，一种常用的政策手段是对农业进行补贴。这个阶段在西方主要发生在 20 世纪 70 年代之前的快速城市化时期，中国目前正处在这种意义上的"贫困问题"阶段。以上两个发展阶段中，农业政策成为农业经济学的研究重点之一，在培养农业经营管理人才的同时，培养大量农业政策研究人才成为农业经济学科的主要任务。随着农业人口占总人口的比重下降到 10%以下，农业增加值占 GDP 的比重下降到 5%以下，城市化过程即告结束。由于政府对农业进行了大规模补贴，造成农业生产严重扭曲，需要调整政策以使农业生产遵循市场规律、减少扭曲。然而，减少补贴会造成农民不满。西方国家由于已经完成了城市化，经济发展进入成熟阶段，农业在国民经济中的份额变得很小，农业政策的核心开始表现为农业调整，即减少政策对生产的扭曲，让农业服从市场规律；同时，开始注重农业的非食物供给功能（multi-functionality），包括环境生态功能、文化传承功能、教育功能等。这时农业问题通常被称为"农业调整问题（farm problem）"。相应地，农业经济学发展进入第三阶段，需要政策研究和市场研究并重。由于农业小部门化，以及农业产业化和标准化（例如工厂化养殖以及温室种植的推广和普及），农业的特殊性逐步消失，农业政策部门的人才需求开始减弱。然而，随着市场化的不断推进以及食品产业的快速扩张，涉农企业对农业经营管理人才的需求成为主导力量。此时，农业经济学科的主要任务是培养农业政策研究人才与农业企业经营管理人才并重（于晓华和郭沛，2015）。

（3）促进农业经济学发展的措施

第一，走中国特色的农村发展道路，实施农业产业化经营。农业产业化经营是促进农业经济发展、实现现代农业的重要的途径。农业的产业化经营要求农业采用先进的科学技术和经营管理方式，从而促进生产率的进一步提高，使农业的经济效益不断提高。走中国特色的农村发展道路就是用现代化的物质条件装备农业。农业需要现代的科学技术的改造，需要现代产业体系的提升，需要现代经营形式的推进，需要现代发展理念的引领。用科学技术武装培育的新型农民是现代农业发展的主力军，现代信息技术的运用，极大地提高了土地的产出率、资源利用率和农业劳动生产率。科教兴农、科教兴国战略的实施，促进了农业经济的发展。第二，推进城乡一体化建设。城乡一体化是解决"三农"问题的有效途径，也是进一步发展农业经济的基础和前提。政府部门要对城乡建设进行统筹，加大惠农力度，使农民参与到现代化农业建设中来，促进城乡共同发展与繁荣，逐步缩小城乡差别，形成城乡互补，有力地促进农业经济的发展，积极地推进城乡一体化进程势在必行。第三，大力实施科技兴农战略。坚定不移地实施科技兴农战略，促进农业经济的发展，深化农业科技体制的改革。传统农业向现代化农业转变的关键因素是科技在农业经济中的应用。实施科技兴农战略，加快农业技术的研究与推广，是农业发展与科技发展进一步适应的需要，开展农业科技的推广与培训，保障农业经济的全面发展与进步。第四，壮大农业经济实力。农业是人类社会赖以生存的基本生活资料的来源，是社会分工和国民经济其他部门成为独立的生产部门的前提和进一步发展的基础，也是一切非生产部门存在和发展的基础。按照资源、资产、资金和技术集中的原则，逐步壮大农业经济实力。政府通过调整税收、贷款、利率、融资和技术等方面的政策，重点向农业产业倾斜。重点扶持和培育一批规模大、档次高、效率好、质量优的农业企业。因地制宜，充分发挥区域资源优势，逐步实现大、中、小企业有益互补，相互支持，相互依存。壮大农业经济实力，积极为农民提供服务，提高农业产业的组织化、市场化、现代化进度，防止恶性循环竞争（田丽荣，2014）。

（4）中国农业经济理论未来的展望

传统的农业经济在过去 20 年中已经逐步地开始了对自身的理论改造。这个改造过程主要表现在三个方面：一是将农业经济作为国民经济整体的一个产业部门，农业经济学逐渐成为产业经济学的一个部分，农业经济学也因此渐渐融入理论经济学之中；二是将农业经济现象与农村社会结构结合在一起研究，农业经济学的研究逐渐由过去的"部门经济学"演变成为区域经济学，农业经济学渐渐地演变为农村经济学；三是由政策解释功能转变为政策研究功能。

①农业经济学融入理论经济学。农业经济学的研究对象是计划经济体制下的农业经济。在旧的条块分割体制下，特别是 20 世纪 50 年代以来形成的二元经济格局中，农业经济的运行相对地独立于其他经济部门，具有较强的封闭性。在对这种具有相对独立性、封闭性的农业经济运行过程的解释中形成的传统农业经济学，不可避免地形成了相对独立的研究对象和封闭的研究方法。这种传统的研究领域和方法对中国农业经济理论研究产生了十分深刻的影响。虽然如此，现代经济学在过去的十几年中已经很深入地影响了传统农业经济学，并逐渐地改造了它，农业经济学作为现代产业经济学的一个部分正在融入现代经济学理论体系。②由部门经济学向区域经济学转变。传统农业经济学的研究对象是按国民经济部门的分工来划分的。这种学科划分与计划经济体制下的条块分割的经济运行状态是一致的。在农村经济体制改革以后，这种条块分割的局面被冲破，农业经济的研究对象被扩展为农村经济。传统农业经济学要继续解释农村经济的新情况，就必须改变旧的研究框架，适应新形势的要求。农业经济学的研究在对改革过程的不断跟进和解释中，逐渐朝具有区域经济理论特征的方向演变。③继续加强由政策解释向政策研究的转变。诠释农业（农村）政策对传统农业经济学的形成，其推动作用巨大。但随着农村经济改革的深入，农业（农村）经济发展面临的不确定性因素越来越多，仅仅对政策进行解释是远远不够的。新的形势越来越迫切的需要对农村经济中存在的不确定性因素带来的经济后果进行分析、预测和把握，也就

对农业经济学提出了新的要求，需要农业经济学对于农业（农村）经济发展的未来有充分的预计，并能在此基础上提出应对策略，即政策研究。过去的十几年中，农业经济学已经在这方面做出了许多有益的积累，也为政府宏观农业政策决策作出了巨大贡献。农业经济学也由传统的解释政策转向了政策研究。在社会主义市场经济体制形成的过程中，农业经济体制和农村经济结构的变动仍将是频繁的，所面临的不确定性因素对农业（农村）经济运行影响将是长期的。农业经济学的政策研究功能在这个过程中仍将继续得到加强（徐锋，2001）。

3）理论借鉴

舒尔茨提出农业经济理论，其本质是人力资本理论，强调人力资本是农业增长的主要源泉。而人力资本则是体现在人身上的资本，即对生产者进行教育、职业培训等支出及其在接受教育时的机会成本等的总和，表现为蕴含于人身上的各种生产知识、劳动与管理技能以及健康素质的存量总和。同时，由 Liebig 首先提出，而后经过实证不断改进的生产函数，成了农业经济学的理论核心，表明农业经济分析已经是在生产技术层次上，而不仅仅停留在土壤养分技术层次上了。因此，茶叶种植农户应转移茶园经营管理的战略重点，由原来仅仅是侧重土壤施肥等基本管理向引进先进的生产工具、学习先进的经营管理理念等转移。这就要求：①农户应该意识到保持土壤肥力、除虫除草等措施只是茶园经营管理最基本的要求，想要继续增加茶叶经济收入，不能仅仅停留在土壤养分技术层面上，而必须解放思想，向有关专家咨询了解当前先进的生产技术，学习先进的管理理念，提高茶叶种植及茶园管理的效率。②农业可以成为经济增长的原动力，但相关政府部门应当对农业生产给予大力的支持与帮助，尤其像江浙优质名茶种植区，应在基础设施建设、技术扶持、人才引进等方面出台相应的帮扶政策，为农户打造良好的平台，以提高茶叶经济效益，进而促进区域整体经济发展。

第3章　研究区概况

3.1　江浙地区自然地理特征

3.1.1　江苏省溧阳市天目湖镇自然地理状况

天目湖镇地处苏浙皖三省交界（图 3-1-1），北纬 31°01′~31°04′，东经 119°08′~119°36′，隶属于江苏省溧阳市，位于溧阳市南部。北距市区 8km，东和戴埠镇相连，南与安徽广德县邱村镇、郎溪县凌笪乡接壤，西同社渚镇、南渡镇毗邻，北靠溧城镇。

该镇属于中纬度亚热带丘陵山区气候，四季分明，年平均气温 17.5℃，温暖多雨，日照充足，区内茶园面积 251hm²，主要种植绿茶和白茶，是江苏省第二大茶叶主产区。研究区内以平原、低丘地形为主，海拔在 50m 以下。根据里阳县土壤志记载及实地确认，该区土壤主要为土质疏松的酸性黄沙土，部分为黄壤土和黄棕砂等。

天目湖镇版图总面积 239km²，总人口 77 897 人（2014 年），下辖 14 个行政村、5 个社区，天目湖镇与"天目湖旅游度假区管委会"实行统一建制，境内有天目湖旅游度假区 1 个国家 5A 级旅游景区，曾获"全国特色景观旅游名镇"等荣誉称号。

3.1.2　江苏省苏州市东山镇自然地理概况

江苏省苏州市东山镇位于江苏省苏州市的西南端，属苏州市吴中区，地理位置为北纬 30°02′~30°05′，东经 120°20′~120°24′。东山是太湖东麓的一座湖中半岛，北、南、西三面临湖，东南一面连陆，地处太湖洞山与庭山以东，因此也称洞庭东山。东山山脉从东北向西南绵延起伏，东北高西南低，将其分为前山（阳面）与后山（阴面）两部分。

东山全镇面积为 96.55km²，至 2000 年全镇总人口 52 270 人。东山在宋代时原本是太湖中一个呈长条状的孤岛；明代北岸滩涂发展，逐渐延伸；清代进一步发展，在东山和胥口之间经过日积月累的河道淤塞，最终逐渐封淤形成一条小浜，东山也相应成为半岛，将太湖东西两部分湖面分隔开，从而完成了东太湖西岸的形成。

该镇年平均气温为 16℃，年均降雨量 1139mm，无霜期为 230 天，年均日照时数为 2177.7 小时，年均相对湿度为 79%，属于北亚热带湿润性季风气候，所种茶叶主要为碧螺春（中国十大名茶之一）。东山境内以海拔在 100~300m 的丘陵地区和冲积平原为主，其土壤母质为石英砂岩及湖相沉积物，土壤类型主要为酸性的黄棕壤，平均 pH 为 4.47。

3.1.3　浙江省杭州市龙井村自然地理状况

浙江省杭州市龙井村（包括龙井村及杨梅岭村），位于西湖风景名胜区西南面，地理位置为北纬 30°13′，东经 120°06′，四面群山环抱，呈北高南低的趋势。村内常住人口约 800 多人，拥有近 800 亩的高山茶园。村的西北面北高峰、狮子峰、天竺峰形成一道天然屏障，挡住西北寒风的侵袭；南面为九溪，溪谷深广，直通钱塘江，春夏季的东南风易入山谷，通风通气的地理条件为龙井茶的生长提供了得天独厚的优势。

该村属于中北亚热带过渡区，年平均温度 16℃，主要种植绿茶龙井茶（中国十大名茶之一），研究区内茶园面积 231hm^2，地形主要以 200m 以下的丘陵为主，地势起伏较大。土壤类型为由石英岩残坡积物和粉砂岩、粉沙质泥岩风化而成的酸性白砂土与黄红壤土，所含微量元素适宜茶叶优良品质的形成。

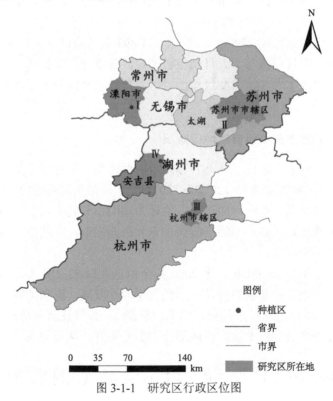

图 3-1-1　研究区行政区位图

3.1.4 浙江省安吉县溪龙乡自然地理状况

溪龙乡，位于北纬 30°23′~30°53′，东经 119°14′~119°53′，地处浙江省安吉县东北部，区域面积 32.25km²，其中耕地面积 11 434 亩，水田面积 10 435 亩，辖 5 个行政村。黄杜村位于安吉县溪龙乡境内，区域面积 11.5km²，人口 1482 人。全村拥有安吉白茶茶园 1 万余亩，是一个产业特色鲜明、因茶而美、因茶而富的浙北山区村，被誉为"安吉白茶第一村"。

此地水质达 I 级标准，国家一级公路 04 省道、11 省道、杭长高速、申嘉湖安高速和西苕溪航道构成发达、便捷的水陆交通运输网络，千吨位船只可以直达湖州、上海、苏州等地。

该乡年平均气温为 15.6℃，年平均降水量 1496mm，无霜期为 226 天，年均日照时数为 2005 小时，年均相对湿度为 81%，温暖湿润、四季分明，属于亚热带海洋性季风气候。溪龙乡所种茶叶主要为安吉白茶（浙江名茶后起之秀）。溪龙乡境内以海拔在 60~400m 的丘陵为主，其土壤母质主要为石英砂岩、粉砂岩残坡积物，土壤类型主要为酸性的黄棕壤和红棕壤，平均 pH 为 4.22。

3.2 江浙地区经济社会发展现状

3.2.1 江苏省溧阳市社会经济状况

1）综合

经初步核算，2015 年江苏省溧阳市实现地区生产总值（GDP）738.15 亿元，按可比价计算比上年增长 3.1%。从三大产业完成情况看，第一产业增加值 46.32 亿元，第二产业增加值 367.07 亿元，第三产业增加值 324.76 亿元。产业结构继续优化，第一、二、三产业比重由去年的 6.4：52.1：41.5 调整为 6.3：49.7：44。全市 2010~2015 年三大产业产值结构变化见图 3-2-1。全市人均 GDP 达到 97 010 元（按常住人口），比上年增加 2786 元，按平均汇率折算达 15 576 美元，与全省人均 GDP 平均水平 88 166 元相比属于相对较高的水平，位于江苏省第 11 名。2015 年与 2010 年年底相比，全市地区生产总值由 424.66 亿元增长到 738.15 亿元，年均增长 11.69%（图 3-2-2）。财政收入快速增长。财政总收入由 80.01 亿元增长到 208.61 亿元，年均增长 21.13%，其中公共财政预算收入由 29.00 亿元增长到 56.19 亿元，年均增长 14.14%（表 3-2-1）。城镇居民人均可支配收入由 22 912 元增长到 38 445 元，年均增长 10.91%，农村农民人均可支配收入由 11 368 元增长到 19 880 元，年均增长 11.83%（表 3-2-2）。

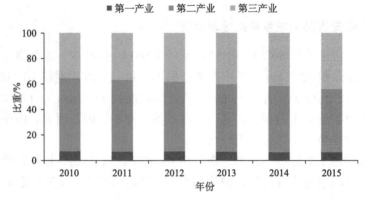

图 3-2-1　溧阳市 2010~2015 年三大产业产值结构变化

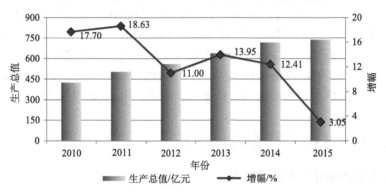

图 3-2-2　溧阳市 2010~2015 年生产总值及增幅

表 3-2-1　　溧阳市 **2010~2015** 年财政收入　　　　（单位：亿元）

项目	2010 年	2011 年	2012 年	2013 年	2014 年	2015 年
财政总收入	80.01	100.33	112.96	133.80	102.09	208.61
公共财政预算收入	29.00	37.13	40.50	45.60	50.62	56.19
工业总产值	—	1300.16	1515.72	1731.58	2000.79	1601.11
产品销售收入	—	1271.01	1515.55	1719.94	1969.50	1591.07
建筑业完成施工总产值	—	375.70	455.28	523.65	590.80	600.50
全社会固定资产投资	—	311.16	374.05	418.20	438.00	442.40

资料来源：《溧阳市统计公报》（2010~2015 年）

表 3-2-2　　溧阳市 **2010~2015** 年居民收入　　　　（单位：元）

项目	2010 年	2011 年	2012 年	2013 年	2014 年	2015 年
城镇居民人均可支配收入	22 912	26 470	29 852	32 804	35 531	38 445
农村农民人均可支配收入	11 368	13 505	15 261	16 985	18 222	19 880

资料来源：《溧阳市统计公报》（2010~2015 年）

2）农业

农业生产稳步发展。2015 年，江苏溧阳市农林牧渔业总产值完成 85.85 亿元（现价），比 2014 年增长 5.1%。从行业结构看：农业产值 47.63 亿元，比上年增长 7.5%；林业产值 1.11 亿元，比上年增长 4.7%；牧业产值 6.47 亿元，比上年下降 3%；渔业产值为 27.16 亿元，比上年增长 2.5%；农林牧渔服务业产值为 3.49 亿元，比上年增长 11.9%（图 3-2-3）。

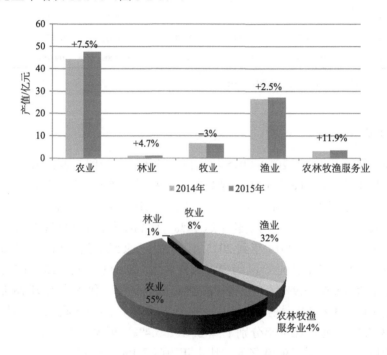

图 3-2-3 溧阳市农业行业结构

粮食生产再创丰收。2015 年全市粮食种植面积 102.78 万亩，粮食总产 53.90 万 t（表 3-2-3），比上年增加 0.01 万 t；单产再创新高达 524.43kg，居全省第三位，稻麦亩产单产总量达 1008.1kg，成为苏南地区稻麦亩产连续四年达 "吨粮" 的唯一县市。高效农业扩规增效，新增高效农业 3 万亩，其中设施农业 1.23 万亩，新增高效设施渔业面积 0.68 万亩。全市共完成造林 12 000 亩，其中成片造林 9000 亩，获评 2015 年年度全国森林旅游示范县（市）。"天目湖白茶" 荣获 "国家级农产品地理标志示范样板" 称号。

表 3-2-3　溧阳市 2010~2015 年主要农林牧渔业产品产量　（单位：t）

产品名称	2010 年	2011 年	2012 年	2013 年	2014 年	2015 年
粮食总产量	527 154	544 735	554 131	536 327	538 917	539 011
#水稻	379 280	381 676	390 007	382 812	381 065	379 150
小麦	119 692	137 151	137 713	128 027	132 131	135 248
油料总产量	26 411	20 710	25 847	31 582	30 801	26 269
#油菜籽	24 425	18 649	23 804	29 536	28 822	24 268
茶叶产量	3 006	3 300	3 808	3 990	4 228	4 312
水果产量	15 967	17 639	18 047	18 055	18 675	19 262
蔬菜产量	263 952	290 719	298 505	302 686	309 951	335 058

资料来源：《溧阳市统计公报》（2010~2015 年）

3）工业

工业经济平稳发展。2010~2015 年产值及销售情况如图 3-2-4 所示。其主要经济指标包括工业总产值、工业产品销售收入、利税总额和利润总额的变化趋势基本同步，总体呈现出显著的上升趋势。特别是 2010~2014 年，工业总产值和工业产品销售收入快速增长，年均增长率达 14%，而利税总额和利润总额增速较缓，年均增长率为 10%。自 2014 年到 2015 年，四大主要经济指标均呈现明显下滑趋势，全市工业总产值、工业产品销售收入分别达 1601.11 亿元、1591.07 亿元，比上年分别下降 4.8%、3.9%，工业利税总额 156.88 亿元、利润总额 91.78 亿元，比上年分别下降 1.3%、1%；规模以上工业总产值、工业产品销售收入分别达 1340.14 亿元、1335.71 亿元，比上年分别下降 6.3%、5.4%，规模以上工业利税 134.8 亿元、规模以上工业利润 79.79 亿元，比上年下降 3.1%、2.1%。

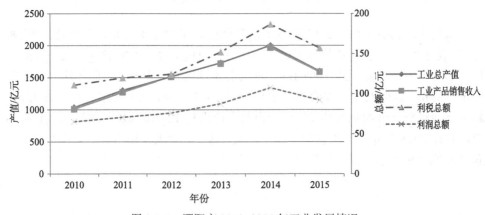

图 3-2-4　溧阳市 2010~2015 年工业发展情况

园区成为经济发展引擎，全市逐步形成了以中关村科技产业园区为主导，以上兴金属加工园、别桥北山工业园、南渡新材料产业园、埭头江苏骏益科技创业园、戴埠镇工业园、竹箦镇汽车零部件产业园为代表的镇级特色鲜明、优势集中的特色工业园区发展布局，支撑作用更加显著。

节能降耗常抓不懈。全年规模以上工业企业综合能源消费量 478.42 万 t 标准煤，同比下降 2.3%。规模以上工业万元产值能耗为 0.334 5t 标准煤/万元，同比下降 2.3%。

4）固定资产投资和房地产业

投资结构不断优化。从 2010~2015 年全社会固定资产投资完成额持续上升，从 276.60 亿元上升到 442.40 亿元，增加了将近一倍（表 3-2-4）。分产业看，一产投资 1.3 亿元，下降 18.8%；二产投资 322 亿元，增长 0.6%；三产投资 119.1 亿元，增长 2.3%。三产投资占比达 26.9%，比 2014 年提高 0.3 个百分点。2015 年投资 5000 万元以上的项目 261 个，完成投资额达 203.3 亿元，同比下降 10.7%，其中亿元以上项目 59 个，累计完成投资额达 84.5 亿元。工业项目技改投入完成 212.6 亿元，占全社会固定资产投资（不含房地产）以及工业投资的比重为 52.8% 和 66%，较 2014 年同期分别增长 3.8 和 7 个百分点；高新技术产业完成投资 124.4 亿元，同比增长 35.9%，占工业投资 38.6%；三大产业投资比重由去年的 0.37：73.07：26.56 调整为 0.3：72.8：26.9；国药药物制剂、宝鹏绿色建材、苏高新南大创新园等一批新兴产业项目顺利开工，苏浙皖边界市场改扩建项目、联盟化学塑料稳定剂生产项目建成投运。

房地产开发完成投资 40.3 亿元，同比下降 21.8%。2015 年商品房施工面积 274.14 万 m^2，同比下降 24.6%。2015 年商品房销售面积 62.74 万 m^2，同比下降 21.6%。

表 3-2-4　溧阳市 2010~2015 年固定资产投资及房地产业投资情况（单位：亿元）

项目	2010 年	2011 年	2012 年	2013 年	2014 年	2015 年
固定资产投资	276.60	311.16	374.05	418.20	438.00	442.40
房地产开发	24.07	33.66	37.62	42.24	51.50	40.30

资料来源：《溧阳市统计公报》（2010~2015 年）

5）国内贸易

消费品市场稳定。2015 年实现社会消费品零售总额 275.30 亿元，同比增长 6.2%。从行业看，批发和零售业单位社会消费品零售总额 248.18 亿元，同比增长

5.5%；住宿和餐饮业单位社会消费品零售总额 27.12 亿元，同比增长 13.6%；从规模看，限上单位实现的零售额为 82.47 亿元，同比增长 7.6%；限下单位实现的零售额为 192.83 亿元，同比增长 5.6%（表 3-2-5）。2015 年全市亿元以上市场实现成交额 127.93 亿元，比上年下降 7.7%，其中，成交额超 10 亿元的有江苏苏浙皖边界市场和溧阳市江南春市场两家，成交额分别为 108 亿元和 13.95 亿元。

表 3-2-5　溧阳市 2010~2015 年社会消费品零售总额及构成　（单位：亿元）

项目	2010 年	2011 年	2012 年	2013 年	2014 年	2015 年
消费品零售总额	146.19	171.65	197.02	227.48	259.22	275.30
批发零售业	133.31	155.41	178.83	207.32	235.34	248.18
住宿餐饮业	12.88	16.23	18.19	20.16	23.88	27.12
限上单位零售额	—	—	—	—	76.66	82.47
限下单位零售额	—	—	—	—	182.56	192.83

资料来源：《溧阳市统计公报》（2010~2015 年）

6）人民生活

城乡居民收入稳步增长。2015 年全年城镇居民人均可支配收入 38 445 元，比上年增长 8.2%，农村居民人均可支配收入 19 880 元，比上年增长 9.1%（表 3-2-6）。居民储蓄持续增加，2015 年年末全市城乡居民储蓄存款余额 462.65 亿元，人均储蓄存款 60 803 元，比上年增加 6340 元。居民消费水平提高。2015 年城镇居民人均消费性支出 20 293 元，同比增长 7.4%，农村居民人均消费支出 15 002 元，比上年增长 9.5%。

表 3-2-6　溧阳市、江苏省以及全国人均收入差距　（单位：元）

收入水平		2010 年	2011 年	2012 年	2013 年	2014 年	2015 年
城镇居民人均可支配收入	溧阳市	22 912	26 418	29 852	32 804	35 531	38 445
	江苏省	22 944	26 341	29 677	31 585	34 346	37 173
	全国	19 109	21 810	24 565	26 467	28 844	31 195
农村居民人均可支配收入	溧阳市	11 368	13 505	15 261	16 985	18 222	19 880
	江苏省	9 118	10 805	12 202	13 521	14 958	16 257
	全国	5 919	6 977	7 917	9 430	10 489	11 422
收入差距	溧阳市	11 544	12 913	14 591	15 819	17 309	18 565
	江苏省	13 826	15 536	17 475	18 064	19 388	20 916
	全国	13 190	14 833	16 648	17 037	18 355	19 773

资料来源：《溧阳市统计公报》《江苏省统计年鉴》《中国统计年鉴》（2010~2015 年）

3.2.2　江苏省苏州市吴中区社会经济状况

2015 年，江苏省苏州市吴中区实现地区生产总值（GDP）950 亿元，同比增长 7.5%；完成一般公共预算收入 121.1 亿元，同比增长 9.2%；实现社会消费品零售总额 332 亿元，同比增长 7.1%。经济总量较"十一五"末增长 57.7%，一般公共预算收入在 2013 年突破百亿元，较"十一五"末翻番。产业结构持续优化，三大产业比例由 2.8∶56.1∶41.1 优化调整为 2.6∶48.9∶48.5，战略性新兴产业迅猛发展，现代服务业不断壮大，现代农业加快建设，区域创新能力不断提升，国家"千人计划"实现零的突破。

全区实现社会固定资产投资 577 亿元，增长 12%，222 个重点实施项目完成投资 359.87 亿元，143 个项目完成进度。其中，产业项目带动作用明显，40 个制造业项目完成投资 38.54 亿元，90 个服务业项目完成投资 145.17 亿元。东山、胥口、甪直等板块超额完成任务，其中，东山超全年进度 30 个百分点。

全区实现外贸进出口总额 111.2 亿美元，其中，出口 71.2 亿美元，实际利用外资 3.6 亿美元。开放优势进一步扩大，21 家世界 500 强企业投资入驻，外资企业资产总额增至 1168.1 亿元，年均增长 7%，进出口总额、出口额分别是"十一五"末的 2.3 倍、2.4 倍。

2015 年，城镇、农村居民人均可支配收入分别达到 52 175 元和 25 884 元，分别增长 7.8%、9.5%，城镇登记失业率控制在 2%以内。全区实施"就业帮扶惠万家"工程，新增就业岗位 2.1 万个，开发公益性岗位 823 个，帮扶失业人员、就业困难人员就业 3438 人。稳步推动农民增收，新增各类股份合作社 16 家，集体总资产、总收入、村均稳定收入分别超 400 亿元、32 亿元、1200 万元，分别增长 10.5%、11.7%、11.8%，户均分红达 5260 元，农夫碧螺春茶叶专业合作社获评国家级农产品加工示范社。民生支出占一般公共预算支出的比重达 73.5%，投入社会救助资金 4158 万元，城乡居民低保标准上调至 750 元/月，区民生综合服务中心建成投用。

单位地区生产总值能耗、主要污染物减排完成目标。全面开展太湖"五位一体"常态化综合管理，新建生态河道 35.4km，疏浚整治河道 153 条，共 107km，度假区湖滨湿地公园正式荣升为国家湿地公园。区属水务公司组建成立，城南污水处理厂二期、胥口污水处理厂扩建等项目投入运营，铺设污水管网 30km。深入开展大气污染防治，加强建筑工地扬尘控制专项整治，治理有机物污染企业 77 家，建成投用静脉产业园污染源在线监控系统，$PM_{2.5}$ 平均浓度下降 15%。

受宏观形势偏紧影响，经济增长动力不足、下行压力较大，2015 年经济社会发展中一些问题和矛盾还比较突出，如自主创新、新兴产业发展带动能力仍较弱；工业经济低谷徘徊，传统产业发展优势日趋弱化，部分企业、特别是小微企业生产经营压力较大；重大产业项目不多，消费需求不旺，经济发展后劲有待加强；社会不稳定因素较多，征地拆迁、安全生产、环境保护、医疗卫生等领域的矛盾事件仍有发生，社会治理难度加大等。

3.2.3　浙江省杭州市社会经济状况

1）综合

2015 年，浙江省杭州市实现地区生产总值（GDP）10 053.58 亿元，比上年增长 10.2%。"十二五"期间，全市生产总值年均增长 9.1%，低于"十一五"时期平均增速 3.3 个百分点。其中，第一产业增加值 287.69 亿元，第二产业增加值 3910.60 亿元，第三产业增加值 5855.29 亿元，分别增长 1.8%、5.6%和 14.6%。三大产业结构由 2010 年的 3.5∶47.3∶49.2 升级为 2015 年的 2.9∶38.9∶58.2，形成以现代服务业为主导的"三二一"产业结构。全市 2010~2015 年三产业产值结构变化见图 3-2-5。全市人均生产总值 112 268 元，增长 9.1%。按国家公布的 2015 年平均汇率折算为 18 025 美元，与全省人均 GDP 平均水平 77 644 元相比属于较高水平。2015 年与 2010 年年底相比，全市地区生产总值由 5965.71 亿元增长到 10 053.58 亿元，年均增长 11%（图 3-2-6）。财政总收入由 1245.43 亿元增长到 2238.75 亿元，年均增长 12.44%，其中地方一般公共预算收入由 671.34 亿元增长到 1233.88 亿元，年均增长 12.94%。城镇居民人均可支配收入由 30 035 元增长到 48 316 元，年均增长 9.97%，农村居民人均可支配收入由 13 186 元增长到 25 719 元，年均增长 14.30%（表 3-2-7）。

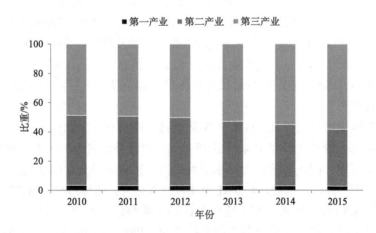

图 3-2-5　杭州市 2010~2015 年三大产业产值结构变化

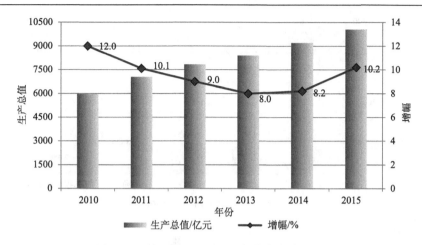

图 3-2-6 杭州市 2010~2015 年生产总值及增幅

表 3-2-7 杭州市 2010~2015 年居民收入 (单位：元)

收入	2010 年	2011 年	2012 年	2013 年	2014 年	2015 年
城镇居民人均可支配收入	30 035	34 065	37 511	39 310	44 632	48 316
农村农民人均可支配收入	13 186	15 245	17 017	18 923	23 555	25 719

资料来源：《杭州市统计公报》（2010~2015 年）

2）农业

2015 年，全市实现农林牧渔业增加值 292.13 亿元，增长 1.8%。其中，农业 179.69 亿元、林业 39.76 亿元、渔业 29.46 亿元，分别增长 3.7%、4.5% 和 3.0%；牧业增加值 38.79 亿元，下降 9.6%；农林牧渔服务业 4.44 亿元，增长 7.1%（图 3-2-7）。

全市粮食总产量 63.38 万 t，增长 1.3%；水果产量 78.96 万 t，增长 4.8%；水产品产量 20.92 万 t，增长 0.1%；肉类产量 27.84 万 t，下降 6.2%。新建省级现代农业园区 18 个，市级"菜篮子"基地 42 个，各级粮食生产功能区 262 个。"十二五"期间，全市农林牧渔业增加值年均增长 2.0%，低于"十一五"时期平均增速 1.1 个百分点。

3）工业

从工业类型来分，主要分为轻工业和重工业，国有经济和集体经济两大类，总体变化趋势大体相当，工业经济发展平稳。2010~2015 年产值及销售情况如图 3-2-8 所示。自 2014 年到 2015 年，工业总产值由 11 081.04 亿元增长到 12 415.68

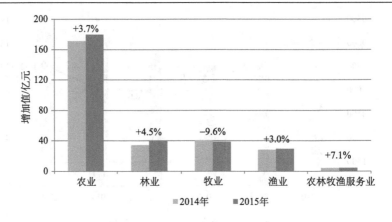

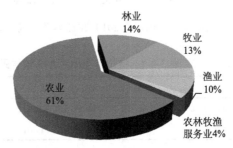

图 3-2-7 杭州市农业行业结构

亿元，年均增长 2.30%；轻工业产值由 4576.47 亿元增长到 4820.80 亿元，年均增长 1.05%；重工业产值由 6504.57 亿元增长到 7594.88 亿元，年均增长 3.15%。而国有经济由 905.05 亿元减少至 230.94 亿元，年均减少 23.90%；集体经济由 30.03 亿元减少至 1.41 亿元，年均减少 45.76%。

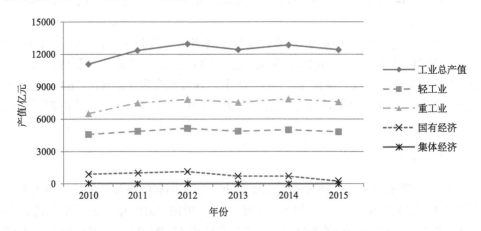

图 3-2-8 杭州市 2010~2015 年工业发展情况

4）固定资产投资和房地产业

2015 年，全市固定资产投资 5556.32 亿元（表 3-2-8），比上年增长 12.2%。从产业投向看，第一产业 31.47 亿元，增长 65.0%；第二产业 931.78 亿元，增长 1.8%，其中工业 930.01 亿元，增长 1.8%；第三产业 4593.07 亿元，增长 14.3%。"十二五"期间，全市固定资产投资 21 600.80 亿元，年均增长 15.9%，高于"十一五"时期平均增速 0.2 个百分点。

2015 年，全市房地产开发投资 2472.07 亿元，比上年增长 7.4%。房屋施工面积 11 142.68 万 m²，增长 6.1%；竣工面积 1665.23 万 m²，增长 10.9%。全年商品房销售面积 1481.45 万 m²，增长 32.1%，其中住宅销售 1291.64 万 m²，比上年增长 35.9%。保障性安居工程项目开工 47 394 套，竣工 57 530 套。"十二五"期间，全市房地产开发投资年均增长 20.9%，高于"十一五"时期平均增速 2.5 个百分点。

表 3-2-8　杭州市 2010~2015 年固定资产投资及房地产业投资情况（单位：亿元）

项目	2010 年	2011 年	2012 年	2013 年	2014 年	2015 年
固定资产投资	2753.13	3105.16	3722.75	4263.87	4952.70	5556.32
房地产开发	956.20	1302.27	1597.36	1853.28	2301.08	2472.07

资料来源：《杭州市统计公报》（2010~2015 年）

5）国内贸易

2015 年，全市实现批发和零售业增加值 815.29 亿元，增长 2.3%。2015 年，全市社会消费品零售总额 4697.23 亿元，比上年增长 11.8%，扣除价格因素，实际增长 11.6%（表 3-2-9）。其中商品零售额 4241.5 亿元，增长 12.3%，餐饮收入 455.73 亿元，增长 7.4%。城镇消费品零售额 4457.76 亿元，增长 11.7%；乡村消费品零售额 239.47 亿元，增长 13.2%。在限额以上批发零售贸易业零售额中，家具类、饮料类商品分别增长 65.8% 和 46.6%，粮油食品类、服装鞋帽针纺织品类、烟酒类商品分别增长 18.5%、15.5%、10.5%，金银珠宝类、汽车类商品分别增长 12.6%、7.1%，

表 3-2-9　杭州市 2010~2015 年社会消费品零售总额及构成（单位：亿元）

项目	2010 年	2011 年	2012 年	2013 年	2014 年	2015 年
社会消费品零售总额	2146.08	2548.36	2944.63	3531.17	3838.73	4697.23
城镇消费品零售额	2074.24	2432.51	2805.07	3354.12	3637.21	4457.76
乡村消费品零售额	71.84	115.85	139.56	177.05	201.52	239.47

资料来源：《杭州市统计公报》（2010~2015 年）

石油及制品类下降 7.4%。全市网络零售额 2679.83 亿元，增长 42.6%，全市居民网络消费额 1119.1 亿元，增长 38.2%。"十二五"期间，全市社会消费品零售额年均增长 14.8%，低于"十一五"时期平均增速 3.1 个百分点。

6）居民生活

2015 年，全市居民人均可支配收入 42 642 元，增长 8.7%，扣除价格因素，实际增长 6.8%。其中城镇居民人均可支配收入 48 316 元，增长 8.3%，农村居民人均可支配收入 25 719 元，增长 9.2%，扣除价格因素，实际分别增长 6.4%和 7.3%（表 3-2-10）。城镇居民人均生活消费支出 33 818 元，农村居民人均消费支出 19 334 元，分别增长 5.1%和 8.5%。"十二五"期间，城镇居民人均可支配收入、农村居民人均可支配收入年均分别增长 9.8%和 11.7%。

表 3-2-10　杭州市、浙江省以及全国人均收入差距　　（单位：元）

收入水平		2010 年	2011 年	2012 年	2013 年	2014 年	2015 年
城镇居民人均可支配收入	杭州市	30 035	34 065	37 511	39 310	44 632	48 316
	浙江省	27 359	30 971	34 550	37 851	40 393	43 714
	全国	19 109	21 810	24 565	26 467	28 844	31 195
农村居民人均可支配收入	杭州市	13 186	15 245	17 017	18 923	23 555	25 719
	浙江省	11 303	13 071	14 552	16 106	19 373	21 125
	全国	5 919	6 977	7 917	9 430	10 489	11 422
收入差距	杭州市	16 849	18 820	20 494	20 387	21 077	22 597
	浙江省	16 056	17 900	19 998	21 745	21 020	22 589
	全国	13 190	14 833	16 648	17 037	18 355	19 773

资料来源：《杭州市统计公报》《浙江省统计年鉴》《中国统计年鉴》（2010~2015 年）

3.2.4　浙江省安吉县社会经济状况

1）综合

初步核算，2015 年全年生产总值（GDP）303.35 亿元，比上年增长 8.3%。其中，第一产业增加值 26.06 亿元，第二产业增加值 140.10 亿元，第三产业增加值 137.20 亿元，分别增长 1.5%、5.8%和 13.0%。三大产业增加值结构由 2010 年的 11.4∶50.5∶38.1 调整为 8.6∶46.2∶45.2。全县 2010~2015 年三大产业产值结构变化见图 3-2-9。按户籍人口计算，全县人均生产总值 65 379 元，比上年增长 8.1%，按平均汇率（1∶6.2284）计算达到 10 497 美元，与全省人均 GDP 水平 77

644 元相比处于中等偏下水平。2015 年与 2010 年年底相比，全县地区生产总值由 190.02 亿元增长到 303.35 亿元，年均增长 9.81%（图 3-2-10）。财政总收入由 23.51 亿元增长到 55.69 亿元，年均增长 18.82%。城镇居民人均可支配收入由 25 205 元增长到 41 132 元，年均增长 10.29%，农村居民人均可支配收入由 12 840 元增长到 23 556 元，年均增长 12.90%（表 3-2-11）。

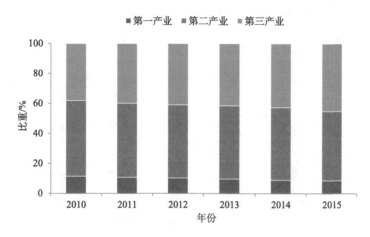

图 3-2-9　安吉县 2010~2015 年三大产业产值结构变化

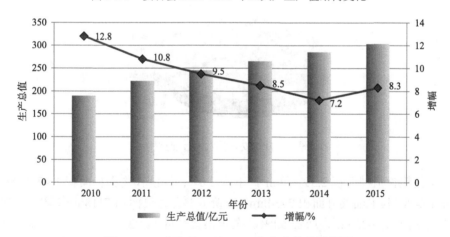

图 3-2-10　安吉县 2010~2015 年生产总值及增幅

表 3-2-11　安吉县 2010~2015 年居民收入　　　　　（单位：元）

收入	2010 年	2011 年	2012 年	2013 年	2014 年	2015 年
城镇居民人均可支配收入	25 205	28 679	32 211	35 286	37 963	41 132
农村农民人均可支配收入	12 840	14 152	15 836	17 617	21 562	23 556

资料来源：《安吉县统计公报》（2010~2015 年）

2）农业

2015 年实现农林牧渔业增加值 26.39 亿元，同比增长 1.6%。其中，农业增加值 17.44 亿元，增长 0.8%；林业增加值 6.39 亿元，增长 4.1%；牧业增加值 0.99 亿元，下降 6.0%；渔业增加值 1.24 亿元，增长 6.4%；完成农林牧渔服务业增加值 0.34 亿元，增长 6.5%（图 3-2-11）。

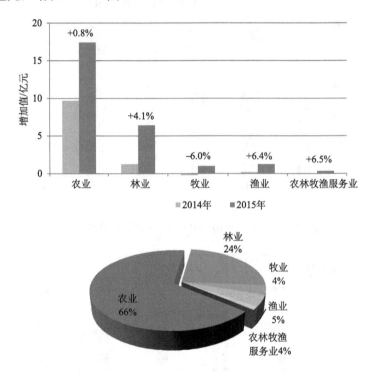

图 3-2-11　安吉县农业行业结构

全县粮食播种面积 2.39 万 hm²，下降 2.0%；经济作物播种面积 1.47 万 hm²，下降 10.4%，其中油菜籽面积 2734hm²，下降 6.4%；蔬菜面积 7118hm²，增长 1.2%；花卉苗木面积 2623hm²，增长 5.8%。全年粮食产量 14.23 万 t，下降 3.0%；油菜籽产量 0.47 万 t，下降 16.1%；蚕茧产量 596t，下降 40.0%；生猪出栏 9.28 万头，下降 7.3%；水产品产量 1.36 万 t，增长 0.7%。

3）工业

工业经济平稳发展。2010~2015 年产值情况如图 3-2-12 所示。其主要经济指标工业总产值、利税总额和利润总额的变化趋势基本同步，总体呈现出显著的上升趋势。特别是 2011~2013 年，利税总额和利润总额快速增长，年均增长率分别达 12.61%和 11.44%，而工业总产值增速较缓，年均增长率为 10.92%。全年实现规模以上工业增加值 107.16 亿元，比上年增长 6.2%，其中轻工业增加值 60.67 亿元、重工业增加值 46.48 亿元，分别增长 3.2%、10.2%。规模以上工业销售产值495.34 亿元，增长 2.6%，工业产品产销率 97.4%。规模以上工业企业完成出口交货值 174.62 亿元，增长 4.4%；出口交货值占销售产值的比重为 35.3%，提高 0.4个百分点。新产品产值 135.97 亿元，增长 16.3%，新产品产值率达 26.7%。

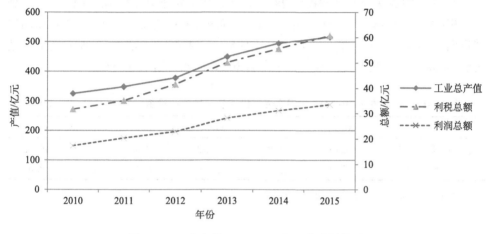

图 3-2-12　安吉县 2010~2015 年工业发展情况

2015 年全年规模以上工业实现主营业务收入 492.76 亿元，比上年增长 2.4%；利税总额 59.64 亿元，其中利润总额 35.11 亿元，分别增长 8.1%、13.5%。15 个工业行业达到了"主营业务收入超 10 亿、利税总额超亿元"，共实现主营业务收入 431.15 亿元、利税总额 53.76 亿元，分别占全部规模以上工业的 87.5%和 90.1%。利税总额超亿元的行业中，家具制造业 16.39 亿元，增长 21.4%；木材加工和木、竹、藤、棕、草制品 6.37 亿元，增长 11.8%；电力、热力的生产和供应业 7.82 亿元，增长 9.4%；化学原料和化学制品制造业 2.63 亿元，增长 3.6%；通用设备制造业 1.49 亿元，增长 13.2%；金属制品业 1.78 亿元，增长 12.3%；造纸和纸制品业 1.48 亿元，增长 9.4%；橡胶和塑料制品业 1.56 亿元，增长 19.9%；计算机、通信和其他电子设备制造业 1.70 亿元，增长 35.1%；医药制造业 1.70 亿元，增长49.0%；主营业务收入超亿元企业中，超 10 亿元企业有 6 家，5 亿~10 亿元企业有 13 家。

2015 年全年高新技术产业实现主营业务收入 180.14 亿元、利税总额 22.05 亿元、利润总额 13.66 亿元，分别比上年增长 5.1%、25.0%和 31.6%。从利税看，光电一体化产业增长 7.7%，新能源及节能产业增长 60.7%，新材料产业增长 10.0%，电子信息产业增长 23.0%，生物医药产业增长 12.0%。

4）固定资产投资和房地产业

从 2010~2015 年全社会固定资产投资完成额持续上升，从 82.65 亿元上升到 164.32 亿元，增长了将近一倍（表 3-2-12）。其中，基础设施投资 34.48 亿元，增长 52.9%；第二产业投资 86.47 亿元，增长 7.8%，其中技术改造投入 56.52 亿元，增长 16.0%；第三产业投资 77.48 亿元，增长 19.1%。

2015 年完成房地产开发投资 28.19 亿元，比上年下降 12.0%。2015 年房屋施工面积 268.53 万 m^2，下降 9.8%；房屋竣工面积 68.33 万 m^2，下降 2.5%；商品房销售面积 51.45 万 m^2，增长 4.4%，其中住宅 45.14 万 m^2，增长 13.3%；商品房销售额 34.98 亿元，增长 22.4%，其中住宅 30.58 亿元，增长 57.3%。

表 3-2-12　安吉县 2010~2015 年固定资产投资及房地产业投资情况 （单位：亿元）

项目	2010 年	2011 年	2012 年	2013 年	2014 年	2015 年
固定资产投资	82.65	91.81	110.83	123.58	145.26	164.32
房地产开发	14.34	23.11	20.85	31.73	32.03	28.19

资料来源：《安吉县统计公报》（2010~2015 年）

5）国内贸易

2015 年全县实现社会消费品零售总额 126.68 亿元，增长 12.5%；其中，批发零售业 114.15 亿元，增长 13.5%；住宿餐饮业 12.53 亿元，增长 4.0%。从限上单位看，全县消费品零售总额 27.78 亿元，增长 13.9%（表 3-2-13）。其中，食品类 2.23 亿元，增长 33.5%；金银珠宝类 0.83 亿元，下降 4.0%。市场成交额超亿元的市场 5 个，成交额 11.68 亿元。

表 3-2-13　安吉县 2010~2015 年社会消费品零售总额及构成（单位：亿元）

项目	2010 年	2011 年	2012 年	2013 年	2014 年	2015 年
消费品零售总额	70.25	82.17	94.75	101.46	112.59	126.68
批发零售业	62.70	72.94	83.90	89.94	100.55	114.15
住宿餐饮业	7.60	9.24	10.85	11.52	12.04	12.53
限上单位零售额	11.80	13.61	23.23	21.52	23.87	27.78

资料来源：《安吉县统计公报》（2010~2015 年）

6）居民生活

据城镇居民家庭抽样调查，2015 年城镇居民人均可支配收入达到 41 132 元（表 3-2-14），比上年名义增长 8.3%；其中，工资性收入增长 7.9%，经营性收入增长 5.3%，财政性收入增长 14.6%，转移性收入增长 11.0%；人均消费支出 28 681 元，增长 8.1%；2015 年年末人均住房面积 48.0m^2。据农村居民家庭抽样调查，2015 年农村居民人均可支配收入达到 23 556 元，名义增长 9.2%；其中，工资性收入增长 9.5%，经营性收入增长 6.3%，财政性收入增长 34.4%，转移性收入增长 11.9%。人均生活消费支出 164 020 元，增长 9.0%；2015 年年末人均住房面积 60m^2。

表 3-2-14 安吉县、浙江省以及全国人均收入差距 （单位：元）

收入水平		2010 年	2011 年	2012 年	2013 年	2014 年	2015 年
城镇居民人均可支配收入	安吉县	25 205	28 679	32 211	35 286	37 963	41 132
	浙江省	27 359	30 971	34 550	37 851	40 393	43 714
	全国	19 109	21 810	24 565	26 955	28 844	31 195
农村居民人均可支配收入	安吉县	12 840	14 152	15 836	17 617	21 562	23 556
	浙江省	11 303	13 071	14 552	16 106	19 373	21 125
	全国	5 919	6 977	7 917	8 896	10 489	11 422
收入差距	安吉县	12 365	14 527	16 375	17 669	16 401	17 576
	浙江省	16 056	17 900	19 998	21 745	21 020	22 589
	全国	13 190	14 833	16 648	18 059	18 355	19 773

资料来源：《安吉县统计公报》《浙江省统计年鉴》《中国统计年鉴》（2010~2015 年）

3.3 江浙地区茶园经营管理现状

3.3.1 江浙地区茶园生产水平

根据综合分析，江苏省茶叶生产继续保持稳定，茶园面积逐渐增加，产量有减少的趋势，产品结构调整，提质增效明显。自 2010 年至 2015 年，江苏省茶叶产量较为波动，总体呈现下降趋势，品种以绿茶和红茶为主，2015 年两者产量分别为 1.15 万 t 和 0.25 万 t（表 3-3-1）。与 2010 年年底相比，2015 年全省茶园面积由 31.40 千 hm^2 增加到 34.30 千 hm^2，年均增长 1.78%。其中，溧阳茶园面积 48km^2，茶叶产量 1680t，以种植安吉白叶茶、福鼎大白、褚叶种、鸠坑种茶树为主，盛产天目湖白茶、水西翠柏、南山寿眉和沙河桂茗；苏州市茶园面积 24km²，茶叶产量为 374t，主要茶树品种为洞庭山群体种，以碧螺春为著名茶叶品牌。

表 3-3-1　江苏省茶园面积和茶叶产量

年份	茶园面积 /千 hm²	产量/万 t						
		绿茶	红茶	乌龙茶	黑茶	白茶	黄茶	合计
2010	31.40	1.23	0.24	——	——	——	——	1.47
2011	32.40	1.18	0.24	——	——	——	——	1.42
2012	32.30	1.27	0.25	——	——	——	——	1.52
2013	34.00	1.19	0.20	——	——	——	——	1.39
2014	34.00	1.23	0.23	——	——	——	——	1.46
2015	34.30	1.15	0.25	——	——	——	——	1.40

数据来源：农业部种植业管理司经济作物处公布数据，"——"表示数量少而未计入统计数据

据浙江省农业主管部门汇总，2015 年浙江省全省茶园面积 194.54 千 hm²，同比下降 0.56%；茶叶总产量 17.25 万 t，同比增长 4.29%；农业产值 140 亿元，同比增长 7.69%。其中，名优茶产量 8.02 万 t，同比增长 10.93%；农业产值 125 亿元，同比增长 13.46%。龙井茶产量 2.5 万 t，同比增长 4.17%；农业产值 44.5 亿元，同比增长 14.69%。其中，杭州市茶园面积由 2010 年 6.01 千 hm² 增长至 2015 年 10.35 千 hm²，茶叶总产量由 2010 年 1.13 万 t 增长至 2015 年 1.59 万 t，年均增长 7.07%；安吉县茶园面积由 2010 年 9.32 千 hm² 增长至 2015 年 13.40 千 hm²，茶叶总产量由 2010 年 0.45 万 t 减少至 2015 年 0.43 万 t，年均减少 0.91%（表 3-3-2）。

表 3-3-2　浙江省茶园面积和茶叶产量

地区	2010 年		2011 年		2012 年		2013 年		2014 年		2015 年	
	茶园面积 /千 hm²	茶叶总产量 /万 t	茶园面积 /千 hm²	茶叶总产量 /万 t	茶园面积 /千 hm²	茶叶总产量 /万 t	茶园面积 /千 hm²	茶叶总产量 /万 t	茶园面积 /千 hm²	茶叶总产量 /万 t	茶园面积 /千 hm²	茶叶总产量 /万 t
浙江省	177.93	16.27	181.96	16.97	183.03	17.48	184.04	16.86	195.63	16.54	194.54	17.25
杭州市	6.01	1.13	6.23	1.16	6.28	1.19	6.12	0.83	6.35	0.90	10.35	1.59
安吉县	9.32	0.45	9.39	0.43	9.59	0.44	9.74	0.45	13.34	0.43	13.40	0.43

资料来源：《浙江省统计年鉴》（2010~2015 年）

3.3.2　江浙地区茶园销售水平

江苏省茶叶是大销区小产区，地产茶叶以内销为主，部分名茶和低档绿茶出口。内销茶除传统名茶洞庭山碧螺春外，其他以本地直销、集团消费为主，很少进入市场流通。占据江苏茶叶市场的主要是来自省外各茶叶主产区的产品，门市销售方式有传统茶叶老店、连锁店、产区直销店和商场、超市专柜。较大的茶叶专业批发市场主要分布在南京、苏州和溧阳，其他在茶叶集中产区有一些小型、季节性茶叶产地批发市场。

浙江茶叶产地市场交易持续兴旺。据浙南茶叶市场统计，2011 年全年市场交易量达 5.8 万 t，交易额 25.69 亿元；据新昌中国茶市统计，年度交易总量突破万吨，达到 1.11 万 t。浙江省茶叶出口 17 万 t，金额 4.86 亿美元，分别占全国茶叶出口量的 52.7%，出口额近 50.36%；其中绿茶出口 15.52 万 t，金额 3.94 亿美元，分别占全国绿茶出口量的 60.3%，出口额近 55.8%。

3.3.3　江浙地区茶园产业政策

根据江苏省茶叶产业发展总体思路，各级财政给予相应的资金扶持，一是通过财政支持现代农业生产发展、高效设施农业、农业三新工程、丘陵山区农业综合开发等项目，对无性系茶树良种、茶园生态建设、茶叶标准化生产给予补贴，省以上财政按不超过建设总投入的 1/3 给予补助；二是通过项目对农民专业合作组织、农业产业化龙头企业建设予以补助，补助标准 15 万~200 万元；三是农机补贴，对茶场购置保鲜冷库、杀青机、杀虫灯等给予定额补贴；四是鼓励申报无公害、绿色、有机产品基地和农产品地理标志认定，对通过认证和获得各级名牌产品称号的给予 1000~5000 元奖励；五是开展标准茶园创建，中央财政给予一定补助，主要用于生态栽培物化技术应用补贴；六是建设省级茶树基因库和地方品种种质资源保护圃及省级茶树良种繁育示范场。

浙江省围绕打造浙江绿茶品牌主线，以现代农业园区建设与标准园创建为重点，积极推进产业发展，并在现代农业生产发展基金、种子种苗、茶树品种改良、省级龙头企业扶持、茶叶专业合作组织建设等方面给予了多项政策性资金的扶持，地方性扶持产业发展的政策也保持热度。2011 年《浙江绿茶标识推广使用与管理办法》实施，首批 72 家企业与单位获得了"浙江绿茶"标识使用许可证。同时，《龙井茶证明商标准用证期满换证办法》《分装、委托加工企业申请使用龙井茶证明商标的特别规定》实施，并组织与工商部门合作，开展了宁波奉化、杭州、山东等省内、外相关企业的龙井茶商标维权工作；龙井茶证明商标管理进一步规范，龙井茶产品市场美誉度进一步提高。

3.3.4　江浙地区茶园发展前瞻

目前，生态环境问题与日俱增，社会经济发展与资源环境矛盾日益尖锐，人们环保意识逐步增强，作为有着众多消费群体的茶叶，其质量安全已成为消费者最为关注的问题之一。在这一背景下，未来人们对茶园发展的着力点将放在借助GIS、RS 等现代技术手段，通过复合套种、循环利用等方式，建设充盈绿色气息的生态茶园。

1）复合型立体生态茶园模式

茶园复合栽培技术在我国具有悠久的历史，早在唐朝永贞元年便有所提及，"竹露所滴其茗，倍有清气"。宋朝则有"植木以资茶之荫"的做法。明朝罗廪在《茶解》中指出，"茶园不宜杂以恶木，惟桂、梅、辛夷、玉兰、苍松、翠竹之类，与之间植，亦足以蔽覆霜雪，掩映秋阳"。

复合生态茶园亦称立体茶园，是保持茶叶可持续发展的多元生物的人工组合茶园。我国的生态茶园复合栽培模式主要有茶-林（杉、乌桕、松、油桐）、茶-果（梨、桃、栗、柑橘）、茶-粮（小麦、玉米、黄豆）、茶-桑以及茶-饲料等。近年来，茶园套种吊瓜技术也得到了一定程度的推广，为农业增效、农民增收提供必要的技术支撑。

2）生态观光茶园建设

观光茶园是茶叶和旅游业相结合的新型生态农业形式。它是以茶叶生产为依托开发具有旅游价值的茶叶资源、茶叶产品、田园风光和乡土文化，建立起以茶叶带动旅游、以旅游促进农业的互动机制，是一种新型的"茶叶+旅游业"性质的生态农业模式（李沈阳和黄任辉，2005）。这种模式可以充分有效地开发利用茶业资源，调整优化茶业结构，扩展产品销售市场和带动相关产业的发展，扩大农民就业，从而保护和改善茶业生态环境，促进生态茶业的可持续发展。

3）有机废物多级综合利用模式

近年来，我国集约化畜牧业迅速发展，在带来巨大的经济效益和社会效益的同时，也带来了严重的污染问题。量大且集中的粪便污水已成为一种新兴污染物，不仅对自然环境和居民健康带来巨大危害，而且造成了极大的资源浪费。"种—养—沼—肥"的生态循环茶园是适用于江浙地区茶叶生产区的一种运作模式，崇尚"没有废物，只有资源"的理念，变污染负效益为经济正效益，寻求对废水、废气、废渣的综合利用（图3-3-1）。

该模式以种茶为中心，以沼气为纽带，综合发展种植业和养殖业，既可以吸纳养殖业产生的污水粪便，解决其带来的环境污染问题，还可以通过施用沼肥节约种植业生产成本，改善茶园生态环境，提高茶叶品质，具有较好的经济效益、社会效益和生态效益。

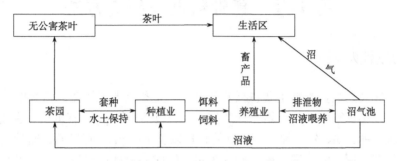

图 3-3-1　生态循环茶园物质能量利用

第4章　基础数据与研究方法

4.1　数据类型

本书涉及的数据类型主要包括两部分：一是茶园地理特征指标数据，本书主要指茶园土壤及茶叶叶片要素指标数据，主要包括土壤 pH、有机质、速效氮、速效磷、速效钾、铜、锌、镉、砷、硒的含量以及茶叶 pH、有机质、速效氮、速效磷、速效钾、铜、锌、镉、砷、硒的含量，同时还包括地形特征、土壤类型、耕层厚度等对土壤和茶叶各要素指标含量具有一定影响作用的地理特征指标的数据；二是非地理特征指标数据，主要包括江浙地区 1∶5000 的乡镇级土地利用现状图、1∶10 000 的地形图、遥感影像图等、江浙地区社会经济发展相关数据（如地区 GDP、农作物生产总值等），尤其是江浙地区茶园管理现状数据等。

4.2　数据获取与分析

4.2.1　地理特征指标数据的获取与分析

1）茶园选取

在地形图及遥感影像图的基础上，实地踏勘、走访当地茶叶种植大户，了解当地茶园管理及茶叶种植特征，选择具有代表性、种植规模较大、成片性较好的茶园作为研究区。受各地茶叶历史延展、种植政策、农户喜好等因素影响，代表性的区域面积差异较大，但对各要素指标的演化规律不会产生太大的影响。

2）样品采集

科学的采样方案是确保研究结果真实性与可靠性的基础。研究表明，土壤采样数量不少于 0.8 个/km^2 即可保证插值精度（李润林等，2013），本书结合各乡镇级别土地利用现状图、地形图以及卫星图等，综合考虑各研究区土壤的自然条件，如地形地貌、土壤质地等，采用多点混合土样采集方法进行采样，每个混合土样由 5 个相邻近的样点组成，每个种植区选取 40 个混合土样，天目湖、龙井村研究区采样面积统一为 2km^2，东山镇、溪龙乡研究区采样面积统一为 16km^2，混合土样点密度分别为 20 个/km^2、2.5 个/km^2，混合土样点平均样点间距为 50m、400m，样点的取土深度为 0~25cm，每个混合土样样品取重为 1kg 左右，各个样点的取样重量基本均匀一致（图 4-2-1）。此外，样点布设还避开了不合理的区域，如距公路太近或危险的地区等，同时尽量实现区内布局均衡。此外，采样同时详细地记录了样点的地形状况、土壤类型、耕层厚度以及样点的地理坐标等信息，并针对研究区内茶场管理、经营状况以及周围环境进行走访调查与分析，同时收集样点附近茶叶叶片。

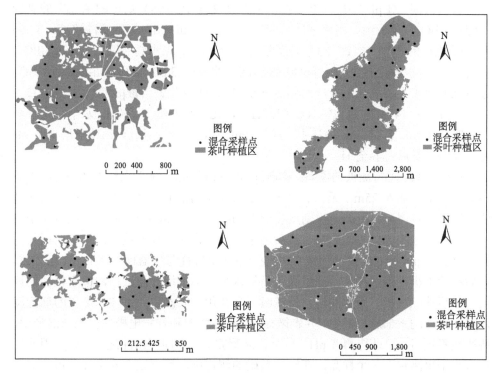

图 4-2-1 研究区混合土样点分布图（天目湖、东山镇、龙井村、溪龙乡）

3）样品处理

样品主要参照鲁如坤的《土壤农业化学分析方法》中相关方法进行测定，并按国家规定的相关标准分析方法进行测试与分析。本书所提到的氮、磷、钾分别是指碱解氮、有效磷和速效钾。·

样品采集后经风干（气温 25~35℃，空气相对湿度 20%~60%），剔除可见侵入体及粗有机物等杂质，研磨至全部过筛（0.074mm 尼龙筛）等前期处理，制成待测土样。

（1）pH 测定（电位法）

方法原理：用 pH 计测定土壤悬浊液 pH 时，常用玻璃电极为指示电极，甘汞电极为参比电极。当 pH 玻璃电极和甘汞电极插入土壤悬浊液时，构成一电池反应，两者之间产生一个电位差，由于参比电极的电位是固定的，因而该电位差的大小取决于试液中的氢离子活度，氢离子活度的负对数即为 pH，可在 pH 计上直接读出数值。

仪器及设备：pH 计、玻璃电极、饱和甘汞电极或复合电极。

所需试剂：①pH4.01 标准缓冲溶液：10.21g 在 105℃烘过的苯二甲酸氢钾（$KHC_8H_4O_4$，分析纯）用水溶解后定容至 1L；②pH6.87 标准缓冲溶液：3.39g 在 50℃烘过的磷酸二氢钾（KH_2PO_4，分析纯）和 3.53g 无水磷酸氢二钠（Na_2HPO_4，分析纯）溶于水后定容至 1L；③pH9.18 标准缓冲溶液：3.80g 硼砂（$Na_2B_4O_7 \cdot 10H_2O$，分析纯）溶于无二氧化碳的冷水中定容至 1L；④氯化钙溶液[c（$CaCl_2 \cdot 2H_2O$）= 0.01mol·L^{-1}]：147.02g 氯化钙（$CaCl_2 \cdot 2H_2O$，化学纯）溶于 200mL 水中，定容至 1L，吸取 10mL 于 500mL 烧杯中，加 400mL 水，用少量氢氧化钙或盐酸调节 pH 为 6 左右，然后定容至 1L。

操作步骤：①待测液的制备：称取通过 2mm 筛孔的风干土样 10.00g 于 50mL 高型烧杯中，加入 25mL 无二氧化碳的水或氯化钙溶液（试剂④，中性、石灰性或碱性土测定用）。用玻璃棒剧烈搅动 1~2min，静置 30min，此时应该避免空气中氨或挥发性酸气体等的影响，然后用 pH 计测定。②仪器校正：把电极插入与土壤浸提液 pH 接近的缓冲溶液中，使标准液体的 pH 与仪器标度上的 pH 相一致。然后移除电极，用水冲洗、滤纸吸干后插入另一标准缓冲溶液中，检查仪器的读数。最后移除电极、用水冲洗、滤纸吸干后待用。③测定：把玻璃电极的球泡浸入待测土样的下部悬浊液中，并轻微摇动，然后将饱和甘汞电极插在上部清液中，待读数稳定后，记录待测液 pH。每个样品测完后，立即用水冲洗电极，并用滤纸将水吸干再测定下一个样品，在较为精确的测定中，每测定 5~6 个样品后，需要将饱和甘汞电极的顶端在饱和氯化钾溶液中浸泡一下，以保持顶端部分为氯化钾溶液所饱和，然后用 pH 标准缓冲溶液重新校正仪器。

计算结果：一般的 pH 计可直接读出数值，不需要换算。

（2）有机质测定（高温外热重铬酸钾氧化-容量法）

方法原理：土壤有机质分析是用测定其有机碳的结果乘以换算系数 1.724 实现的。土壤中有机碳在一定温度下被氧化剂重铬酸钾氧化产生 CO_2，如下式：

$$2K_2Cr_2O_7 + 3C + 8H_2SO_4 \xrightarrow{\triangle} 2K_2SO_4 + 2Cr_2(SO_4)_3 + 3CO_2 \uparrow + 8H_2O \quad (4\text{-}2\text{-}1)$$

用硫酸亚铁标准溶液滴定剩余的 Cr^{6+} 与空白氧化剂滴定量之差计算有机碳量。

仪器及设备：调温电沙浴。

所需试剂：①重铬酸钾标准溶液$[c(\frac{1}{6}K_2Cr_2O_7)=0.8mol\cdot L^{-1}]$：39.2245g 重铬酸钾（$K_2Cr_2O_7$，分析纯）加 400mL 水，加热溶解，冷却后用水定容至 1L。②硫酸亚铁溶液$[c(FeSO_4)=0.2mol\cdot L^{-1}]$：56.0g 硫酸亚铁（$FeSO_4\cdot 7H_2O$，化学纯），溶于水，加 15mL H_2SO_4，用水定容至 1L。③邻菲咯啉指示剂：1.485g 邻菲咯啉（$C_{12}H_8N_2\cdot H_2O$）及 0.695g 硫酸亚铁（$FeSO_4\cdot 7H_2O$）溶于 100mL 水，储于棕色瓶中。④硫酸（H_2SO_4，$\rho=1.84g\cdot cm^{-3}$，化学纯）。

操作步骤：称取超过 0.149mm 土壤 0.2g 左右准确到 0.1mg，放入 150mL 三角瓶中，加粉末状硫酸银 0.1g，然后准确加入 5.00mL 重铬酸钾溶液、5mL 硫酸摇匀，瓶口上装简易空气冷凝管，放在预热到 220~230℃的电沙浴上加热，使三角瓶中溶液微沸，当看到冷凝器下端落下第一滴冷凝液开始计时，小煮 5min，取下三角瓶冷却片刻，用水洗冷凝器内壁及下端外壁，洗涤液收集于三角瓶中，瓶中液体总体积应控制在 60~80mL 为宜，加 3~5 滴邻菲咯啉指示剂，用硫酸亚铁滴定剩余的重铬酸钾，溶液颜色由橙黄—绿—棕红为止，即为终点。如果试样滴定所用硫酸亚铁的毫升数达不到空白标定所用硫酸亚铁溶液毫升数的$\frac{1}{3}$时，则应减少土样称量而重测。每批样品分析时必须同时做 2~3 个空白，取 0.5g 粉状二氧化硅代替土样，其他步骤与土壤测定相同。取测定结果平均值。

计算结果：

$$c(SOM)=\frac{\frac{c\times V_1}{V_0}\times(V_0-V)\times M\times 10^{-3}\times 1.08\times 1.724}{m}\times 100 \qquad (4\text{-}2\text{-}2)$$

其中，$c(SOM)$ 为土壤有机质的质量分数；c 为重铬酸钾标准溶液的浓度；V_1 为加入重铬酸钾标准溶液的体积；V_0 为空白标定用去硫酸亚铁溶液的体积；V 为滴定土壤用去硫酸亚铁溶液的体积；M 为 $\frac{1}{4}C$ 的摩尔质量，$M(\frac{1}{4}C)=3g\cdot mol^{-1}$；$10^{-3}$ 为将 mL 换算成 L 的系数；1.08、1.724 分别为氧化校正系数和有机碳换算成有机质系数；m 为风干土样质量。

（3）速效氮测定（碱解扩散法）

方法原理：在扩散皿中，土壤于碱性条件和硫酸亚铁存在下进行水解还原，使易水解氮和硝态氮转化为氨，并扩散，为硼酸溶液所吸收。硼酸溶液吸收液中的氨，用标准酸滴定，由此计算碱解氮的含量。

仪器及设备：扩散皿、半微量滴定管（5mL）、恒温箱。

所需试剂：①氢氧化钠溶液$[c(NaOH)=1mol\cdot L^{-1}]$：40.0g 氢氧化钠（NaOH，化学纯）溶于水，冷却后，稀释至 1L。②硼酸 H_3BO_3 指示剂溶液$[\rho(H_3BO_3)=20g\cdot L^{-1}]$

溶液：溶解 20g 硼酸于 950mL 的热蒸馏水中，冷后，加入 20mL 的混合指示剂，充分混匀后，小心滴加氢氧化钠溶液[c（NaOH）=0.1mol·L^{-1}]，直至溶液呈红紫色（pH 约 4.5），稀释成 1L。③硫酸标准溶液[c（$\frac{1}{2}$H$_2$SO$_4$）=0.01mol·L^{-1}]：先配成 c（$\frac{1}{2}$H$_2$SO$_4$）=0.1mol·L^{-1}，用 Na$_2$CO$_3$ 标定，再稀释 10 倍。④碱性胶液：40g 阿拉伯胶和 50mL 水在烧杯中，温热至 70~80℃，搅拌促溶，约冷却 1h 后，加入 20mL 甘油和 20mL 饱和 K$_2$CO$_3$ 水溶液，搅匀，放冷。离心除去泡沫和不溶物。将清液贮于玻璃瓶中备用。⑤硫酸亚铁粉末：将硫酸亚铁（FeSO$_4$·7H$_2$O，化学纯）磨细，装入密闭瓶中，存于阴凉处。

操作步骤：①称取风干土（过 2mm 筛）2.00g 置于扩散皿外室，加入 0.2g 硫酸亚铁粉末（试剂⑤），轻轻地旋转扩散皿，使土壤均匀地铺平。②取 2mL H$_3$BO$_3$ 指示剂溶液（试剂②）放于扩散皿内室，然后在扩散皿外室边缘涂上碱性胶液，盖上毛玻璃，旋转数次，使皿边与毛玻璃完全黏合。再渐渐转开毛玻璃一边，使扩散皿外室露出一条狭缝，迅速加入 10.0mL 氢氧化钠溶液（试剂①），立即盖严，再用橡皮筋圈紧，使毛玻璃固定，轻轻摇动扩散皿，使碱液与土壤充分混合（注意勿使外室碱液混入内室）。随后放入 40℃±1℃恒温箱中，碱解扩散 24h±0.5h 后取出（中间摇动数次以加速扩散吸收）。用硫酸标准溶液（试剂③）滴定内室吸收液中的 NH$_3$。溶液由蓝色变为微红色为滴定终点。③在样品测定同时进行空白试验，校正试剂和滴定误差。

结果计算：

$$\omega(N) = \frac{(V - V_0) \times c \times M}{m} \times 1000 \qquad (4\text{-}2\text{-}3)$$

其中，$\omega(N)$ 为土碱解性氮质量分数；c 为硫酸（$\frac{1}{2}$H$_2$SO$_4$）标准溶液的浓度；V 为样品测定时用去硫酸标准液的体积；V_0 为空白试验时用去硫酸标准液的体积；M 为氮的摩尔质量 M（N）=14g·mol^{-1}，m（N）=14g·mol^{-1}；m 为土样质量；两次平行测定结果允许差为 5mg·kg^{-1}。

（4）有效磷的测定（碳酸氢钠法测定）

方法原理：NaHCO$_3$ 溶液（pH8.5）提取土壤有效磷，在石灰性土壤提取液中的 HCO$_3$$^{-1}$ 可和土壤溶液中的 Ca^{2+} 形成 CaCO$_3$ 沉淀，从而降低了 Ca^{2+} 的活度而使某些活性较大的 Ca-P 被浸提出来。在酸性土壤中因 pH 提高而使 Fe-P、Al-P 水解而部分被提取。在浸提液中由于 Ca、Fe、Al 浓度较低，不会产生磷的再沉淀。

仪器及设备：往复振荡机、分光光度计或光电比色计。

所需试剂：①碳酸氢钠浸提剂$[c(NaHCO_3)=0.5mol·L^{-1}$，pH8.5]：42.0g $NaHCO_3$（分析纯）溶于约 800mL 水中，稀释至约 990mL，用氢氧化钠溶液$[c(NaOH)=4.0mol·L^{-1}]$调节至 pH 至 8.5（用 pH 计测定）。最后稀释到 1L，保存于塑料瓶中。②无磷活性炭粉：将活性炭粉先用 1:1HCl 浸泡过夜，然后在平板漏斗上抽气过滤。用水洗到无 Cl^- 为止。再用碳酸氢钠浸提液（试剂①）浸泡过夜，在平板漏斗上抽气过滤，用水洗去 $NaHCO_3$，最后检查到无磷为止，烘干备用。③无水碳酸钠（Na_2CO_3，分析纯），磨细通过 60 孔筛。④硫酸溶液$[c(\frac{1}{2}H_2SO_4)=6mol·L^{-1}]$：在 800mL 蒸馏水中缓缓加入浓硫酸（$\rho≈1.84g·cm^{-3}$，分析纯）167mL 同时搅拌，待冷却后，加入蒸馏水定容到 1000mL。⑤钼锑贮存溶液：浓硫酸（H_2SO_4，分析纯）153mL 缓慢倒入约 400mL 蒸馏水中，同时搅拌，放置冷却。另称 10g 钼酸铵 $[(NH_4)_6Mo_7O_{24}·4H_2O$，分析纯]溶于约 60℃ 的 300mL 蒸馏水中，冷却。将配好的硫酸溶液缓缓倒入钼酸铵溶液中，同时搅拌。随后加入酒石酸锑钾$[\rho(KSbOC_4H_4O_6·1/2H_2O)=5g·L^{-1}$，分析纯]溶液 100mL，最后用蒸馏水稀释至 1000mL。避光贮存。⑥钼锑抗显色剂：1.50g 抗坏血酸（$C_6H_8O_6$，左旋，旋光度 +21°~+22°，分析纯）加入到 100mL 钼锑贮存液中。此液必须随配随用，有效期一天。⑦二硝基酚指示剂：0.2g 2,6-二硝基酚或是 2,4-二硝基酚$[C_6H_3OH(NO_2)_2]$溶于 100mL 水中。⑧磷标准贮存溶液：0.4390g 磷酸二氢钾（KH_2PO_4，分析纯，105℃ 烘 2 小时）溶于 200mL 蒸馏水中，加入 5mL 浓硫酸，转入 1L 容量瓶中，用水定容。此为磷标准贮存溶液$[\rho(P)=100mg·L^{-1}]$。⑨磷标准溶液：取磷标准贮存溶液（试剂⑧）准确稀释 20 倍，即为磷标准溶液$[\rho(P)=5mg·L^{-1}]$。

操作步骤：称取通过 2mm 筛孔的风干土壤样品 5.00g，置于 250mL 三角瓶中，加入一小匙无磷活性炭粉和碳酸氢钠浸提剂（试剂①）100mL，在 20~25℃ 下振荡 30min（振荡机速率 150 次/min~180 次/min），取出后用干燥漏斗和无磷滤纸过滤于三角瓶中。同时做试剂空白试验。吸取浸出液 10~20mL（含 5~25μg P）于 50mL 容量瓶中，加二硝基酚指示剂 2 滴，用稀 H_2SO_4 和稀 NaOH 溶液调节 pH 至溶液刚成微黄（小心慢加，边加边摇，防止产生的 CO_2 使溶液喷出瓶口），等 CO_2 充分放出后，用钼锑抗比色法测定。

结果计算：

$$\omega(P)=\frac{\rho \times V \times ts}{m} \qquad (4-2-4)$$

其中，$\omega(P)$ 为土壤有效磷的质量分数；ρ 为从工作曲线查得显色液中磷的浓度；V 为显色液体积；ts 为分取倍数，浸提液总体积/吸取浸出液体积；m 为风干土质量。

（5）土壤速效钾的测定（乙酸铵提取法）

方法原理：中性乙酸铵溶液与土壤样品混合后，溶液中的 NH_4^+ 与土壤颗粒表

面的 K^+ 进行交换，取代下来 K^+ 的和水溶性 K^+ 一起进入溶液。提取液中的钾可直接用火焰光度计测定。

仪器及设备：往复振荡机、火焰光度计。

所需试剂：①乙酸铵溶液[c（NH_4CH_3COO）=1mol·L^{-1}]：称取 77.08g NH_4OAc 溶于近 1L 水中，用稀 HOAc 或氨水调至 pH=7.0，然后定容。②钾标准溶液：称取 0.1907g KCl（在 110℃下烘 2h）溶于水中，定容至 1L，即为钾标准液[c（K）= 100mg·L^{-1}]。③钾标准系列溶液：吸取 100mg·L^{-1}K 标准液 2mL、5mL、10mL、20mL、40mL 分别放入 100mL 容量瓶中，用乙酸铵溶液（试剂①）定容，即得到 2mg·L^{-1}、5mg·L^{-1}、10mg·L^{-1}、20mg·L^{-1}、40mg·L^{-1} 的钾标准系列溶剂。

操作步骤：称取风干土样（颗粒小于 2mm）5.00g 于 200mL 塑料瓶（或三角瓶）中，加乙酸铵溶液（试剂①）50.0mL，用橡皮塞塞紧，在往复振荡机上，以大约 120 次/min 的速度振荡 30min，振荡时最好恒温，但对温度要求不太严格，一般在 20~25℃即可。然后悬浮液用干滤纸过滤，其滤液可直接用火焰光度计测定钾。

计算结果：

$$\omega(K) = \frac{\rho \times V \times ts}{m} \tag{4-2-5}$$

其中，$\omega(K)$ 为土壤速效钾的质量分数；ρ 为仪器直接测得或从工作曲线上查得的测定液的 K 浓度；V 为测定液定容体积，本例为 50mL；ts 为分取倍数，原待测液总体积和吸取的待测液体积之比，以原液直接测定时，此值为 1；m 为样品质量。

（6）重金属元素的测定

根据鲁如坤的《土壤农业化学分析方法》及相关参考文献的测定方法和相关事宜，本书对土壤重金属测定相关内容整理如表 4-2-1 所示。其中，土壤铜、锌、镉采用原子吸收分光光度法，而土壤砷和硒则采用原子荧光光谱法。此外，根据相关参考文献，对土壤重金属相关标准限值加以界定，具体标准限值及其参考来源见表 4-2-2 所示。

（7）茶叶各要素指标的测定

同理，根据鲁如坤的《土壤农业化学分析方法》及钟萝主编的《茶叶品质理化分析》对茶叶各要素指标测定的方法及相关要求，本书所采用的方法及其原理基本与土壤各要素指标测定相同，在此不一一赘述。

（8）地形特征、土壤类型、耕层厚度等相关数据均由实地走访调查以及遥感卫星影像图信息提取获得。

表 4-2-1　茶园土壤重金属检测方法

项目	测定方法	方法原理	仪器与设备	操作步骤	结果计算
铜（Cu）	原子吸收分光光度法	试样导入原子化器后，形成的原子对特征电磁辐射产生吸收，将测得的样品吸光度和标准溶液的吸光度进行比较，即可得到样品中相关被测元素的浓度	原子吸收分光光度计、Cu 元素空心阴极灯	①待测样品的消化②标准曲线的绘制③试样的测定分析	$\omega = \dfrac{\rho \times V \times 10^{-3}}{m} \times 1000$
锌（Zn）			原子吸收分光光度计、Zn 元素空心阴极灯		
镉（Cd）			原子吸收分光光度计、Cd 元素空心阴极灯		
砷（As）	原子荧光光谱法	将重金属元素的化合物经原子化器解离成原子，原子受到光源特征辐射线的照射后产生原子荧光，荧光信号到达检测器转变为电信号，经电子放大器放大后由读数装置读出结果	原子荧光光谱仪、As 特种空心阴极灯		$\omega = \dfrac{\rho \times V \times ts \times 10^{-3}}{m} \times 1000$ 其中，ts 为分取倍数
硒（Se）			原子荧光光谱仪、Se 特种空心阴极灯		

表 4-2-2　茶园土壤环境重金属质量标准

项目	含量限值	参考来源	硒 Se 含量/(mg·kg⁻¹)	Se 效应	参考来源
铜 Cu /mg·kg⁻¹	≤50	（NY5199—2002、GB15618—1995）	<0.125	缺乏	《环境硒与健康》（谭见安，1989）、《中华人民共和国地方病与环境图集》（谭见安，1989）
锌 Zn /mg·kg⁻¹	≤200	（GB15618—1995）	0.125~0.175	边缘	
镉 Cd /mg·kg⁻¹	≤0.3	（NY5020—2001、GB15618—1995）	0.175~0.400	中等	
砷 As /mg·kg⁻¹	≤40	（NY5199—2002、NY5020—2001）	0.400~3.000	高含量	
硒 Se /mg·kg⁻¹	≤3	《环境硒与健康》（谭见安，1989）、《中华人民共和国地方病与环境图集》（谭见安，1989）	>3.000	硒中毒	

4.2.2 非地理特征指标数据的获取与分析

研究所需的非地理特征指标数据，如江浙地区乡镇级土地利用现状图、地形图、遥感影像图等均由网上下载。所涉及的江浙地区社会经济发展相关数据（如地区 GDP、农作物生产总值等）由相关统计局发布的统计年鉴及相关报告获取。而江浙地区茶园管理现状数据等均由遥感影像图分析及实地考察获得。

4.3　研究方法

4.3.1　SPSS 统计学分析

SPSS 全称 Statistical Package for Social Science，即社会科学统计软件。本研究运用 SPSS 对样本数据进本描述性统计学分析，包括对最小值、最大值、平均值、标准差、偏度系数、峰度系数等的基本统计，以及对变异系数、相关系数、正态分布检验（K-S 检验）等的分析，为后文空间分析奠定良好的基础。具体理论模型及公式详见第 5 章相关阐述。

4.3.2　GS+变异函数分析

变异函数是地统计学所特有的基本工具，它既能描述区域化变量的结构性变化，又能描述其随机性变化，并且是许多地统计学计算的基础。其模型拟合产生的参数能够反映区域化变量的许多重要特征，如块金值、基台值、块金系数、变程等。具体理论及模型公式等详见第 5 章阐述。

4.3.3　ArcGIS 空间插值预测分析

地统计学的主要目的之一是在结构分析（变异函数分析）的基础上采用各种克里金（Kriging）估计并解决实际问题。本研究主要采用 Kriging 插值和 IDW 插值法对土壤-叶片各要素含量进行空间预测分析，以此来了解和掌握江浙地区茶园各地理特征指标的空间分布状况。关于 ArcGIS 空间插值预测的相关原理及模型详见第 5 章阐述。

4.3.4　土壤-叶片要素耦合性分析

耦合指的是两个或两个以上系统或运动形式通过各种相互作用而彼此影响的现象。耦合度描述的是系统或要素相互影响的程度。本研究中茶园土壤和叶片要素之间存在着一定的相互作用关系，基于此，综合考虑其数量水平和质量水平，分别求取对应的土壤要素供给指数和茶叶要素富集指数，并通过耦合度模型及耦合协调度模型对其进行分析，从而了解江浙地区茶园土壤各要素水平和茶叶各要素水平在数量和质量上的耦合关系。其相关理论及模型详见第 7 章阐述。

4.3.5 土壤-叶片要素标准差椭圆分析

如果说耦合度及耦合协调度模型分析是研究土壤-叶片各要素含量在数量和质量上关系，那么标准差椭圆分析则是研究土壤-叶片各要素含量在空间分布上的关系。标准差椭圆（standard deviational ellipse，SDE）是用于揭示地理要素空间分布特征的模型工具。其模型拟合产生的参数可以精确地表征地理要素在空间分布上的特征，如椭圆面积、椭圆重心坐标、椭圆长轴/短轴标准差以及椭圆主趋势方位角等。本研究旨在通过土壤-叶片标准差椭圆的分析来了解土壤-叶片各要素指标在空间上分布特征的关系。其相关理论及模型详见第 7 章阐述。

第5章 江浙地区茶园土壤指标测度研究

5.1 江浙地区茶园土壤指标统计特征分析

5.1.1 茶园土壤基本性质

土壤基本性质主要包括其物理性质和化学性质。其中，土壤的物理性质主要指的是土壤质地和土壤结构、土层厚度、土壤有机质及肥力状况、矿物质含量及土壤温度等；而土壤的化学性质主要指的是土壤化学组成、土壤矿质元素的转化和释放、有机质的合成和分解、土壤酸碱度等。

茶园土壤是茶树生长发育的基础，是水、肥、气、热、营养物质等供应的重要场所。茶树对土壤的要求一般是土层厚度达 1m 以上，上部质地轻（砂质、砂壤质），下部为中壤质，具有良好结构，无枯盘层或铁锰硬盘层，通气性、透水性、蓄水性及排水性良好，且团粒结构较多。此外，茶叶优质高产，不仅需要营养物质量丰富，而且要求其比例适当。某种元素过多或过少都不利于茶叶品质的提高。如氮素过多，磷、钾相对较少时，蛋白质和茶多酚会合成较多的不溶性化合物，使可溶性茶多酚与水浸出物减少，香气指数下降。另外，还要求碳酸钙含量低于 0.5%，有机质含量在 1% 以上，地下水位在 1m 以下，矿质营养具有低氯性和嫌钙性等特点。茶树是耐酸作物，土壤 pH 以 4.5~6.5 为适宜（周尔槐等，2015；王效举，1994）。

5.1.2 土壤营养元素指标统计特征分析

茶树在生长过程中需要从土壤中获取大量的营养物质，这些营养物质不仅能够影响茶叶生长状况，决定其产量，还能够影响茶叶中氨基酸、茶多酚和咖啡碱等诸多内含物质的含量，影响其品质。而茶叶所需的营养物质种类有很多，本研究主要分析对茶叶产量及品质有直接且重要影响的营养物质：蛋白质（SOM）、速效氮（AN）、速效磷（AP）、速效钾（AK）。

此外，特异值的存在会造成连续表面的中断，直接影响变量的分布特征，致使变异函数失去结构性。因此，首先采用域法识别特异值，即样本平均值 $\bar{a}$ 加减三倍标准差 s，在区间 $(\bar{a} \pm 3s)$ 以外的数据均定为特异值，然后，分别用正常最大值和最小值代替特异值（刘付程等，2004；王绍强等，2001）。

1）土壤有机质描述性统计分析

　　结合全国第二次土壤普查有机质分级标准，对研究区茶园土壤样本有机质含量数据进行经典统计学分析。结果显示：①天目湖、东山镇、龙井村、溪龙乡四个研究区土壤样本数据中有机质含量变化范围分别为：5.77~49.52g/kg、10.73~37.86g/kg、14.69~84.36g/kg、9.07~77.03g/kg，变化幅度分别为43.75g/kg、27.13g/kg、69.67g/kg、67.96g/kg。四个研究区有机质含量变化幅度水平由高到低依次为：龙井村>溪龙乡>天目湖>东山镇，浙江省茶园土壤有机质含量跨度明显大于江苏省。②就平均水平而言，四个研究区茶园土壤有机质含量整体水平由高到低依次为：溪龙乡>龙井村>天目湖>东山镇。其中，江苏省茶园土壤有机质含量处于三级水平，而浙江省茶园土壤有机质处于二级水平，均利于茶叶生产。但浙江省茶园土壤有机质含量整体水平高于江苏省，且两省茶园仍需结合实地情况对土壤有机质含量进行调整，以提高低值区控制高值区，从而改善有机质空间分布的整体状况，提高利用效率。③研究表明元素空间变异性随着变异系数的变化而变化，通常认为变异系数 CV≤10%时为弱变异性，10%<CV<100%时为中等变异性，CV≥100%时为强变异性（徐国策等，2012；赵媛等，2010）。四个研究区茶园土壤有机质含量变异系数分别为：44.06%、32.83%、44.56%、48.57%，均在 10%~100%范围内，属于中等变异水平，变异水平由高到低依次为：溪龙乡>龙井村>天目湖>东山镇，可见浙江省茶园土壤有机质变异水平高于江苏省，其中有机质含量变异系数最大的是溪龙乡，最小的是东山镇。④偏度系数和峰度系数表明四个研究区土壤有机质含量分布曲线均表现出右偏态，其中只有东山镇有机质的峰度系数为负值，表明东山镇土壤有机质含量大于样本均值的数据更分散，且两侧极端值较少，有机质含量整体集中性较高。而其他研究区土壤有机质的峰度系数均为正值，表明大于样本均值的数据更分散，且两侧极端值较多，有机质含量整体集中性偏低。其中，离散程度最严重的是龙井村，偏度系数和峰度系数分别为：1.85、4.89。

　　综上，江浙优质名茶种植区茶园土壤有机质含量整体水平较高，处于三级以上水平，利于茶叶种植。其中，浙江省有机质含量整体水平高于江苏省，但其含量范围跨度、变异水平、离散程度等也均高于江苏省。因此茶叶种植过程中，在继续追施有机质的同时，浙江省应更加注重因地制宜，有针对性地指定施肥方案，不能一概而论，以提高土壤有机质均质性，从而提高利用效率。研究区土壤有机质含量样本统计数据及分级标准分别如表 5-1-1、表 5-1-2 所示。

表 5-1-1　茶园土壤有机质统计参数

研究区 Area	样点数 Samples /个	最小值 Minimum /（g/kg）	最大值 Maximum /（g/kg）	平均值 Mean /（g/kg）	标准差 SD/ （g/kg）	变异系数 CV /%	偏度 Skewness	峰度 Kurtosis
天目湖	40	5.77	49.52	22.76	10.03	44.06	0.93	1.28
东山镇	40	10.73	37.86	21.63	7.10	32.83	0.52	−0.48
龙井村	40	14.69	84.36	33.72	15.03	44.56	1.85	4.89
溪龙乡	40	9.07	77.03	33.97	16.50	48.57	1.11	0.80

表 5-1-2　全国第二次土壤普查养分分级标准（有机质）

等级	一级	二级	三级	四级	五级	六级
含量范围/（g/kg）	>40	30~40	20~30	10~20	6~10	<6

2）土壤速效氮描述性统计分析

　　结合全国第二次土壤普查速效氮分级标准，对研究区茶园土壤样本速效氮含量数据进行经典统计学分析。结果显示：①天目湖、东山镇、龙井村、溪龙乡四个研究区土壤样本数据中速效氮含量变化范围分别为：0.42~183.23mg/kg、7.36~171.96mg/kg、6.76~217.80mg/kg、4.02~242.76mg/kg，四个研究区速效氮含量最小值均在六级水平，而最大值均达到一级水平。变化幅度分别为 182.81mg/kg、164.60mg/kg、211.04mg/kg、238.74mg/kg，变化幅度由高到低依次为：溪龙乡>龙井村>天目湖>东山镇，浙江省茶园土壤速效氮含量跨度明显大于江苏省。②天目湖、东山镇、龙井村、溪龙乡土壤速效氮平均值分别为：80.04mg/kg、98.02mg/kg、108.85mg/kg、98.40mg/kg，由高到低顺序依次为：龙井村>溪龙乡>东山镇>天目湖。只有江苏省天目湖速效氮含量处于四级水平，其他均处于三级水平，较利于茶叶生产。同样，浙江省茶园土壤速效氮含量整体水平高于江苏省，但两省茶园土壤速效氮整体水平均需要提高，以提高茶叶产量及品质。③四个研究区茶园土壤速效氮含量的变异系数均在 10%~100% 范围内，因此也属于中等变异水平，其变异水平由高到低依次为：溪龙乡>天目湖>龙井村>东山镇，变异系数分别为：60.46%>57.42%>42.72%>34.82%。④天目湖和溪龙乡速效氮的偏度系数均为正值，其速效氮含量分布曲线表现出正偏态，而峰度系数均为负值，表明大于样本均值的数据更为发散，且两侧极端值较少，速效氮含量整体集中性较高。而东山镇和龙井村速效氮的偏度系数均为负值，其速效氮含量分布曲线表现出负偏态，而峰度却均为正值，表明小于样本均值的数据更为发散，且两侧极端值较多，速效氮含量整体集中性较低。

综上，江浙茶园土壤速效优质名茶种植区氮含量整体水平良好，处于四级以上水平，浙江省速效氮含量整体水平高于江苏省，更利于茶叶种植。但四个研究区速效氮整体水平仍有待进一步提高，以更利于茶叶的需求。研究区土壤速效氮含量样本统计数据及分级标准分别如表 5-1-3、表 5-1-4 所示。

表 5-1-3　茶园土壤速效氮统计参数

研究区 Area	样点数 Samples /个	最小值 Minimum /（mg/kg）	最大值 Maximum /（mg/kg）	平均值 Mean /（mg/kg）	标准差 SD /（mg/kg）	变异系数 CV /%	偏度 Skewness	峰度 Kurtosis
天目湖	40	0.42	183.23	80.04	45.95	57.42	0.51	−0.51
东山镇	40	7.36	171.96	98.02	34.13	34.82	−0.14	0.44
龙井村	40	6.76	217.80	108.85	46.51	42.72	−0.28	0.06
溪龙乡	40	4.02	242.76	98.40	59.50	60.46	0.56	−0.26

表 5-1-4　全国第二次土壤普查养分分级标准（速效氮）

等级	一级	二级	三级	四级	五级	六级
含量范围/（mg/kg）	>150	120~150	90~120	60~90	30~60	<30

3）土壤速效磷描述性统计分析

结合全国第二次土壤普查速效磷分级标准，对研究区茶园土壤样本速效磷含量数据进行经典统计学分析。结果显示：①天目湖、东山镇、龙井村、溪龙乡四个研究区土壤样本数据中速效磷含量变化范围分别为：7.58~95.04mg/kg、10.04~94.93mg/kg、9.96~97.35mg/kg、7.59~100.05mg/kg，其中东山镇最小值属于三级水平，而其他研究区最小值均属于四级水平，四个研究区的最大值均属于一级水平且远超出一级水平最低界限值。四个研究区速效磷含量变化幅度分别为：87.46mg/kg、84.89mg/kg、87.39mg/kg、92.46mg/kg，变化幅度由高到低顺序依次是：溪龙乡>天目湖>龙井村>东山镇。江浙两省茶园土壤速效磷含量跨度均较大。②就平均水平而言，四个研究区土壤速效磷均达到一级水平，非常有利于茶叶生产。其中速效磷含量最高的是溪龙乡，最低的是龙井村，两个研究区相差6.74mg/kg。四个研究区速效磷水平由高到低顺序依次为：溪龙乡>东山镇>天目湖>

龙井村，速效磷含量分别为：46.64mg/kg、51.61mg/kg、45.16mg/kg、51.90mg/kg。③四个研究区茶园土壤速效磷含量的变异系数也在 10%~100%范围内，也属于中等变异水平，其变异水平由高到低依次为：龙井村>天目湖>溪龙乡>东山镇，变异系数分别为：58.13%>55.71%>51.60%>46.28%。为提高茶园土壤速效磷的均质性，同时提高磷素利用效率，需要适时有针对性地调整磷肥的施用量。④分析结果显示，四个研究区土壤速效磷含量的偏度系数均为正值，而峰度系数均为负值，表明其土壤速效磷含量分布曲线均为右偏态，大于样本均值的数据更为发散，小于样本均值的数据较为集中，且两侧极端值较少，速效磷含量整体集中性较高。四个研究区速效磷含量分布曲线偏斜程度及极端值情况相似。

综上，江浙优质名茶种植区茶园土壤速效磷含量整体水平较优，均达到一级水平，且两省速效磷含量整体分布情况相似。但两省速效磷含量分布跨度均较大，需要有针对性地对速效磷含量低值区进行改善，同时对含量过高的区域进行适当的控制，从而改善缺磷和过磷环境对茶叶造成的不良影响。研究区土壤速效磷含量样本统计数据及分级标准分别如表 5-1-5、表 5-1-6 所示。

表 5-1-5　茶园土壤速效磷统计参数

研究区 Area	样点数 Samples /个	最小值 Minimum /（mg/kg）	最大值 Maximum /（mg/kg）	平均值 Mean /（mg/kg）	标准差 SD /（mg/kg）	变异系数 CV /%	偏度 Skewness	峰度 Kurtosis
天目湖	40	7.58	95.04	46.64	25.98	55.71	0.25	−1.02
东山镇	40	10.04	94.93	51.61	23.89	46.28	0.10	−1.19
龙井村	40	9.96	97.35	45.16	26.26	58.13	0.50	−1.08
溪龙乡	40	7.59	100.05	51.90	26.78	51.60	0.38	−0.80

表 5-1-6　全国第二次土壤普查养分分级标准（速效磷）

等级	一级	二级	三级	四级	五级	六级
含量范围/（mg/kg）	>40	20~40	10~20	5~10	3~5	<3

4）土壤速效钾描述性统计分析

结合全国第二次土壤普查速效钾分级标准，对研究区茶园土壤样本速效钾含量数据进行经典统计学分析。结果显示：①天目湖、东山镇、龙井村、溪龙乡土壤样本数据中速效钾含量变化范围分别为：16.75~308.03mg/kg、

9.80~298.05mg/kg、8.63~301.08mg/kg、5.92~258.60mg/kg，四个研究区速效钾的最小值均处于六级水平，最大值均处在一级水平。含量变化幅度分别为：291.28mg/kg、288.25mg/kg、292.45mg/kg、252.68mg/kg，变化幅度由高到低依次为：龙井村>天目湖>东山镇>溪龙乡。两省研究区茶园土壤速效钾含量跨度均较大。②就平均水平而言，溪龙乡速效钾达到了二级水平，而天目湖、东山镇、龙井村土壤速效钾含量也达到三级水平，有利于茶叶生产。四个研究区速效钾含量水平由高到低顺序依次为：溪龙乡>天目湖>龙井村>东山镇，速效磷含量分别为：152.43mg/kg、143.29mg/kg、113.18mg/kg、109.75mg/kg。③四个研究区茶园土壤速效钾含量的变异水平均较高，其中天目湖、东山镇、龙井村速效钾变异水平均大于50%，变异水平由高到低依次为：龙井村>东山镇>天目湖，变异系数分别为：73.37%>69.38%>55.19%，溪龙乡速效钾的变异水平最低，变异系数为 46.49%。④天目湖、东山镇、龙井村土壤速效钾含量的偏度系数均为正值，表明其分布曲线表现为右偏态，而峰度系数均为负值，表明土壤速效钾含量大于样本均值的数据更为发散，且两侧极端值较少，速效钾含量整体集中性较高。而溪龙乡速效钾的偏度系数为负值，表明其含量分布曲线表现为左偏态，其峰度系数为负值，表明其速效钾含量小于样本均值的数据较为发散，且两侧极端值较少，因此溪龙乡速效钾含量整体集中性也较高。

综上，江浙优质名茶种植区茶园土壤速效钾含量整体水平较高，均在三级以上水平，较利于茶叶生长。但含量分布跨度以及变异水平均较高，需要适当调整钾肥施用策略，有针对性地对速效钾含量低值区进行追肥，同时对含量过高的区域进行适当的控制，从而避免茶叶缺钾或钾肥浪费等问题。研究区土壤速效钾含量样本统计数据及分级标准分别如表 5-1-7、表 5-1-8 所示。

表 5-1-7　茶园土壤速效钾统计参数

研究区 Area	样点数 Samples /个	最小值 Minimum /（mg/kg）	最大值 Maximum /（mg/kg）	平均值 Mean /（mg/kg）	标准差 SD /（mg/kg）	变异系数 CV /%	偏度 Skewness	峰度 Kurtosis
天目湖	40	16.75	308.03	143.29	79.09	55.19	0.14	−0.82
东山镇	40	9.80	298.05	109.75	76.15	69.38	0.53	−0.30
龙井村	40	8.63	301.08	113.18	83.04	73.37	0.61	−0.56
溪龙乡	40	5.92	258.60	152.43	70.86	46.49	−0.30	−0.89

表 5-1-8　全国第二次土壤普查养分分级标准（速效钾）

等级	一级	二级	三级	四级	五级	六级
含量范围/（mg/kg）	>200	150~200	100~150	50~100	30~50	<30

5）土壤养分整体概况统计分析

江浙两省茶园土壤养分整体状况良好，养分水平较高，利于茶叶种植及生产。其中，①江苏省有机质、速效氮、速效磷、速效钾的平均含量分别处于三级水平、四级水平、一级水平、三级水平，而浙江省分别处于二级水平、三级水平、一级水平、三级水平，相比之下，浙江省茶园土壤养分总体水平较江苏省更高，更利于茶叶的生长。②就土壤养分等级而言，仅速效磷平均含量在两省各个研究区均达到了一级水平，而其他养分均处于四级至二级水平之间，有待进一步提高。③江浙两省茶园土壤养分含量的变异系数均在 10%~100% 范围内，属于中等变异水平，其中，有机质含量整体变异水平最低，而速效钾含量整体变异水平最高。研究区土壤养分相关统计参数见表 5-1-9 所示。

表 5-1-9　茶园土壤养分统计参数

研究区 Area	样点数 Samples /个	有机质（SOM）			速效氮（AN）			速效磷（AP）			速效钾（AK）		
		平均值 Mean/ (g/kg)	变化幅度/ (g/kg)	变异系数 CV/%	平均值 Mean/ (mg/kg)	变化幅度/ (mg/kg)	变异系数 CV/%	平均值 Mean/ (mg/kg)	变化幅度/ (mg/kg)	变异系数 CV/%	平均值 Mean/ (mg/kg)	变化幅度/ (mg/kg)	变异系数 CV/%
天目湖	40	22.76	43.75	44.06	80.04	182.81	57.42	46.64	87.46	55.71	143.29	291.28	55.19
东山镇	40	21.63	27.13	32.83	98.02	164.60	34.82	51.61	84.89	46.28	109.75	288.25	69.38
龙井村	40	33.72	69.67	44.56	108.85	211.04	42.72	45.16	87.39	58.13	113.18	292.45	73.37
溪龙乡	40	33.97	67.96	48.57	98.40	238.74	60.46	51.90	92.46	51.60	152.43	252.68	46.49
江苏省	80	22.20	43.75	38.96	89.03	182.81	46.30	49.13	87.46	50.72	126.52	298.23	62.40
浙江省	80	33.85	75.29	46.32	103.63	238.74	51.45	48.52	92.45	54.75	132.80	295.16	59.65
合计	160	28.02	78.59	49.64	96.33	242.34	49.90	48.83	92.47	52.59	129.66	302.11	60.85

5.1.3　土壤重金属元素指标统计特征分析

重金属是指原子密度大于 5g/cm^3 的金属元素，大约有 40 种，主要包括 Cu、Zn、Cd、Cr、Hg、Pb、Ag、Sn 等，但从毒性角度一般把 As、Se 和 Al 等也包括在内（王宏镔等，2005）。土壤重金属污染既影响茶叶产量和饮用品质，还可通过食物链危害人类的健康。本书在前人研究的基础上，结合研究区实际情况，选取铜（Cu）、锌（Zn）、镉（Cd）、砷（As）、硒（Se）五种重金属元素作为研究对象。

首先，需要剔除特异值的影响，同样也采用域法（即样本平均值 $\bar{a}$ 加减三倍标准差 s）识别特异值，并分别用正常最大值或最小值代替特异值。茶园土壤重金属 Cu、Zn、Cd、As 环境质量标准限值如表 5-1-10 所示。

表 5-1-10　茶园土壤环境质量标准

项目	含量限值	参考来源
铜 Cu/（mg·kg⁻¹）	≤50	（NY5199—2002、GB15618—1995）
锌 Zn/（mg·kg⁻¹）	≤200	（GB15618—1995）
镉 Cd/（mg·kg⁻¹）	≤0.3	（NY5020—2001、GB15618—1995）
砷 As/（mg·kg⁻¹）	≤40	（NY5199—2002、NY5020—2001）

1）土壤铜描述性统计分析

结合茶园土壤铜环境质量标准限值（以下简称"标准限值"），对研究区茶园土壤重金属铜含量数据进行经典性统计学分析。结果显示：①四个研究区土壤铜的含量范围分别为：12.70~75.60mg/kg、22.30~75.60mg/kg、14.60~49.10mg/kg、10.10~60.50mg/kg，含量变化幅度分别为：62.90mg/kg、53.30mg/kg、34.50mg/kg、50.40mg/kg，变化幅度由高到低依次是：天目湖>东山镇>溪龙乡>龙井村，江苏省茶园土壤铜含量跨度明显大于浙江省。②四个研究区土壤铜的最小值、平均值均在标准限值范围内，表明研究区土壤铜整体情况良好，不存在污染问题。但最大值存在超标现象，超标程度（超标程度=（实际值–标准值限值)/标准限值）分别为：51.20%、51.20%、0.00%、21.00%，样本超标率分别为：17.50%、35.00%、0、10.00%，表明除龙井村土壤铜不存在任何污染外，其他三个研究区均存一定程度的局部地区土壤铜超标现象，其中，江苏省茶园土壤局部土壤铜超标情况较浙江省严重。③四个研究区土壤铜的变异系数均在 10%~100%范围内，属于中等变异水平，且整体变异水平均较低，变异水平由高到低依次为：天目湖>溪龙乡>东山镇>龙井村，变异水平分别为：34.03%、31.75%、29.25%、24.96%。④天目湖、溪龙乡土壤铜的偏度系数和峰度系数均为正值，表明两个研究区土壤铜含量大于样本均值的数据较为发散，而小于样本均值的数据较为集中，且两侧极端值较多，土壤铜含量整体集中性较低；东山镇土壤铜的偏度系数为正值，但峰度系数为负值，表明东山镇土壤铜含量大于样本均值的数据更为发散，但两侧极端值较少，土壤铜含量整体集中性较高；溪龙乡土壤铜的偏度系数和峰度系数均为负值，表明溪龙乡土壤铜含量小于样本均值的数据更为发散，且两侧极端值较多，土壤铜含量整体集中性也较低。

综上，江浙两省茶园土壤重金属铜除局部区域存在一定程度的铜过量现象外，整体状况良好，基本达标，且样本数据总体集中性较高，趋近于正态分布。但江苏省茶园无论是整体铜含量水平及超标率情况，还是样本数据变异水平及离散程度均较浙江省严重。研究区土壤铜含量样本统计数据如表 5-1-11 所示。

表 5-1-11　土壤铜统计参数

研究区 Area	样点数 Samples /个	最小值 Minimum /（mg/kg）	最大值 Maximum /（mg/kg）	平均值 Mean /（mg/kg）	标准差 SD /（mg/kg）	变异 系数 CV/%	偏度 Skewness	峰度 Kurtosis	样本 超标率 /%
天目湖	40	12.70	75.60	40.01	13.61	34.03	0.60	0.97	17.50
东山镇	40	22.30	75.60	45.87	13.42	29.25	0.25	−0.53	35.00
龙井村	40	14.60	49.10	34.34	8.57	24.96	−0.38	−0.35	0.00
溪龙乡	40	10.10	60.50	34.60	10.98	31.75	0.55	0.51	10.00

2）土壤锌描述性统计分析

结合茶园土壤锌环境质量标准限值，对研究区茶园土壤重金属锌含量数据进行经典性统计学分析。结果显示：①四个研究区土壤锌的含量范围是：132.40~296.80mg/kg、61.80~432.20mg/kg、101.60~297.10mg/kg、57.60~287.50mg/kg，含量变化幅度分别为：164.40mg/kg、370.40mg/kg、195.50mg/kg、229.90mg/kg，变化幅度由高到低顺序依次为：东山镇>溪龙乡>龙井村>天目湖，江浙两省土壤锌含量的跨度均比较大。②四个研究区土壤锌含量的最小值均在标准限值范围内，但最大值均超出标准限值，超标程度分别为：48.40%、116.10%、48.55%、43.75%。就平均水平而言，仅溪龙乡土壤锌含量在标准限值范围内，符合标准，且样本超标率仅为 15.00%，表明溪龙乡土壤锌整体水平良好，基本达标，仅局部区域存在超标现象。而天目湖、东山镇、龙井村土壤锌含量均超标，平均值超标程度分别达到：4.30%、11.21%、2.41%，且样本超标率分别为：50.00%、67.50%、55.00%，表明三个研究区存在较为严重的锌污染问题，需要对土壤锌进行相关治理，尤其是东山镇。③四个研究区土壤锌含量的变异系数均在 10%~100%范围内，属于中等变异水平，且变异水平均比较低，变异水平由高到低依次是：溪龙乡>东山镇>龙井村>天目湖，变异系数分别为：34.66%、32.74%、24.39%、20.85%。④天目湖土壤锌的偏度系数为正值，而峰度系数为负值，表明其大于样本均值的数据较为发散，而小于样本均值的数据相对比较集中，且两侧极端值较少，土壤锌含量整体集中性较高。东山镇和溪龙乡土壤锌的偏度系数和峰度系数均为正值表明其大于样本均值的数据较为发散，而小于样本均值的数据相对比较集中，但两侧极端值较多，因此土壤锌含量整体集中性较低。龙井村的偏度系数和峰度系数均为负值，表明其小于样本均值的数据更为发散，而大于样本均值的数据较为集中，且两侧极端值较少，因此土壤锌含量整体集中性较高。

综上，江浙两省茶园土壤锌含量整体情况不容乐观，其中，天目湖、东山镇、龙井村土壤锌整体含量均超出标准限值，且样本超标率均达到了 50.00%以上，而溪龙乡土壤锌整体水平比较良好，基本达标，但存在局部超标现象，样本超标率为 15.00%。茶叶种植农户应着重关注茶园土壤锌的状况，以避免由锌过量而对茶叶产生不利的影响。研究区土壤锌含量样本统计数据如表 5-1-12 所示。

表 5-1-12　土壤锌统计参数

研究区 Area	样点数 Samples /个	最小值 Minimum /（mg/kg）	最大值 Maximum /（mg/kg）	平均值 Mean /（mg/kg）	标准差 SD /（mg/kg）	变异 系数 CV/%	偏度 Skewness	峰度 Kurtosis	样本 超标率 /%
天目湖	40	132.40	296.80	208.59	43.49	20.85	0.42	−0.41	50.00
东山镇	40	61.80	432.20	222.41	72.81	32.74	0.85	2.30	67.50
龙井村	40	101.60	297.10	204.82	49.96	24.39	−0.04	−0.37	55.00
溪龙乡	40	57.60	287.50	151.97	52.68	34.66	0.95	1.11	15.00

3）土壤镉描述性统计分析

结合茶园土壤镉环境质量标准限值，对研究区茶园土壤重金属镉含量数据进行经典性统计学分析。结果显示：①四个研究区土壤镉的含量范围分别是：0.05~0.24mg/kg、0.01~0.10mg/kg、0.02~0.30mg/kg、0.04~0.31mg/kg，变化幅度分别为：0.19mg/kg、0.09mg/kg、0.28mg/kg、0.27mg/kg，变化幅度水平由高到低依次为：龙井村>溪龙乡>天目湖>东山镇，浙江省茶园土壤镉含量跨度明显高于江苏省。②四个研究区土壤镉含量的最小值均在标准限值范围内，天目湖和东山镇、龙井村土壤镉含量的最大值也在标准限值范围内，仅溪龙乡土壤镉含量最大值存在轻微的超标现象，最大值超标程度仅为 3.33%。就平均值水平而言，四个研究区土壤镉含量由高到低依次是龙井村>天目湖>溪龙乡>东山镇，平均值分别为：0.14mg/kg、0.13mg/kg、0.11mg/kg、0.05mg/kg，平均值均在标准限值范围内，且远小于标准限值。天目湖、东山镇、龙井村土壤镉超标率均为 0，不存在任何污染问题，而溪龙乡土壤镉超标率仅为 10%，超标程度较低，因此，四个研究区土壤镉基本不存在污染问题。③研究区土壤镉的变异系数均在 10%~100%范围内，属于中等变异水平，但变异水平普遍较高，其中，东山镇、龙井村、溪龙乡土壤镉的变异系数均高于 50.00%。四个研究区土壤镉的变异水平由高到低依次是：溪龙乡>龙井村>东山镇>天目湖，变异系数分别为：68.35%、66.78%、50.02%、39.58%，浙江省茶园土壤镉含量的变异系数明显高度江苏省。④四个研究区土壤镉含量的偏度系数均为正值，表明其大于样本均值的数据相对发散，而小于样本均值的数据相对集中；天目湖、东山镇、龙井村土壤镉的峰度系数均为负值，表明其分布曲线两侧的极端值相对较少，土壤镉含量整体集中性较高，而溪龙乡土壤镉的峰度系数为正值，表明其分布曲线两侧的极端值相对较多，土壤镉含量整体集中性较低。

综上，江浙两省茶园土壤镉的整体状况较优，基本无污染。其中天目湖、东山镇、龙井村土壤镉的超标率为 0，溪龙乡土壤镉的超标率仅为 10%，且最大值超标程度仅为 3.33%，非常有利于无公害绿色茶园的建设。江苏省茶园土壤镉的状况较浙江省更优。研究区土壤镉含量样本统计数据如表 5-1-13 所示。

表 5-1-13　土壤镉统计参数

研究区 Area	样点数 Samples /个	最小值 Minimum /（mg/kg）	最大值 Maximum /（mg/kg）	平均值 Mean /（mg/kg）	标准差 SD /（mg/kg）	变异系数 CV/%	偏度 Skewness	峰度 Kurtosis	样本超标率 /%
天目湖	40	0.05	0.24	0.13	0.05	39.58	0.45	-0.87	0.00
东山镇	40	0.01	0.10	0.05	0.03	50.02	0.58	-0.29	0.00
龙井村	40	0.02	0.30	0.14	0.09	66.78	0.52	-1.14	0.00
溪龙乡	40	0.04	0.31	0.11	0.07	68.35	1.96	3.23	10.00

4）土壤砷描述性统计分析

结合茶园土壤砷环境质量标准限值，对研究区茶园土壤重金属砷含量数据进行经典性统计学分析。结果显示：①四个研究区土壤砷的含量范围分别是：5.57~34.79mg/kg、7.89~43.69mg/kg、5.16~31.41mg/kg、10.18~53.18mg/kg，变化幅度分别为：29.22mg/kg、35.80mg/kg、26.25mg/kg、43.00mg/kg，变化幅度水平由高到低依次是：溪龙乡>东山镇>天目湖>龙井村。②四个研究区土壤砷的最小值均在标准限值范围内，而最大值存在超标现象。其中，天目湖、龙井村土壤砷的最大值均未超标，因此不存在砷污染问题，但东山镇土壤砷最大值超标程度为9.23%，溪龙乡土壤砷最大值超标程度为32.95%。就平均水平而言，四个研究区茶园土壤均不存在砷污染问题，四个研究区土壤砷的平均值远小于标准限值40mg/kg，且天目湖、龙井村样本超标率为0，东山镇、溪龙乡样本超标率分别仅为5.00%和7.50%，表明四个研究区茶园土壤整体上均不存在土壤砷污染问题，仅东山镇和溪龙乡极少数区域存在一定程度的砷过量问题。③四个研究区土壤砷的变异系数均在10%~100%范围内，处于中等变异水平，其变异水平由高到低依次是：东山镇>龙井村>溪龙乡>天目湖，变异系数分别为：49.12%、47.16%、41.40%、40.40%。④天目湖、东山镇土壤砷的偏度系数均为正值，而偏度系数均为负值，表明大于样本均值的数据更为发散，而小于样本均值的数据相对比较集中，且两侧极端值较少，因此土壤砷含量整体集中性较高。而龙井村和溪龙乡土壤砷的偏度系数和峰度系数均为正值，表明其大于样本均值的数据较为发散，小于样本均值的数据较为集中，但两侧极端值较多，因此土壤砷含量整体集中性较低。

综上，江浙两省茶园土壤砷含整体情况较优，土壤砷含量平均水平远低于标准限值，变异水平也较低。此外，天目湖、龙井村样本超标率为0，东山镇、溪龙乡样本超标率也均小于10.00%，因此，四个研究区茶园土壤均利于无公害绿色茶园的建设。研究区土壤砷含量样本统计数据如表5-1-14所示。

表 5-1-14　土壤砷统计参数

研究区 Area	样点数 Samples /个	最小值 Minimum /（mg/kg）	最大值 Maximum /（mg/kg）	平均值 Mean /(mg/kg)	标准差 SD /(mg/kg)	变异系数 CV/%	偏度 Skewness	峰度 Kurtosis	样本超标率 /%
天目湖	40	5.57	34.79	18.33	7.41	40.40	0.36	−0.75	0.00
东山镇	40	7.89	43.69	20.72	10.18	49.12	0.73	−0.40	5.00
龙井村	40	5.16	31.41	14.19	6.69	47.16	1.30	1.58	0.00
溪龙乡	40	10.18	53.18	24.27	10.05	41.40	1.38	2.01	7.50

5）土壤硒描述性统计分析

结合茶园土壤硒等级划分界限值，对研究区茶园土壤硒含量数据进行经典性统计学分析。结果显示：①四个研究区土壤硒的含量范围分别是：1.05~2.79mg/kg、0.26~2.16mg/kg、0.89~3.55mg/kg、1.46~4.24mg/kg，变化幅度分别为：1.74mg/kg、1.90mg/kg、2.66mg/kg、2.78mg/kg，变化幅度水平由高到低依次是：溪龙乡>龙井村>东山镇>天目湖，浙江省茶园土壤硒含量的跨度明显高于江苏省。②天目湖土壤硒含量最小值、最大值、平均值均处于高含量水平，且样本超标率为 0；东山镇土壤硒含量最小值处于中等水平，而最大值、平均值处于高含量水平，样本超标率也为 0。由此可看出江苏省茶园土壤硒非常丰富，且未达到中毒水平，非常有利于茶叶的生产。龙井村土壤硒含量最小值处于高含量水平，最大值处于中毒水平，平均值也处于高含量水平，且样本超标率为 7.50%；溪龙乡土壤硒含量最小值处于高含量水平，最大值处于中毒水平，平均值也处于高含量水平，且样本超标率高达 50.00%。表明龙井村土壤硒整体水平良好，仅局部区域存在硒过量问题，而溪龙乡则存在较为严重的硒过量问题，应注意加以调整（表 5-1-15）。总体而言，浙江省茶园土壤硒整体水平较江苏省更高，但存在局部过量现象，需予以关注。③四个研究区土壤硒的变异系数均处于 10%~100%范围内，属于中等强度变异，且变异水平均小于 40.00%，整体变异水平较低。变异水平由高到低依次是：东山镇>龙井村>天目湖>溪龙乡，变异水平分别为：39.49%、34.34%、25.28%、22.11%。④天目湖土壤硒的偏度系数为正值，而峰度系数为负值，表明大于样本均值的数据较为发散，而小于样本均值的数据较为集中，且两侧极端值较少，因此硒含量整体集中性较高。东山镇、龙井村土壤硒的偏度系数和峰度系数均为正值，表明大于样本均值的数据较为发散，而小于样本均值的数据较为集中，但两侧极端值较多，因此硒含量整体集中性较低。溪龙乡土壤硒的偏度系数和峰度系数均为负值，表明小于样本均值的数据较为发散，而大于样本均值的数据较为集中，且两侧极端值较少，因此硒含量整体集中性较高。其中，硒含量数据离散程度最严重的是龙井村，集中性最好的是天目湖。

综上，江浙两省茶园土壤硒含量均比较丰富，其中，天目湖、东山镇、龙井村平均值均达到富硒水平，溪龙乡平均值达到高硒水平。充足的硒含量对茶叶品质的提升有很大的帮助。此外，浙江省硒含量总体情况较江苏省高，但存在一定程度硒过量问题，需引起注意。研究区土壤硒含量样本统计数据如表 5-1-16 所示。

表 5-1-15　土壤硒等级划分界限值

硒 Se 含量/（mg/kg）	Se 效应	参考来源
<0.125	缺乏	
0.125~0.175	边缘	《环境硒与健康》（谭见安，1989a）；
0.175~0.400	中等	《中华人民共和国地方病与环境图集》
0.400~3.000	高含量	（谭见安，1989b）
>3.000	硒中毒	

表 5-1-16　土壤硒统计量参数

研究区 Area	样点数 Samples /个	最小值 Minimum /（mg/kg）	最大值 Maximum /（mg/kg）	平均值 Mean /（mg/kg）	标准差 SD /（mg/kg）	变异 系数 CV/%	偏度 Skewness	峰度 Kurtosis	样本 超标率 /%
天目湖	40	1.05	2.79	1.90	0.48	25.28	0.20	−0.81	0.00
东山镇	40	0.26	2.16	1.06	0.42	39.49	0.80	0.46	0.00
龙井村	40	0.89	3.55	1.86	0.64	34.34	1.24	1.54	7.50
溪龙乡	40	1.46	4.24	2.95	0.65	22.11	−0.32	−0.51	50.00

6）土壤重金属总体概况统计分析

江浙两省茶园土壤重金属除锌存在一定程度的过量问题外，其他情况基本良好。其中：①两省四个研究区土壤铜、镉、砷、硒的平均水平均在标准限值范围内，符合茶园土壤环境质量要求。且江苏省土壤铜、砷含量整体水平高于浙江省，而土壤镉含量整体水平低于浙江省，江苏省土壤硒整体含量处于富硒水平，而浙江省土壤硒含量整体处于高硒水平。虽然铜、镉、砷、硒含量整体水平达标，但存在区域超标现象，如东山镇土壤铜超标率达到 35.00%，溪龙乡土壤硒超标率到达 50.00%。②江苏省天目湖、东山镇以及浙江省龙井村土壤锌的整体水平均超出标准限值，且样本超标率达到或超过 50.00%，表明研究区存在一定程度的锌污染问题；而浙江省溪龙乡土壤锌整体含量在标准限值范围内，符合茶园土壤环境质量要求，且样本超标率仅为 15.00%，因此溪龙乡土壤锌整体状况基本良好。此外，江苏省土壤锌含量整体水平为 215.50mg/kg，超出标准限值，且超标率达到 58.75%，而浙江省土壤锌含量整体水平为 178.39mg/kg，在标准限值范围内，超标率为 35.00%，江苏省茶园土壤锌普遍存在过量问题，而浙江省土壤锌整体水平达标，局部区域存在超标现象。③研究区土壤重金属含量的变异系数均在 10.00%~100.00%范围内，属于中等变异水平。其中，四个研究区土壤铜、锌、砷、硒以及天目湖土壤镉的变异系数均小于 50.00%，整体变异水平较低，而东山镇、龙井村、溪龙乡土壤镉的变异系数均大于 50.00%，整体变异水平较高。变异水平最小的是天目湖土壤锌，变异系数为 20.85%，变异水平最大的是溪龙乡土壤镉，变异系数为 68.35%。研究区土壤重金属相关统计参数见表 5-1-17所示。

表 5-1-17　重金属相关统计参数

研究区 Area	样点数 Samples /个	铜（Cu）			锌（Zn）			镉（Cd）			砷（As）			硒（Se）		
		平均值 Mean/ (mg/kg)	样本超标率 /%	变异系数 CV/%	平均值 Mean/ (mg/kg)	样本超标率 /%	变异系数 CV/%	平均值 Mean/ (mg/kg)	样本超标率 /%	变异系数 CV/%	平均值 Mean/ (mg/kg)	样本超标率 /%	变异系数 CV/%	平均值 Mean/ (mg/kg)	样本超标率 /%	变异系数 CV/%
天目湖	40	40.01	17.50	34.03	208.59	50.00	20.85	0.13	0.00	39.58	18.33	0.00	40.40	1.90	0.00	25.28
东山镇	40	45.87	35.00	29.25	222.41	67.50	32.74	0.05	0.00	50.02	20.72	5.00	49.12	1.06	0.00	39.49
龙井村	40	34.34	0.00	24.96	204.82	55.00	24.39	0.14	0.00	66.78	14.19	0.00	47.16	1.86	7.50	34.34
溪龙乡	40	34.60	10.00	31.75	151.97	15.00	34.66	0.11	10.00	68.35	24.27	7.50	41.40	2.95	50.00	22.11
江苏省	80	42.94	26.25	32.02	215.50	58.75	27.84	0.09	0.00	66.67	19.53	2.50	45.72	1.48	0.00	41.89
浙江省	80	34.47	5.00	28.40	178.39	35.00	32.24	0.12	5.00	66.67	19.23	3.75	51.38	2.41	28.75	34.85
合计	160	38.70	15.63	32.64	196.95	46.88	31.12	0.11	2.50	63.64	19.38	3.13	48.45	1.94	14.38	44.85

5.2　江浙地区茶园土壤指标相关性分析

5.2.1　相关分析的基本原理

地理要素之间相关分析的任务，是揭示地理要素之间相互关系的密切程度。而地理要素之间相互关系密切程度的测定，主要是通过对相关系数的计算与检验来完成的。

1）两要素间的单相关程度的测定

（1）单相关系数的计算

对于两个要素 x 和 y，如果它们的样本值分别为 x_i 与 $y_i(i=1,2,\cdots,n)$，则总体相关系数 ρ 和样本相关系数 r 的公式分别定义为

$$\rho = \frac{E[x - E(x)][y - E(y)]}{\sqrt{D(x)}\sqrt{D(y)}} \tag{5-2-1}$$

$$r = \frac{\sum_{i=1}^{n}(x_i - \bar{x})(y_i - \bar{y})}{\sqrt{\sum_{i=1}^{n}(x_i - \bar{x})^2}\sqrt{\sum_{i=1}^{n}(y_i - \bar{y})^2}} \tag{5-2-2}$$

其中，式（5-2-2）中的 $\bar{x}$ 和 $\bar{y}$ 分别为两个要素样本值的平均值，即

$$\bar{x} = \frac{1}{n}\sum_{i=1}^{n}x_i, \qquad \bar{y} = \frac{1}{n}\sum_{i=1}^{n}y_i$$

样本相关系数 r 为总体相关系数 ρ 的最大似然估计量。

相关系数 r 具有如下性质：

① $-1 \leqslant r \leqslant 1$，$r$ 绝对值越大，表明变量之间的相关程度越强。

② $0 < r \leqslant 1$，表明变量之间存在正相关；若 $r = 1$，则表明变量之间存在着完全正相关的关系。

③ $-1 \leqslant r < 0$，表明变量之间存在负相关；$r = -1$，则表明变量之间存在着完全负相关的关系。

④ $r = 0$，表明变量之间无线性相关。

（2）单相关系数的检验

总体相关系数 ρ 的假设检验步骤可分为以下几步：

①提出原假设和备择假设。

$$H_0 : \rho = 0$$
$$H_1 : \rho \neq 0$$

②构造并计算统计量。

$$T = \frac{r\sqrt{n-2}}{1-r^2} \sim t(n-2) \tag{5-2-3}$$

其中，r 为样本变量间相关系数，n 为样本观测个数。

③比较 p 值和显著性水平 a，做出统计决策。

计算得出 p 值，若 p 值小于显著性水平，则拒绝原假设，即认为两个变量之间的相关关系显著；否则，接受原假设，即认为变量之间不存在显著相关性。此外，研究表明，通常情况下，当 $|r| < r_{0.1}$ 时，认为两要素不相关，这时的样本相关系数不能反映要素之间的关系。

2）多要素间的偏相关程度的测定

地理系统是一种多要素的复杂巨系统，其中一个要素的变化必然影响到其他各要素的变化。在多要素所构成的地理系统中，当研究某一个要素对另外一个要素的影响或者相关程度时，把其他要素的影响视为常数（保持不变），即暂时不考虑其他要素的影响，而单独研究两个要素之间的相互关系的密切程度时，则称为偏相关，也称净相关。用以度量偏相关的统计量，称为偏相关系数。

（1）偏相关系数的计算

假如有 g 个控制变量，则称为 g 阶偏相关。一般的，假设有 $n(n>2)$ 个变量 X_1，X_2，$\cdots$，X_n，则任意两个变量 X_iX_j 的 g 阶样本偏相关公式为

$$r_{ij-l_1l_2\cdots l_g} = \frac{r_{ij-l_1l_2\cdots l_{g-1}} - r_{il_g-l_1l_2\cdots l_{g-1}} r_{jl_g-l_1l_2\cdots l_{g-1}}}{\sqrt{(1-r^2_{il_g-l_1l_2\cdots l_{g-1}})(1-r^2_{jl_g-l_1l_2\cdots l_{g-1}})}} \tag{5-2-4}$$

其中，式（5-2-4）右边均为 $g-1$ 阶的偏相关系数，而 l_1，l_2，$\cdots$，l_n 为自然数从 1 到 n 除去 i 和 j 的不同组合。

偏相关系数 r 具有如下性质：

① $-1 \leq r \leq 1$，r 绝对值越大，表明变量之间的偏相关程度越强。

② $0 < r \leq 1$，表明变量之间存在正相关。

③ $-1 \leq r < 0$，表明变量之间存在负相关。

④ 偏相关系数的绝对值必小于或最多等于由同一系列资料所求得的负相关系数。

（2）偏相关系数的显著性检验

偏相关假设检验过程如下：

①提出原假设和备择假设。

$$H_0 : \rho = 0$$
$$H_1 : \rho \neq 0$$

②构造并计算统计量。

偏相关用到的统计量为 t 统计量，其数学定义公式为：

$$t = r\sqrt{\frac{n-g-2}{1-r^2}} \sim t(n-g-2) \qquad (5\text{-}2\text{-}5)$$

其中，r 为偏相关系数，n 为样本数，g 为阶数。

③选取恰当的显著性水平，做出统计决策。

若 p 值小于显著性水平，则拒绝原假设，即认为两个变量之间的偏相关关系显著；否则，接受原假设，即认为变量之间偏相关关系不显著。

5.2.2　江浙地区茶园土壤指标相关性分析

对研究区茶园土壤 pH、有机质（SOM）、速效氮（AN）、速效磷（AP）、速效钾（AK）以及重金属铜（Cu）、锌（Zn）、镉（Cd）、砷（As）、硒（Se）进行单相关性分析。统计结果表明，①研究区茶园土壤硒最为活跃，与土壤 pH、有机质及重金属铜、锌、镉、砷均表现出 1%水平下极显著的相关关系。其中与 pH、铜、锌表现为极显著负相关，相关系数分别为−0.344、−0.321、−0.288，表明酸性土壤更利于硒的储存，同时硒与铜、锌之间有极小的共同来源的可能性，甚至可能存在较强的拮抗作用；而与有机质、镉、砷表现为极显著正相关，相关系数分别为 0.477、0.334、0.361，表明土壤有机质有助于硒的储存，硒与镉、砷在来源、富集、迁移等方面具有相似的地球化学行为，且硒极易与镉、砷在土壤中共存。②有机质与 pH 表现为 1%水平下极显著负相关，相关系数为−0.454，表明酸性土壤有利于有机质的储存；而与速效氮、速效钾表现为 5%水平下的显著正相关，与重金属镉表现为 1%水平下极显著正相关，相关系数分别为 0.156、0.167、0.268，表明有机质对土壤中速效氮、速效钾以及重金属镉的储存有促进作用。③速效钾与速效磷、铜、镉均表现为 5%水平下的显著正相关，且相关系数均为 0.160，表明速效钾与速效磷、铜、锌易共存，且与速效磷可能具有相似的来源。④铜、锌因均对硫表现出较强的亲和力而被称为亲硫元素，具有某些相似属性，而铜、锌表现为 1%水平下极显著正相关，相关系数为 0.414，表明茶园土壤铜、锌极易共存，且具有相似的来源，因此在治理污染问题时可考虑协同治理。

⑤土壤砷与 pH 表现为 1%水平下极显著负相关，相关系数为–0.206，表明酸性土壤对砷具有较强的吸附作用，因此土壤砷污染问题可通过适当调整土壤酸碱性来加以缓解。

用偏相关分析法将其他因子的影响剔除，可表达两因子之间真实的相关程度。统计结果表明：①土壤硒与 pH 表现为 5%水平下显著负相关，与铜、锌表现为 1%水平下的极显著负相关，与有机质、砷呈 1%水平下极显著正相关，与镉表现为 5%水平下显著正相关，相关系数分别为–0.173、–0.305、–0.282、0.306、0.384、0.173。与单相关相比，硒与各指标间偏相关系数的符号没有改变，但绝对值大小有所改变，表明变量之间相关关系确实受到其他要素不同程度的影响。其中，土壤硒与 pH、有机质、铜、锌之间的相关关系均受到其他要素综合同向作用的影响，因此剔除其他要素影响后的偏相关系数绝对值均小于单相关系数绝对值，即相关程度有所减小；而硒与砷的偏相关系数较单相关系数有所增大，表明硒与砷之间的相关关系受到其他要素综合反向作用的影响，因此剔除其他要素影响后的偏相关系数绝对值大于单相关系数绝对值，即相关程度有所增强；此外，单相关系数显示硒与镉表现为 1%水平下极显著正相关，但偏相关系数显示硒与镉表现为 5%显著相关关系，相关关系的显著性有所降低，表明单相关关系分析中硒与镉之间的相关关系受到其他要素综合同向较强作用的影响。②有机质与 pH 表现为 1%水平下极显著负相关，与速效钾表现为 5%水平下显著正相关，与重金属镉表现为 1%水平下极显著正相关，相关系数分别为–0.338、0.160、0.233，与速效氮并未再次表现出显著相关关系。因此，相比单相关，除速效氮外，有机质与各指标间相关系数的符号均未改变，而相关系数绝对值均有所减小，表明有机质与各指标间的相关关系均受到其他要素综合同向作用的影响；而有机质与速效氮之间的显著相关关系也是由其他要素综合作用所致，而非二者自身相关作用。③速效钾与速效磷以及重金属铜均表现为 5%水平下显著正相关，相关系数分别为 0.228、0.185，与重金属镉未表现出显著相关关系。相比单相关，相关系数符号未改变，但绝对值有所增大，且与速效磷显著性明显增强，表明速效钾与速效磷及重金属铜之间的相关系受到其他要素综合反向作用的影响，因此剔除其他要素影响后，相关程度有所增强。同理速效钾与重金属镉的相关性也是由其他要素综合作用导致的。④铜、锌之间表现为 1%水平下极显著正相关，相关系数为 0.338。与单相关相比，相关系数符号未改变，但数值有减小，表明铜、锌之间相关关系也受到一定程度的其他要素综合同向作用的影响。⑤土壤砷与 pH 之间的相关系数–0.206 变为–0.167，显著性由 1%水平下极显著负相关变为 5%水平下显著负相关，表明土壤砷与 pH 间的相关性主要是由其他要素综合同向作用的影响。研究区土壤指标相关系数见表 5-2-1。

表 5-2-1　研究区土壤各指标间相关系数

指标	pH	SOM	AN	AP	AK	Cu	Zn	Cd	As	Se
pH	1	−0.338**	−0.020	−0.062	0.065	0.068	−0.065	0.181*	−0.167*	−0.173*
SOM	−0.454**	1	0.075	−0.118	0.160*	−0.001	0.119	0.233**	0.086	0.306**
AN	−0.082	0.156*	1	−0.054	0.119	−0.047	0.066	−0.065	0.025	−0.035
AP	0.013	−0.139	−0.041	1	0.228**	0.018	−0.103	−0.085	−0.031	−0.015
AK	−0.025	0.167*	0.087	0.160*	1	0.185*	−0.016	0.131	−0.026	0.070
Cu	0.080	−0.098	0.040	0.019	0.160*	1	0.338**	−0.080	0.046	−0.305**
Zn	0.106	0.025	0.098	−0.112	0.023	0.414**	1	0.088	0.145	−0.282**
Cd	0.037	0.268**	−0.052	−0.073	0.160*	−0.126	0.054	1	−0.144	0.173*
As	−0.206**	0.098	0.000	−0.005	0.007	0.047	−0.015	0.002	1	0.384**
Se	−0.344**	0.477**	−0.018	−0.039	0.121	−0.321**	−0.288**	0.334**	0.361**	1

注：① "*" 表示5%水平下显著相关，"**" 表示1%水平下极显著相关；

②左下为单相关系数，$r_{0.05}=0.155$，$r_{0.01}=0.203$；右上为偏相关系数，$r_{0.05}=0.159$；$r_{0.01}=0.208$

5.3　江浙地区茶园土壤指标空间分异分析

5.3.1　地统计法

地统计学（geostatistics，亦称地质统计学）是 20 世纪 60 年代由法国著名统计学家 Matheron 创立的一门新的统计学分支，因为它首先是在采矿学、地质学等地学领域中应用和发展，所以称为地统计学。Matheron 首先采用了"地统计学"一词，并将其定义为："地统计学即以随机函数的形式体系在勘查与估计自然现象中的应用"。之后，一些地统计学工作者将其概念修订为："地统计学是以区域化变量理论为基础，以变异函数为主要工具，研究在空间分布上既有随机性又有结构性，或空间相关和依赖性的自然现象的科学"（刘爱利等，2012；侯景儒和郭光裕，1993；Issaks and Srivastava，1989；王仁铎和胡光道，1988；Webster，1985）。

地统计学主要包含三个方面内容：

1）区域化变量理论

区域化变量也称为区域化随机变量，它与普通的随机变量不同，普通随机变量的取值符合某种概率分布，而区域化随机变量则根据其在一个区域内的位置不同而取值，即它是与位置有关的随机函数。数学上，一个区域化变量（简记为 Rev）是空间点 x 的函数，在三维空间中 x 的坐标为（u,v,w）。事实上，许多区域化变量在空间上有很大的变异性，很难用一个确定性函数来刻画它的数学特性。随机函数的概念引入地质统计学，用于处理既有结构性又有随机性的地质特征。一个随机函数（缩写 RF）表述如下：①在任意点 x 处 $z(x)$ 为一个随机变量；②点 x_1、x_2 处的随机变量 $z(x_1)$、$z(x_2)$ 通常是不独立的。

区域化变量具有两个最显著也是最重要的特征，即随机性与结构性。一方面，区域化变量是随机函数，它具有局部的、随机的、异常的特征；另一方面，区域化变量具有结构性，即在空间位置上相邻的两个点具有某种程度的自相关性。

2）变异函数

变异函数（又称半变异函数，也称半方差函数）是地统计学所特有的基本工具，它既能描述区域化变量的结构性变化，又能描述其随机性变化，能反映随距离而变化的空间变异程度，并且是许多地统计学计算的基础（刘爱利等，2012）。假设区域变量 $Z(x)$ 满足（准）二阶平稳条件或（准）内蕴假设，h 为两样本点间向量，$Z(x_i)$ 与 $Z(x_i+h)$ 分别是 $Z(x)$ 在空间位置 x_i 和 x_i+h 上的观测值[$i=1,2,\cdots,N(h)$]，则计算实验变异函数的公式为

$$r^*(h) = \frac{1}{2N(h)} \sum_{i=1}^{N(h)} [Z(x_i) - Z(x_i + h)]^2 \qquad (5\text{-}3\text{-}1)$$

其中，$r^*(h)$ 为实验变异函数；$N(h)$ 为样点对的个数。

变异函数在原点处的性状可分为有基台值模型和无基台值模型，每种类型反映了区域化变量不同程度的空间连续性。

有基台值模型包括纯块金效应模型、球状模型、指数模型、高斯模型、线性有基台值模型等。

（1）纯块金效应模型

纯块金效应模型（pure nugget effect model）函数公式为

$$\gamma(h) = \begin{cases} 0, & h = 0 \\ C_0, & h > 0 \end{cases} \qquad (5\text{-}3\text{-}2)$$

此时区域化变量为随机分布，当 $h=0$ 时，变异函数为 0；当 $h>0$ 时，变异函数等于先验方差，即空间相关性不存在（图 5-3-1）。

（2）球状模型

球状模型（spherical model）函数公式为

$$\gamma(h) = \begin{cases} 0, & h = 0 \\ C_0 + C(\dfrac{3}{2} \cdot \dfrac{h}{a} - \dfrac{1}{2} \cdot \dfrac{h^3}{a^3}), & 0 < h \leqslant a \\ C_0 + C, & h > a \end{cases} \qquad (5\text{-}3\text{-}3)$$

其中，C_0 为块金常数，a 为变程，C 为拱高，$C_0 + C$ 为基台值（图 5-3-2）。该模型在原点处（$h = 0$）切线斜率为 $3C/2a$，切线到达 C 的距离为 $2a/3$。对模型作均值为 0、方差为 1 的标准化后，则 $Var[Z(x)] = \gamma(\infty) = 1 = C$，$C_0 = 0$，称之为标准球状模型（图 5-3-3）。

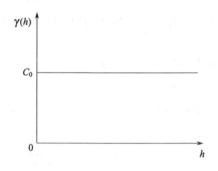

图 5-3-1　纯块金效应模型

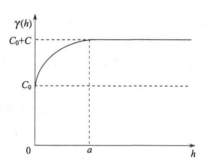

图 5-3-2　球状模型

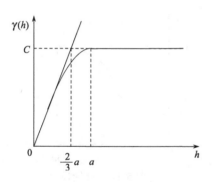

图 5-3-3　标准球状模型

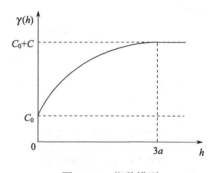

图 5-3-4　指数模型

（3）指数模型

指数模型（exponential model）的一般公式为

$$\gamma(h) = \begin{cases} 0, & h = 0 \\ C_0 + C(1 - e^{-\frac{h}{a}}), & h > 0 \end{cases} \qquad (5\text{-}3\text{-}4)$$

其中，C_0 为块金常数，C 为拱高，$C_0 + C$ 为基台值。由于 $h = 3a$ 时，$\gamma(h) \approx C_0 + C$，所以该模型变程约为 $3a$（图 5-3-4）。同样，当 $C_0 = 0$，$C = 1$ 时，称为标准指数

模型（图 5-3-5）。

（4）高斯模型

高斯模型（Gaussian model）的一般公式为

$$\gamma(h) = \begin{cases} 0, & h = 0 \\ C_0 + C(1 - e^{\frac{-h^2}{a^2}}), & h > 0 \end{cases} \quad (5\text{-}3\text{-}5)$$

其中，C_0 为块金常数，C 为拱高，$C_0 + C$ 为基台值。由于当 $h = \sqrt{3}a$ 时，$1 - e^{\frac{-h^2}{a^2}} = 1 - e^{-3} \approx 0.95 \approx 1$，即当 $h = \sqrt{3}a$ 时，$\gamma(h) \approx C_0 + C$，所以该模型的变程约为 $\sqrt{3}a$（图 5-3-6）。同样，当 $C_0 = 0$, $C = 1$ 时，称为标准高斯模型（图 5-3-7）。

（5）线性有基台值模型

线性有基台值模型（linear with sill model）的一般公式为

$$\gamma(h) = \begin{cases} C_0, & h = 0 \\ Ah, & 0 < h \leqslant a \\ C_0 + C, & h > a \end{cases} \quad (5\text{-}3\text{-}6)$$

其中，C_0 为块金常数，C 为拱高，$C_0 + C$ 为基台值，a 为变程，A 为常数，表示直线斜率（图 5-3-8）。

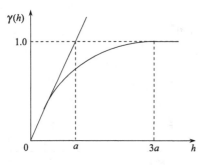

图 5-3-5　标准指数模型

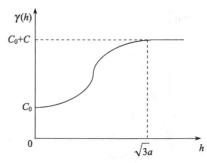

图 5-3-6　高斯模型

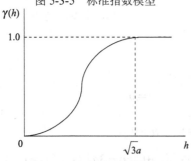

图 5-3-7　标准高斯模型

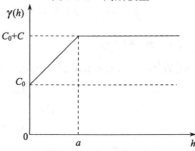

图 5-3-8　线性有基台值模型

无基台值模型包括线性无基台值模型、幂函数模型、对数模型等。

（1）线性无基台值模型

线性无基台值模型（linear without sill model）一般公式为

$$\gamma(h) = \begin{cases} C_0, & h = 0 \\ Ah, & h > 0 \end{cases} \qquad (5\text{-}3\text{-}7)$$

其中，C_0 为块金常数，A 为常数，表示直线斜率。此时，基台值不存在，没有变程（图 5-3-9）。

（2）幂函数模型

幂函数模型（power model）一般公式为

$$\gamma(h) = Ah^{\theta}, 0 < \theta < 2 \qquad (5\text{-}3\text{-}8)$$

其中，θ 为幂指数，其他参数含义与上述相同。当 θ 变化时，这种模型可以反映变异函数在原点附近的各种形状。但是，θ 必须小于 2，当 $\theta \geq 2$，函数不再是一个条件非负定函数，即 h^{θ} 不能成为一个变异函数（图 5-3-10）。

（3）对数模型

对数模型（logarithmic model）一般公式为

$$\gamma(h) = A \lg h \qquad (5\text{-}3\text{-}9)$$

显然，当 $h \to 0$，$\lg h \to -\infty$，这与变异函数的性质 $\gamma(h) \geq 0$ 不符，因此对数模型不能描述点支撑上的区域化变量结构（图 5-3-11）。

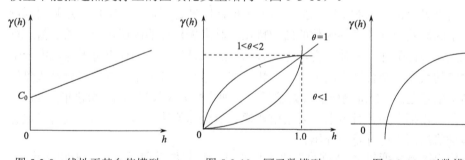

图 5-3-9　线性无基台值模型　　图 5-3-10　幂函数模型　　图 5-3-11　对数模型

此外，变异函数拟合产生的参数（如块金值、基台值、块金系数、变程等）可以用来表示区域化变量在一定尺度上的空间变异和相关程度（刘爱利等，2012；谭万能等，2005；张鹏岩等，2013；郭旭东等，2000；张义辉等，2010）。

其中，块金值 C_0 代表随机变异的量，反映由实验误差等随机因素共同引起的变异。其主要来源有两种：一是微观结构，即区域化变量在小于抽样尺度 h 时所具有的变异性，当样点间的距离大于微观结构的范围，或采样点样品的大小大于微观结构的范围就会出现块金效应；二是采样、测量和分析等的误差。

基台值 $C_0 + C$ 代表变量空间变异的结构性方差，基台值越高，系统总的异质性越高，基台值大小反映了区域化变量变化幅度的大小，即反映区域化变量在研究范围内变异强度。

块金值与基台值的比值是块金系数 $C_0 / (C_0 + C)$ 是随机性部分引起的空间变异性占系统总变异的比例。块金系数大于 0.75 时表明土壤属性空间相关性很弱，块金系数在 0.25~0.75 之间表明土壤属性具有中等的空间相关性，块金系数小于 0.25 时表明土壤属性具有强烈的空间相关性。

变程 a 是指变异函数达到基台值所对应的距离，它反映的是属性因子空间自相关范围的大小，也可以说变程是区域化变量空间变异尺度或空间自相关尺度。

3）克里金插值

克里金插值法（Kriging）又称为空间局部估计或空间局部插值法，是建立在变异函数理论及结构分析基础上，在有限区域内对区域化变量的取值进行无偏最优估计的一种方法，是地统计学的主要内容之一，主要类型有：普通克里金法（Ordinary Kriging）、泛克里金法（Universal Kriging）、协同克里金法（Co-Kriging）、对数正态克里金发（Logistic Normal Kriging）、指示克里金法（Indicator Kriging）、析取克里金法（Disjunctive Kriging）等。其中，普通克里金插值法（Ordinary Kriging）是最常用的插值方法。

如果变异函数和相关分析的结果表明区域化变量存在空间相关性，那么就可以运用克里金插值法对空间未抽样点或未抽样区域进行估计。实质上是利用区域化变量的原始数据和变异函数的结构特点，对未采样点的区域化变量的取值进行线性无偏最优估计。具体而言，克里金插值法就是根据待测样点有限邻域内若干已测定的数据，结合样点的大小、形状、空间相互位置关系，以及变异函数提供的结构信息之后，对待测样点数据进行的一种线性无偏最优估计（徐建华，2002）。

由于篇幅所限，且本书主要采用普通克里金插值法，因此，本书仅对普通克里金插值法原理进行重点介绍。

假设区域化变量 $Z(x)$ 满足二阶平稳假设，且其数学期望为 m （未知常数），协方差函数 $C(h)$ 及变异函数 $\gamma(h)$ 存在且平稳。

待估块段 V 的中心点为 x_0，平均值为 $Z_V(x_0)$，则有

$$Z_V(x_0) = \frac{1}{V} \int_V Z(x)dx \qquad (5\text{-}3\text{-}10)$$

假设在待估块段 V 的邻域有 n 个已知样点 $x_i(i = 1, 2, \cdots, n)$，其实测值为 $Z(x_i)(i = 1, 2, \cdots, n)$，待估块段 V 的真实值是由邻域的 n 个信息值，与一组权重系数 $\lambda_i(i = 1, 2, \cdots, n)$ 的加权平均值而求得，即：

$$Z_V^*(x_0) = \sum_{i=1}^n \lambda_i Z(x_i) \tag{5-3-11}$$

为使得 $Z_V^*(x_0)$ 为 $Z_V(x_0)$ 的线性无偏估计量，需求出权重系数 $\lambda_i (i=1,2,\cdots,n)$。为此，要满足以下两个条件。

（1）无偏性条件

要使 $Z_V^*(x_0)$ 成为 $Z_V(x_0)$ 的无偏估计量，即 $E[Z_V^*(x_0)] = E[Z_V(x_0)]$。当 $E[Z_V^*(x_0)] = m$ 时，也就是当 $E[\sum_{i=1}^n \lambda_i Z(x_i)] = \sum_{i=1}^n \lambda_i E[Z(x_i)] = m$ 时，有

$$\sum_{i=1}^n \lambda_i = 1 \tag{5-3-12}$$

这时，在权系数之和为 1 的条件下，估计是无偏的。

（2）最优性条件

在满足无偏性条件下，估计方差公式为

$$\sigma_E^2 = \bar{C}(V,V) + \sum_{i=1}^n \sum_{j=1}^n \lambda_i \lambda_j \bar{C}(v_i,v_j) - 2\sum_{i=1}^n \lambda_i \bar{C}(v_i,V) \tag{5-3-13}$$

为使估计方差最小，根据拉格朗日乘数原理，建立拉格朗日函数 F：

$$F = \sigma_E^2 - 2\mu(\sum_{i=1}^n \lambda_i - 1) \tag{5-3-14}$$

求出函数 F 对 n 个权系数 λ_i 的偏导数，并令其为 0，建立方程组：

$$\begin{cases} \dfrac{\partial F}{\partial \lambda_i} = 2\sum_{j=1}^n \lambda_j \bar{C}(v_i,v_j) - 2\bar{C}(v_i,V) - 2\mu = 0 \\ \dfrac{\partial F}{\partial \mu} = -2(\sum_{i=1}^n \lambda_i - 1) = 0 \end{cases} \tag{5-3-15}$$

整理后得

$$\begin{cases} \sum_{j=1}^n \lambda_i \bar{C}(v_i,v_j) - \mu = \bar{C}(v_i,V) \\ \sum_{i=1}^n \lambda_i = 1 \end{cases} \tag{5-3-16}$$

求出权重系数 λ_i 和拉格朗日乘数 μ，并代入式（5-3-13），计算得估计方差 σ_E^2，有

$$\sigma_E^2 = \bar{C}(V,V) - \sum_{i=1}^n \lambda_i \bar{C}(v_i,V) + \mu \tag{5-3-17}$$

在变异函数存在的条件下，根据协方差与变异函数的关系为 $C(h) = C(0) - \gamma(h)$，将其代入普通克里金方程组和普通克里金估计方差公式，可得变异函数表达的普通克里金方程组及普通克里金估计方差公式，即：

$$\begin{cases} \sum_{j=1}^{n} \lambda_j \, \overline{\gamma}(v_i, v_j) + \mu = \overline{\gamma}(v_i, V) \\ \sum_{i=1}^{n} \lambda_i = 1 \end{cases} \tag{5-3-18}$$

$$\sigma_K^2 = \sum_{i=1}^{n} \lambda_i \, \overline{\gamma}(v_i, V) - \overline{\gamma}(V, V) + \mu \tag{5-3-19}$$

上述过程也可用矩阵形式表达，令

$$\boldsymbol{K} = \begin{bmatrix} \overline{C}_{11} & \overline{C}_{12} & \cdots & \overline{C}_{1n} & 1 \\ \overline{C}_{21} & \overline{C}_{22} & \cdots & \overline{C}_{2n} & 1 \\ \vdots & \vdots & & \vdots & \vdots \\ \overline{C}_{n1} & \overline{C}_{n2} & \cdots & \overline{C}_{nn} & 1 \\ 1 & 1 & \cdots & 1 & 0 \end{bmatrix}, \quad \boldsymbol{\lambda} = \begin{bmatrix} \lambda_1 \\ \lambda_2 \\ \vdots \\ \lambda_n \\ -\mu \end{bmatrix}, \quad \boldsymbol{D} = \begin{bmatrix} \overline{C}(v_1, V) \\ \overline{C}(v_2, V) \\ \vdots \\ \overline{C}(v_n, V) \\ 1 \end{bmatrix}$$

则普通克里金方程组为

$$\boldsymbol{K\lambda} = \boldsymbol{D} \tag{5-3-20}$$

其方程组的解 $\boldsymbol{\lambda}$ 为

$$\boldsymbol{\lambda} = \boldsymbol{K}^{-1}\boldsymbol{D} \tag{5-3-21}$$

其中，$\boldsymbol{K}$ 为普通克里金矩阵，其值与已知样本值有关，且为对称矩阵。

普通克里金方差矩阵公式为

$$\sigma_K^2 = \overline{C}(V, V) - \boldsymbol{\lambda}^{\mathrm{T}}\boldsymbol{D} \tag{5-3-22}$$

矩阵形式也可以用变异函数形式表达，令

$$\boldsymbol{K} = \begin{bmatrix} \overline{\gamma}_{11} & \overline{\gamma}_{12} & \cdots & \overline{\gamma}_{1n} & 1 \\ \overline{\gamma}_{21} & \overline{\gamma}_{22} & \cdots & \overline{\gamma}_{2n} & 1 \\ \vdots & \vdots & & \vdots & \vdots \\ \overline{\gamma}_{n1} & \overline{\gamma}_{n2} & \cdots & \overline{\gamma}_{nn} & 1 \\ 1 & 1 & \cdots & 1 & 0 \end{bmatrix}, \quad \boldsymbol{\lambda} = \begin{bmatrix} \lambda_1 \\ \lambda_2 \\ \vdots \\ \lambda_n \\ \mu \end{bmatrix}, \quad \boldsymbol{D} = \begin{bmatrix} \overline{\gamma}(v_1, V) \\ \overline{\gamma}(v_2, V) \\ \vdots \\ \overline{\gamma}(v_n, V) \\ 1 \end{bmatrix}$$

$$\boldsymbol{K\lambda} = \boldsymbol{D} \tag{5-3-23}$$

$$\boldsymbol{\lambda} = \boldsymbol{K}^{-1}\boldsymbol{D} \tag{5-3-24}$$

普通克里金估计方差可表达为

$$\sigma_K^2 = \lambda^{\mathrm{T}} \boldsymbol{D} - \bar{\gamma}(V,V) \tag{5-3-25}$$

5.3.2　江浙地区典型茶园土壤指标空间分异

1）土壤有机质空间分异特征

（1）土壤有机质正态性检验

地统计学要求所分析数据符合正态分布。因此，在空间分析前要对土壤指标特征值数据进行 Kolmogorov-Smirnov 正态分布检验（简称 K-S 检验），若数据服从正态分布（即 $P_{K-S} > 0.05$）则可进行地统计学相关分析，否则需进行数据转换以使其符合正态分布。研究首先对土壤指标特征值数据经域法（$\bar{a} \pm 3s$）识别并替换异常值后进行正态分布检验。本研究 K-S 检验结果显示，四个研究区土壤有机质均在 5%显著性水平下服从正态分布，因此，可进行地统计学相关分析。研究区土壤有机质正态性检验参数见表 5-3-1。

表 5-3-1　研究区土壤有机质正态性检验

指标	天目湖	东山镇	龙井村	溪龙乡
P_{K-S} 值	0.444	0.832	0.426	0.247
检验结果	正态分布	正态分布	正态分布	正态分布

（2）土壤有机质空间变异特征

对研究区茶园土壤有机质含量进行变异函数分析，结果显示：①研究区土壤有机质的块金值均大于 0，表明变量本身存在着因采样误差、短距离变异、随机和固有变异等引起的各种正基底效应。此外，土壤有机质的块金值均较小，基台值明显大于块金值，表明由采样误差、施肥管理等随机因素引起的变异较小，而由土壤母质、地形地貌、土壤类型等结构性因素引起的变异较大。②研究区土壤有机质的块金系数都小于 0.25，均表现为强烈的空间相关性，且空间相关性由强到弱依次为：溪龙乡>龙井村>天目湖>东山镇，其块金系数分别为：0.115、0.132、0.151、0.192。③研究区土壤有机质的变程，即空间最大相关距离分别为：2.900km、1.351km、0.335km、0.488km，均大于采样距离，能够满足空间分析的需要。其中，天目湖和东山镇有机质表现为较大尺度下的空间自相关性，而龙井村和溪龙乡则表现为较小尺度下的空间自相关性。④研究区土壤有机质变异函数的决定系数分别为：0.860、0.653、0.583、0.583，均大于 0.5，且残差较小，表明在相应理论模型下拟合效果较好，能够较精确反映土壤有机质的空间变异性，可进行克里金插值分析。研究区土壤有机质变异函数拟合参数见表 5-3-2。

表 5-3-2　土壤有机质变异函数拟合参数

研究区 Area	块金值 C_0	基台值 C_0+C	块金系数 $C_0/(C_0+C)$	变程 a /km	决定系数 R^2	残差 RSS	理论模型 Model
天目湖	0.311	2.053	0.151	2.900	0.860	3.210E-01	Exponential
东山镇	0.023	0.120	0.192	1.351	0.653	2.717E-03	Gaussian
龙井村	0.006	0.046	0.132	0.335	0.583	1.983E-04	Spherical
溪龙乡	0.026	0.227	0.115	0.488	0.583	1.540E-02	Gaussian

（3）土壤有机质空间分布特征

在土壤有机质空间变异特征分析的基础上，利用普通克里金插值法对研究区茶园土壤有机质区域化变量的取值进行估计，并在 ArcGIS9.3 中提取 GDEM30m 分辨率的 DEM 数据等高线，进一步分析研究区茶园土壤有机质含量空间分布特征。

从面状性上看，天目湖、溪龙乡呈团块状分布，而东山镇和龙井村则呈一定程度不规则斑状分布。从方向性上分看，天目湖大致呈现由中部向东西两侧递减的趋势，东山镇大致呈现由中部向四周递减的趋势，龙井村大致呈现南高北低的趋势，而溪龙乡为在中部和西部洼地低而四周高的趋势。

结合全国第二次土壤普查有机质分级标准，各研究区土壤有机质含量等级分布状况明显不同。天目湖土壤有机质处于四级到二级水平，其中，二级水平区域面积仅占 1.14%，分布在天目湖西南侧局部地区；三级水平区域面积占 69.36%，主要分布在中部地区；四级水平区域面积占 29.50%，分布在东西两侧地势较低的地区。东山镇土壤有机质处于四级到三级水平，其中，三级水平区域面积占比为 60.78%，广泛分布在中部地区和东北局部地区；四级水平区域面积占比为 39.22%，分布在西北、东部和西南局部地区。龙井村土壤有机质处于三级到一级水平，其中，一级水平区域面积占 8.59%，分布在东北和南部极少数地区；二级水平区域面积占 82.98%，广泛分布在研究区整个区域内，此外，在二级水平范围内，30~35g/kg 的区域面积占研究区总面积的 49.45%，而 35~40mg/kg 的区域面积占总面积的 33.53%；三级水平区域面积占 8.43%，分布在东南局部地区。溪龙乡土壤有机质等级跨四级到一级水平，其中，一级水平区域面积占比为 10.81%，主要分布在东南部海拔在 105~350m 的破面上以及中部海拔小于 70m 交通要道附近；二级水平区域面积占比为 44.47%，包括 30~35mg/kg 范围的面积占 22.96%、35~40mg/kg 范围的面积占 21.51%，广泛分布在中部及东部大部分地区；三级水平区域面积占比为 38.08%，主要分布在北部和西部地势海拔较低的地区；四级水平区域的面积占比仅为 6.64%，分布在西北极少局部地区。克里金插值结果表明，浙江省茶园土壤有机质含量整体水平高于江苏省，更利于茶叶的种植和生产，这与描述性统计分析的结果是一致的。研究区土壤有机质空间插值图见图 5-3-12。

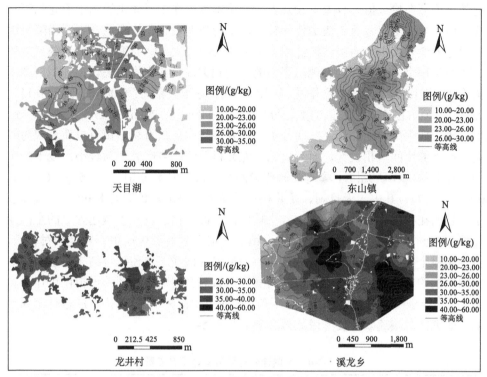

图 5-3-12　土壤有机质空间插值图

2）土壤速效氮空间分异特征

（1）土壤速效氮正态性检验

对土壤速效氮含量经域法 $(\bar{a} \pm 3s)$ 识别并替换异常值后进行 K-S 正态分布检验。结果显示，四个研究区土壤速效氮均在 5%显著性水平下服从正态分布，因此，可进行地统计学相关分析。研究区土壤速效氮正态性检验参数见表 5-3-3。

表 5-3-3　研究区土壤速效氮正态性检验

指标	天目湖	东山镇	龙井村	溪龙乡
$P_{\text{K-S}}$ 值	0.323	0.880	0.345	0.363
检验结果	正态分布	正态分布	正态分布	正态分布

（2）土壤速效氮空间变异特征

对研究区茶园土壤速效氮含量进行变异函数分析，结果显示：①研究区土壤速效氮均存在块金值，且大于 0，表明变量本身存在由于随机等因素引起的正基底效应。且土壤速效氮的块金值均较小，基台值明显大于块金值，表明由随机因素引起的变异较小，而由结构性因素引起的变异较大。②研究区土壤速效氮的块金系数也都小于 0.25，均表现出强烈的空间相关性，其空间相关性由强到弱顺序依次为：天目湖>溪龙乡>龙井村>东山镇，块金系数分别为：0.060、0.068、0.113、0.221。③研究区土壤速效氮的变程分别为：0.504km、1.120km、0.450km、0.550km，均大于采样距离，能够满足空间分析的需要。其中，只有东山镇有机质表现为较大尺度下的空间自相关性，而天目湖、龙井村及溪龙乡则表现为较小尺度下的空间自相关性。④研究区土壤速效氮变异函数的决定系数分别为：0.515、0.491、0.579、0.774，其中，天目湖、龙井村、溪龙乡的决定系数均大于 0.5，且残差较小，表明在相应理论模型下拟合效果较好，能够较精确反映土壤速效氮的空间变异性，可进行克里金插值分析；而东山镇的决定系数小于 0.5，拟合精度相对较低，主要是极个别速效氮的变异函数真实值偏离拟合曲线，致使拟合结果显示模型对空间结构的解释不充分，该种植区的变异函数对空间变异特征的模拟仅可作为参考，且不能进一步对其进行克里金插值，因而东山镇采用 IDW 插值法进行空间预测。研究区土壤速效氮变异函数拟合参数见表 5-3-4。

表 5-3-4　土壤速效氮变异函数拟合参数

研究区 Area	块金值 C_0	基台值 C_0+C	块金系数 $C_0/(C_0+C)$	变程 a /km	决定系数 R^2	残差 RSS	理论模型 Model
天目湖	0.065	1.109	0.060	0.504	0.515	8.800E−01	Gaussian
东山镇	0.040	0.181	0.221	1.120	0.491	7.090E−03	Spherical
龙井村	0.010	7.256	0.113	0.450	0.579	8.680E−00	Gaussian
溪龙乡	0.069	1.014	0.068	0.550	0.774	1.850E−00	Exponential

（3）土壤速效氮空间分布特征

在土壤速效氮空间变异特征分析的基础上，利用普通克里金插值法对天目湖、龙井村、溪龙乡土壤速效氮区域化变量的取值进行估计，利用 IDW 插值法对东山镇土壤速效氮区域变量的取值进行估计，并在 ArcGIS9.3 中提取 GDEM30m 分辨率的 DEM 数据等高线，进一步分析研究区茶园土壤速效氮含量空间分布特征。

从面状性上看，天目湖、龙井村、溪龙乡呈阶梯状分布，而东山镇则呈斑状分布。从方向性上看，天目湖大致呈现由北向南递增的趋势，东山镇大致呈现中部低四周高的趋势，龙井村大致呈现西高东低的趋势，而溪龙乡则由中部向东西两个方向降低的趋势。

　　结合全国第二次土壤普查速效氮分级标准，天目湖土壤速效氮等级跨五级到一级水平，其中，一级水平区域面积仅占0.29%，分布在天目湖西南侧局部地区；二级水平区域面积占16.77%，主要也分布在西南地区；三级水平区域面积占32.52%，分布在东侧、东南侧以及南侧；四级水平区域面积占29.41%，主要分布在中部海拔在20~25m范围的区域内；而五级水平区域面积占21.01%，分布在北偏西区域内。东山镇土壤速效氮等级跨六级到一级水平，其中，大部分区域处于三级水平，面积占比为78.70%，广泛分布在研究区整体区域内；四级水平区域面积占比为15.63%，斑状分布在研究区内；其他级别水平区域面积占比均小于5.00%。龙井村土壤速效氮处于四级到一级水平，其中，一级水平区域面积占2.86%，分布在南部极少部分区域内；二级水平区域面积占51.97%，广泛分布在中部和西部；三级水平区域面积占37.91%，分布在东部和西北部地区；四级水平区域面积占7.26%，分布在东部局部地区。溪龙乡土壤速效氮等级跨四级到一级水平，其中，一级水平区域面积占比仅为3.44%，主要分布在南部地区；二级水

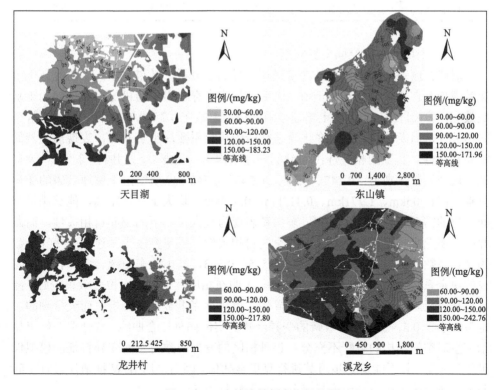

图 5-3-13　土壤速效氮空间插值图

平区域面积占比为 31.43%，主要分布在中部和南部地区；三级水平区域面积占比为 48.73%，主要分布在除东部外二级水平周围地区；四级水平区域面积占比16.40%，分布在东部地区以及西部局部地区。克里金插值结果表明，浙江省茶园土壤速效氮含量整体水平高于江苏省，更利于茶叶的种植和生产，这与描述性统计分析的结果是一致的。研究区土壤速效氮空间插值图见图 5-3-13。

3）土壤速效磷空间分异特征

（1）土壤速效磷正态性检验

对土壤速效磷含量经域法 $(\bar{a} \pm 3s)$ 识别并替换异常值后进行 K-S 正态分布检验。结果显示，四个研究区土壤速效氮均在 5%显著性水平下服从正态分布，因此，可进行地统计学相关分析。研究区土壤速效磷正态性检验参数见表 5-3-5。

表 5-3-5　研究区土壤速效氮正态性检验

指标	天目湖	东山镇	龙井村	溪龙乡
P_{K-S} 值	0.879	0.423	0.097	0.744
检验结果	正态分布	正态分布	正态分布	正态分布

（2）土壤速效磷空间变异特征

对研究区茶园土壤速效磷含量进行变异函数分析，结果显示：①研究区土壤速效磷均存在块金值，且为正值，表明变量本身存在由于随机等因素引起的正基底效应。②天目湖、东山镇土壤速效磷的块金系数在 0.25~0.75 之间，属于中等空间相关性，而龙井村、溪龙乡土壤速效磷的块金系数均小于 0.25，表现出强烈的空间相关性，其空间相关性由强到弱顺序依次为：溪龙乡>龙井村>东山镇>天目湖，块金系数分别为：0.142、0.152、0.343、0.745。③研究区土壤速效磷的变程分别为：1.605km、1.771km、0.413km、0.524km，均大于采样距离，能够满足空间分析的需要。其中，天目湖、东山镇表现为较大尺度下的空间自相关性，而龙井村、溪龙乡表现为较小尺度下的空间自相关性。④研究区土壤速效磷变异函数的决定系数分别为：0.136、0.686、0.555、0.563，其中，东山镇、龙井村、溪龙乡的决定系数均大于 0.5，且残差较小，表明在相应理论模型下拟合效果较好，能够较精确反映土壤速效磷的空间变异性，可进行克里金插值分析；而天目湖的决定系数小于 0.5，极个别速效磷的变异函数真实值偏离拟合曲线，致使拟合结果显示模型对空间结构的解释不充分，该种植区的变异函数对空间变异特征的模拟仅可作为参考，且不能进一步对其进行克里金插值，因而采用 IDW 插值法进行空间预测。研究区土壤速效磷变异函数拟合参数见表 5-3-6。

表 5-3-6　土壤速效磷变异函数拟合参数

研究区 Area	块金值 C_0	基台值 C_0+C	块金系数 $C_0/(C_0+C)$	变程 a /km	决定系数 R^2	残差 RSS	理论模型 Model
天目湖	0.079	0.106	0.745	1.605	0.136	3.999E−01	Linear
东山镇	0.120	0.351	0.343	1.771	0.686	1.170E−02	Spherical
龙井村	0.065	0.428	0.152	0.413	0.555	1.850E−02	Spherical
溪龙乡	0.056	0.392	0.142	0.524	0.563	6.843E−03	Spherical

（3）土壤速效磷空间分布特征

在土壤速效磷空间变异特征分析的基础上，利用 IDW 插值法对天目湖土壤速效磷区域变量的取值进行估计，利用普通克里金插值法对东山镇、龙井村、溪龙乡土壤速效磷区域化变量的取值进行估计，并在 ArcGIS9.3 中提取 GDEM30m 分辨率的 DEM 数据等高线，进一步分析研究区茶园土壤速效磷含量空间分布特征。

从面状性上看，天目湖呈斑状分布，东山镇、溪龙乡则呈明显阶梯状分布，而龙井村则呈不规则团块状分布。从方向性上看，天目湖大致呈现西北高而东南低的趋势，东山镇大致呈现由南向北递增的趋势，龙井村大致呈现中部低两侧高的趋势，而溪龙乡则呈现由西北向四周递减的趋势。

结合全国第二次土壤普查速效磷分级标准，天目湖等级均在三级以上水平，其中，一级水平区域面积占比高达 76.03%，广泛分布在天目湖的大部分区域内，且高值区主要分布在北部和西部区域内；二级水平区域面积占 22.72%，零星分布在研究区内；三级水平区域面积占比仅为 1.25%，分布在二级水平区域范围内侧。东山镇土壤速效磷含量水平较高，整体均达到一级水平，其中，含量高于 70mg/kg 的面积占比为 0.47%，分布在东北部局部地区，含量在 60~70mg/kg 的面积占比为 11.19%，分布在北部海拔在 105~245m 的区域内，含量为 50~60mg/kg 的面积占比为 46.62%，主要分布在东山山脉阴面（山脉北侧），而含量为 40~50mg/kg 的面积占比为 41.72%，主要分布在东山山脉阳面（山脉南侧）。龙井村土壤速效磷含量等级均在二级以上水平，其中，一级水平区域面积占 71.93%，分布在西部、中部及东部地区；而二级水平区域面积占比为 28.07%，分布在北部及东南部局部地区。溪龙乡土壤速效磷等级也均在二级以上水平，其中，一级水平面积占比达到了 89.60%，广泛分布在除东部局部地区外的区域内；而二级水平面积占比仅为 10.40%，分布在东部局部地区，且含量范围均在 30~40mg/kg 范围内。克里金插值结果表明，江浙两省茶园土壤速效磷含量一级水平面积均超过了 70.00%，速效磷整体水平均较高，利于茶叶的种植和生产，这与描述性统计分析的结果是一致的。研究区土壤速效磷空间插值图见图 5-3-14。

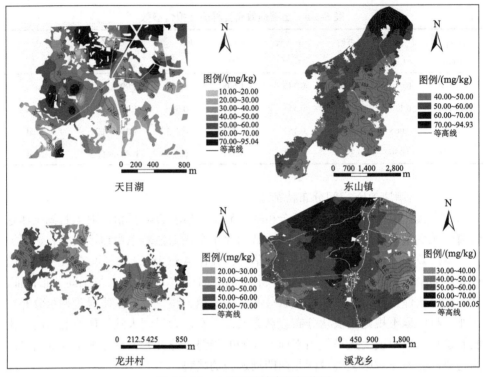

图 5-3-14　土壤速效磷空间插值图

4）土壤速效钾空间分异特征

（1）土壤速效钾正态性检验

对土壤速效钾含量经域法 $(\bar{a} \pm 3s)$ 识别并替换异常值后进行 K-S 正态分布检验。结果显示，四个研究区土壤速效钾均在 5%显著性水平下服从正态分布，因此，可进行地统计学相关分析。研究区土壤速效钾正态性检验参数见表 5-3-7。

表 5-3-7　研究区土壤速效钾正态性检验

指标	天目湖	东山镇	龙井村	溪龙乡
P_{K-S}值	0.973	0.415	0.462	0.844
检验结果	正态分布	正态分布	正态分布	正态分布

（2）土壤速效钾空间变异特征

对研究区茶园土壤速效钾含量进行变异函数分析，结果显示：①研究区土壤速效钾的块金值均大于 0，表明变量本身也存在着因采样误差、短距离变异、随机和固有变异等引起的各种正基底效应。②天目湖、东山镇土壤速效钾的块金系数均在 0.25~0.75 范围内，表现为中等的空间相关性；龙井村土壤速效钾的块金系数大于 0.75，其空间相关性较弱；而溪龙乡土壤速效钾的块金系数小于 0.25，表现为强烈的空间相关性。研究区空间相关性由强到弱依次为：溪龙乡>天目湖>东山镇>龙井村，其块金系数分别为：0.002、0.270、0.404、0.799。③研究区土壤速效钾的变程分别为：0.862km、3.840km、1.806km、0.540km，均大于采样距离，能够满足空间分析的需要。其中，天目湖和溪龙乡速效钾表现为较小尺度下的空间自相关性，而东山镇和龙井村速效钾则表现为较大尺度下的空间自相关性。④研究区土壤速效钾变异函数的决定系数分别为：0.568、0.546、0.189、0.376。其中，天目湖、东山镇速效钾的决定系数大于 0.5，且残差较小，表明在相应理论模型下拟合效果较好，能够较精确反映土壤有机质的空间变异性，可进行克里金插值分析，而龙井村及溪龙乡速效钾的决定系数小于 0.5，模型对空间结构的解释不充分，该种植区的变异函数对空间变异特征的模拟仅可作为参考，且不能进一步对其进行克里金插值，因而采用 IDW 插值法进行空间预测。研究区土壤有机质变异函数拟合参数见表 5-3-8。

表 5-3-8　土壤速效钾变异函数拟合参数

研究区 Area	块金值 C_0	基台值 C_0+C	块金系数 $C_0/(C_0+C)$	变程 a /km	决定系数 R^2	残差 RSS	理论模型 Model
天目湖	0.198	0.732	0.270	0.862	0.568	1.750E−01	Spherical
东山镇	0.435	1.076	0.404	3.840	0.546	2.600E−01	Spherical
龙井村	0.912	1.142	0.799	1.806	0.189	7.310E−01	Linear
溪龙乡	0.001	0.572	0.002	0.540	0.376	1.630E−01	Spherical

（3）土壤速效钾空间分布特征

在土壤速效钾空间变异特征分析的基础上，利用普通克里金插值法对天目湖、东山镇茶园土壤速效钾区域化变量的取值进行估计，利用 IDW 插值法对龙井村和溪龙乡茶园土壤速效钾区域化变量的取值进行估计，并在 ArcGIS9.3 中提取 GDEM30m 分辨率的 DEM 数据等高线，进一步分析研究区茶园土壤速效钾含量空间分布特征。

从面状性上看，天目湖呈不规则团块状分布、东山镇呈带状分布，而龙井村、溪龙乡则呈斑状分布。从方向性上看，天目湖大致呈现由东北-西南向西北和东南两侧降低的趋势，东山镇大致呈现由东北部向两侧递减的趋势，龙井村大致呈现东高西低的趋势，而溪龙乡则未呈现明显规律性变化趋势。

结合全国第二次土壤普查速效钾分级标准，天目湖土壤速效钾处于四级到一级水平，其中，一级水平区域面积占 9.33%，主要分布在天目湖西南侧区域内；二级水平区域面积占 42.34%，主要分布在西南-东北走向；三级水平区域面积占

39.29%，主要分布在西北和东南两侧地区；而四级水平区域面积占 9.04%，分布在西南侧海拔低于 15m 的洼地处。东山镇土壤速效钾处于六级到一级水平，其中，一级水平区域面积占比为 11.08%，分布在东北部山凹处；二级水平区域面积占25.69%，主要分布在东北部一级区域南北两侧；三级水平区域面积占比最大，为33.00%，分别以带状分布在最东北部和中部，及以不规则团块状分布在西南侧和东南侧；四至六级水平则依次向东部海拔在 35~105m 的中心区域递减，面积占比分别为 23.12%、5.57%、1.54%。龙井村土壤速效钾也处于六级到一级水平，其中，三级和四级水平区域面积占比较高，比例分别为：46.69%、40.39%，共计 87.08%，三级水平主要分布在东部地区，而四级水平主要分布在西部地区；其他水平区域面积占比较小，共计 12.92%，一、二级水平分布在三级水平区域内部，五、六级水平分布在四级水平区域内部。溪龙乡土壤速效钾等级跨六级到一级水平，其中，二级水平区域面积占比最大，比例为 50.48%，主要分布在中部由南向北带状分布；其次是三级水平区域面积占比为 37.00%，主要分布在二级水平区域东西两侧；其余等级占比共计 12.52%，一级水平分布在二级水平区域内部，而四至六级水平分布在三级水平区域内部。克里金插值结果表明，江苏省茶园土壤速效钾空间分布呈团块状或带状，规律性较强，而浙江省茶园土壤速效钾空间分布成斑状，规律性较差。研究区土壤速效钾空间插值图见图 5-3-15。

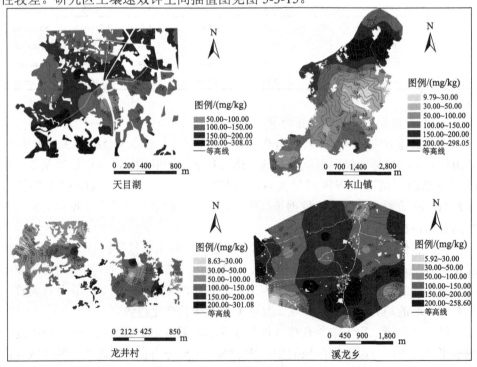

图 5-3-15　土壤速效钾空间插值图

5）土壤铜空间分异特征

（1）土壤铜正态性检验

对土壤铜含量经域法$(\bar{a} \pm 3s)$识别并替换异常值后进行 K-S 正态分布检验。结果显示，四个研究区土壤铜均在 5%显著性水平下服从正态分布，因此，可进行地统计学相关分析。研究区土壤铜正态性检验参数见表 5-3-9。

表 5-3-9　研究区土壤铜正态性检验

指标	天目湖	东山镇	龙井村	溪龙乡
P_{K-S} 值	0.779	0.993	0.982	0.889
检验结果	正态分布	正态分布	正态分布	正态分布

（2）土壤铜空间变异特征

对研究区茶园土壤铜含量进行变异函数分析，结果显示：①研究区土壤铜的块金值均大于 0，表明变量本身存在着因采样误差、短距离变异、随机和固有变异等引起的各种正基底效应。②天目湖土壤铜的块金系数在 0.25~0.75 之间，表现为中等的空间相关性；东山镇、龙井村、溪龙乡土壤铜的块金系数均小于 0.25，均为强烈的空间相关性；研究区土壤铜的空间相关性由强到弱依次为：溪龙乡>龙井村>东山镇>天目湖，其块金系数分别为：0.001、0.060、0.066、0.364。③研究区土壤铜的变程分别为：1.608km、1.710km、0.330km、0.401km，均大于采样距离，能够满足空间分析的需要。其中，天目湖和东山镇土壤铜表现为较大尺度下的空间自相关性，而龙井村和溪龙乡土壤铜则表现为较小尺度下的空间自相关性。④研究区土壤铜变异函数的决定系数分别为：0.500、0.674、0.350、0.667。其中，天目湖、东山镇、溪龙乡的决定系数均大于 0.5，且残差较小，表明在相应理论模型下拟合效果较好，能够较精确反映土壤铜的空间变异性，可进行克里金插值分析；而龙井村的决定系数小于 0.5，拟合精度相对较低，该种植区土壤铜的变异函数对空间变异特征的模拟仅可作为参考，不能进一步对其进行克里金插值，因而采用IDW插值法进行空间预测。研究区土壤铜变异函数拟合参数见表 5-3-10。

（3）土壤铜空间分布特征

在土壤铜空间变异特征分析的基础上，利用普通克里金插值法对天目湖、东山镇、溪龙乡茶园土壤铜区域化变量的取值进行估计，利用 IDW 插值法对龙井村茶园土壤铜区域化变量的取值进行估计，并在 ArcGIS9.3 中提取 GDEM30m 分辨率的 DEM 数据等高线，进一步分析研究区茶园土壤铜含量空间分布特征。

表 5-3-10 土壤铜变异函数拟合参数

研究区 Area	块金值 C_0	基台值 C_0+C	块金系数 $C_0/(C_0+C)$	变程 a /km	决定系数 R^2	残差 RSS	理论模型 Model
天目湖	0.067	0.184	0.364	1.608	0.500	5.610E−03	Linear
东山镇	0.070	1.065	0.066	1.710	0.674	1.510E−01	Spherical
龙井村	0.005	0.083	0.060	0.330	0.350	7.980E−05	Spherical
溪龙乡	0.001	0.975	0.001	0.401	0.667	1.100E−01	Gaussian

从面状性上看，天目湖、龙井村呈不规则团块状分布，而东山镇、溪龙乡则呈斑状分布。从方向性上看，天目湖大致呈现由西北向东南递增的趋势，东山镇大致呈现由西向东递减的趋势，而龙井村和溪龙乡则呈现整体较均匀，局部有突变的趋势。

结合茶园土壤铜环境质量标准，对研究区茶园土壤铜含量空间分布状况进行分析。天目湖土壤铜含量均在标准限值 50mg/kg 范围内，不存在铜污染问题；其中含量在 40~50mg/kg 范围内的区域面积占比最大，为 54.08%，主要分布在除东南部大部分区域；其次是含量在 30~40mg/kg 的范围内的区域，面积占比为 39.14%，主要分布在西部区域内；最后是含量在 20~30mg/kg 范围内的区域，面积占比最小，为 6.78%，分布在西北部局部地区。东山镇土壤铜含量超过标准限值的区域面积共占 41.73%，主要分布在东山山脉左侧（即山阴面），其中含量在 50~60mg/kg 范围内的区域面积占 35.66%，而含量超过 60mg/kg 的区域面积占 6.07%；在标准限值 50mg/kg 范围内，含量在 40~50mg/kg 范围的区域面积占 41.16%，主要分布在东北部地区及中部呈带状沿 50~60mg/kg 区域分布；小于 40mg/kg 的区域面积共占 17.11%，主要分布在中部被 40~50mg/kg 区域包围的地区。龙井村土壤铜含量也均在标准限值范围内，因此也不存在铜污染问题；其中，大部分区域土壤铜含量在 30~40mg/kg 范围内，面积占比高达 89.89%，广泛分布在整个研究区大部分区域；其次是 20~30mg/kg 范围的区域面积占比为 7.10%，主要分布在西部地区；40~49.10mg/kg 范围的区域面积占比最小，仅为 3.01%，分布在研究区最西侧。溪龙乡土壤铜含量超过标准限值的区域面积占 18.47%，斑状分布在偏西南侧海拔在 70m 以下的洼地及海拔在 70~140m 的山脊处。研究区土壤铜空间插值图见图 5-3-16。

6）土壤锌空间分异特征

（1）土壤锌正态性检验

对土壤锌含量经域法 $(\bar{a} \pm 3s)$ 识别并替换异常值后进行 K-S 正态分布检验。

结果显示，四个研究区土壤锌均在 5%显著性水平下服从正态分布，因此，可进行地统计学相关分析。研究区土壤锌正态性检验参数见表 5-3-11。

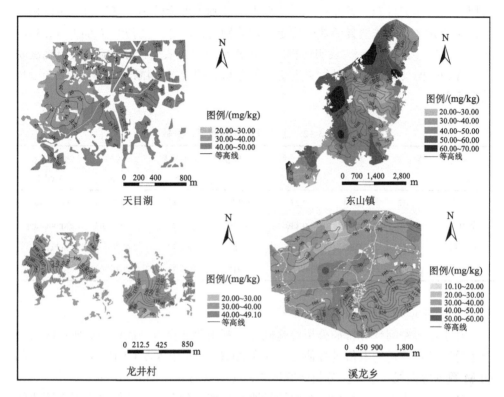

图例/(mg/kg)
　20.00~30.00
　30.00~40.00
　40.00~50.00
　——等高线
0　200　400　800 m
天目湖

图例/(mg/kg)
　20.00~30.00
　30.00~40.00
　40.00~50.00
　50.00~60.00
　60.00~70.00
　——等高线
0　700　1,400　2,800 m
东山镇

图例/(mg/kg)
　20.00~30.00
　30.00~40.00
　40.00~49.10
　——等高线
0　212.5　425　850 m
龙井村

图例/(mg/kg)
　10.10~20.00
　20.00~30.00
　30.00~40.00
　40.00~50.00
　50.00~60.00
　——等高线
0　450 900　1,800 m
溪龙乡

图 5-3-16　土壤铜空间插值图

表 5-3-11　研究区土壤锌正态性检验

指标	天目湖	东山镇	龙井村	溪龙乡
$P_{K\text{-}S}$ 值	0.535	0.307	0.997	0.456
检验结果	正态分布	正态分布	正态分布	正态分布

（2）土壤锌空间变异特征

对研究区茶园土壤锌含量进行变异函数分析，结果显示：①研究区土壤锌的块金值均大于 0，表明变量本身存在着因采样误差、短距离变异、随机和固有变异等引起的各种正基底效应。②天目湖土壤锌的块金系数在 0.25~0.75 范围内，属于中等的空间相关性；而东山镇、龙井村以及溪龙乡的块金系数均小于 0.25，均表现为强烈的空间相关性；研究区土壤锌的空间相关性由强到弱依次为：溪龙乡>龙井村>东山镇>天目湖，其块金系数分别为：0.008、0.015、0.140、0.273。③研究区土壤锌的变程分别为：0.376km、6.210km、0.384km、0.917km，均大于采样距离，能够满足空间分析的需要。其中，东山镇土壤锌表现为较大尺度下的空间自相关性，而天目湖、龙井村及溪龙乡土壤锌则表现为较小尺度下的空间自相关性。④研究区土壤锌变异函数的决定系数分别为：0.532、0.779、0.647、0.834，均大于0.5，且残差较小，表明在相应理论模型下拟合效果较好，能够较精确反映土壤锌的空间变异性，可进行克里金插值分析。研究区土壤锌变异函数拟合参数见表5-3-12。

表 5-3-12　　土壤锌变异函数拟合参数

研究区 Area	块金值 C_0	基台值 C_0+C	块金系数 $C_0/(C_0+C)$	变程 a /km	决定系数 R^2	残差 RSS	理论模型 Model
天目湖	0.012	0.044	0.273	0.376	0.532	4.037E−04	Gaussian
东山镇	0.020	0.143	0.140	6.210	0.779	3.163E−03	Exponential
龙井村	0.001	0.068	0.015	0.384	0.647	3.632E−04	Spherical
溪龙乡	0.001	0.124	0.008	0.917	0.834	1.404E−03	Spherical

（3）土壤锌空间分布特征

在土壤锌空间变异特征分析的基础上，利用普通克里金插值法对研究区茶园土壤锌区域化变量的取值进行估计，并在 ArcGIS9.3 中提取 GDEM30m 分辨率的 DEM 数据等高线，进一步分析研究区茶园土壤锌含量空间分布特征。

从面状性上看，天目湖、东山镇呈明显阶梯状分布，龙井村呈不规则团块状分布，溪龙乡呈"凹"状分布。从方向性上看，天目湖大致呈现由西向东递增的趋势，东山镇大致呈现由北向南递减的趋势，龙井村大致呈现由西向东递增的趋势，而溪龙乡则呈中部和西部洼地低而四周高的趋势。

结合茶园土壤锌环境质量标准，对研究区茶园土壤锌含量空间分布状况进行分析。天目湖土壤锌含量在标准限值 200mg/kg 范围内的区域面积仅 40.15%，主要分布在西北部海拔在 15~30m 的地区；超出标准限值的部分，含量在 200~220mg/kg 范围的区域面积占比最大，为 38.71%，带状分布在西南—东北方向。东山镇土壤锌含量超过标准限值的区域面积占比达到了 65.67%，广泛分布在东北部、中部等地区，其中含量在 240~260mg/kg 范围内的区域面积占比最大，为 24.04%，主要分布在中部到东北部海拔在 70~140m 的地区；在标准限值 200mg/kg 范围内的区域占比仅为 34.33%，分布在南部地区，其中含量在 150~200mg/kg 范围内区域占比为 21.64%，沿含量在 240~260mg/kg 范围内区域的南部带状分布。龙井村土壤锌含量超出标准限值的区域面积占比为 60.37%，其中

含量在 200~220mg/kg 范围内的区域面积占 53.13%，主要分布在东部海拔在
70~150m 的地区，而含量高于 220mg/kg 的区域面积占比为 7.24%，分布在中部海
拔在 100~200m 的地区；含量在标准限制范围内的区域面积占 39.64%，主要分布
在西部海拔在 120~220m 的地区。溪龙乡土壤锌含量超过标准限值的区域面积仅
占 2.32%，分布在西南侧海拔高于 105m 的局部地区；在标准限值范围内，锌含
量分布与海拔具有正相关趋势，含量在小于 150mg/kg 范围内的区域主要分布在
中部和西部海拔小于 70m 的洼地，占比为 39.49%，而周围海拔高于 70m 的地区
锌含量均在 150~200mg/kg 范围内，占比达到了 58.19%。研究区土壤锌空间插值
图见图 5-3-17。

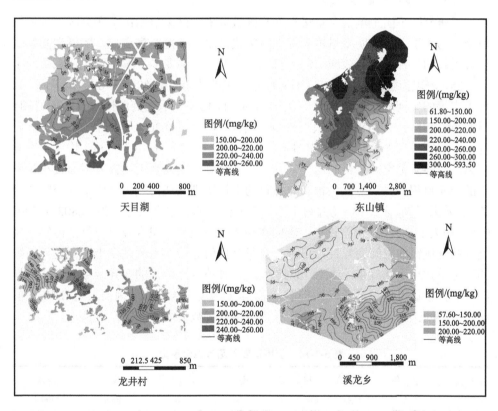

图 5-3-17　土壤锌空间插值图

7）土壤镉空间分异特征

（1）土壤镉正态性检验

对土壤镉含量经域法 $(\bar{a} \pm 3s)$ 识别并替换异常值后进行 K-S 正态分布检验。
结果显示，四个研究区土壤镉经相关处理后均在 5%显著性水平下服从正态分布，

因此，可进行地统计学相关分析。研究区土壤镉正态性检验参数见表 5-3-13。

表 5-3-13　研究区土壤镉正态性检验

指标	天目湖	东山镇	龙井村	溪龙乡
P_{K-S}值	0.685	0.855	0.252	0.040
对数转换	—	—	—	0.562
检验结果	正态分布	正态分布	正态分布	正态分布

（2）土壤镉空间变异特征

对研究区茶园土壤镉含量进行变异函数分析，结果显示：①研究区土壤镉的块金值均大于 0，表明变量本身存在着因采样误差、短距离变异、随机和固有变异等引起的各种正基底效应。②天目湖、龙井村、溪龙乡土壤镉的块金系数均小于 0.25，表现为强烈的空间相关性；而东山镇的块金系数在 0.25~0.75 范围内，表现为中等的空间相关性；研究区土壤镉的空间相关性由强到弱依次为：天目湖>溪龙乡>龙井村>东山镇，其块金系数分别为：0.125、0.200、0.213、0.472。③研究区土壤镉的变程分别为：0.501km、2.200km、1.839km、0.509km，均大于采样距离，能够满足空间分析的需要。其中，天目湖、溪龙乡土壤镉表现为较小尺度下的空间自相关性，而东山镇及龙井村的土壤镉则表现为较大尺度下的空间自相关性。④天目湖、东山镇、龙井村土壤镉变异函数的决定系数分别为：0.802、0.790、0.909 均大于 0.5，且残差较小，表明在相应理论模型下拟合效果较好，能够较精确反映土壤镉的空间变异性，可进行克里金插值分析。而溪龙乡土壤镉变异函数的决定系数小于 0.5，拟合精度相对较低，该种植区土壤镉的变异函数对空间变异特征的模拟仅可作为参考，不能进一步对其进行克里金插值，因而采用 IDW 插值法进行空间预测。研究区土壤镉变异函数拟合参数见表 5-3-14。

表 5-3-14　土壤镉变异函数拟合参数

研究区 Area	块金值 C_0	基台值 C_0+C	块金系数 $C_0/(C_0+C)$	变程 a /km	决定系数 R^2	残差 RSS	理论模型 Model
天目湖	0.024	0.192	0.125	0.501	0.802	2.236E−03	Spherical
东山镇	0.150	0.318	0.472	2.200	0.790	5.965E−03	Gaussian
龙井村	0.170	0.799	0.213	1.839	0.909	2.010E−02	Exponential
溪龙乡	0.002	0.010	0.200	0.509	0.251	3.861E−03	Spherical

（3）土壤镉空间分布特征

在土壤镉空间变异特征分析的基础上，利用普通克里金插值法对天目湖、东山镇、龙井村茶园土壤镉区域化变量的取值进行估计，利用 IDW 插值法对溪龙乡茶园土壤镉区域化变量的取值进行估计，并在 ArcGIS9.3 中提取 GDEM30m 分辨率的 DEM 数据等高线，进一步分析研究区茶园土壤镉含量空间分布特征。

从面状性上看，天目湖、龙井村呈不规则团块状分布，东山镇呈明显阶梯状分布，而溪龙乡则呈斑状分布。从方向性上看，天目湖大致呈现由西北向东南方向递增的趋势，东山镇大致呈现由东北向西南递减的趋势，龙井村大致呈现由西向东递增的趋势，而溪龙乡除局部外，整体上有中部和西部洼地低而四周高的趋势。

结合茶园土壤镉环境质量标准，对研究区茶园土壤镉含量空间分布状况进行分析。四个研究区茶园土壤镉含量均在标准限值范围内，因此均不存在镉污染问题。其中，天目湖土壤镉含量在 0.12~0.14mg/kg 范围内的区域面积占比最大，为 58.19%，主要分布在由西部至东北部海拔在 20~30m 的地区；其次是含量在 0.14~0.16mg/kg 范围内的区域面积占比为 23.37%，主要分布在由西南部至中部的山脊区；最后为含量在 0.10~0.12mg/kg 范围内的区域面积占比 18.44%，主要分布在西北部海拔低于 25m 的地区。东山镇土壤镉含量在 0.05~0.07mg/kg 范围内的区域面积占比最大，为 60.20%，主要分布在东北部和中部地区；其次是含量在 0.02~0.04mg/kg 范围内的区域面积占比为 19.21%，分布在西南部海拔低于 70m 的地区；区域面积占比最小的含量在 0.04~0.05mg/kg 范围内，带状分布在含量在 0.02~0.04mg/kg 与 0.05~0.07mg/kg 范围内的区域之间。龙井村土壤镉含量在 0.20~0.30mg/kg 范围内的区域面积占比最大，为 20.99%，主要分布在东部海拔在 120m 以下的山脊处；其次是含量在 0.07~0.10mg/kg 范围内的区域面积占比为 19.97%，主要分布在西部海拔在 100~150m 的地区；面积占比最小的含量范围是 0.04~0.07mg/kg，占比仅为 4.85%，分布在西部海拔在 100m 左右以及西南部海拔低于 90m 的局部地区。溪龙乡土壤镉大部分区域含量在 0.07~0.10mg/kg 范围内，面积占比为 53.82%；其次是含量在 0.10~0.12mg/kg 范围内的区域面积占比为 21.45%，主要分布在中部洼地四周海拔在 70~105m 的地区；其余含量范围的区域面积占比均小于 15%，甚至小于 5%，斑状分布在研究区内。研究区土壤镉空间插值图见图 5-3-18。

8）土壤砷空间分异特征

（1）土壤砷正态性检验

对土壤砷含量经域法($\bar{a} \pm 3s$)识别并替换异常值后进行 K-S 正态分布检验。结果显示，四个研究区土壤砷均在 5%显著性水平下服从正态分布，因此，可进行地统计学相关分析。研究区土壤砷正态性检验参数见表 5-3-15。

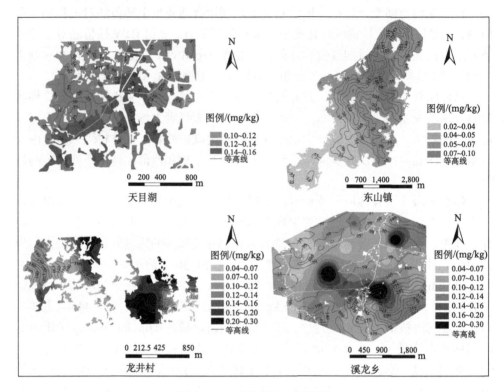

图 5-3-18　土壤镉空间插值图

表 5-3-15　研究区土壤砷正态性检验

指标	天目湖	东山镇	龙井村	溪龙乡
$P_{\text{K-S}}$ 值	0.465	0.467	0.332	0.508
检验结果	正态分布	正态分布	正态分布	正态分布

（2）土壤砷空间变异特征

对研究区茶园土壤砷含量进行变异函数分析，结果显示：①研究区土壤砷的块金值均大于 0，表明变量本身存在着因采样误差、短距离变异、随机和固有变异等引起的各种正基底效应。②天目湖、溪龙乡土壤砷的块金系数均小于 0.25，表现为强烈的空间相关性；而东山镇、龙井村土壤砷的块金系数在 0.25~0.75 之间，表现为中等的空间相关性；研究区土壤砷的空间相关性由强到弱依次为：溪龙乡>天目湖>东山镇>龙井村，其块金系数分别为：0.025、0.206、0.345、0.467。③研究区土壤砷的变程分别为：1.140km、4.374km、8.979km、0.793km，均大于采样距离，能够满足空间分析的需要。其中，天目湖、东山镇、龙井村土壤砷表现为较大尺度下的空间自相关性，而溪龙乡土壤砷则表现为较小尺度下的空间自相关性。④研究区土壤砷变异函数的决定系数分别为：0.680、0.670、0.725、0.509，均大于 0.5，且残差较小，表明在相应理论模型下拟合效果较好，能够较精确反映土壤砷的空间变异性，可进行克里金插值分析。研究区土壤砷变异函数拟合参数见表 5-3-16。

表 5-3-16　土壤砷变异函数拟合参数

研究区 Area	块金值 C_0	基台值 C_0+C	块金系数 $C_0/(C_0+C)$	变程 a /km	决定系数 R^2	残差 RSS	理论模型 Model
天目湖	0.171	0.829	0.206	1.140	0.680	1.090E−01	Exponential
东山镇	0.161	0.467	0.345	4.374	0.670	5.053E−03	Exponential
龙井村	0.140	0.300	0.467	8.979	0.725	1.547E−03	Exponential
溪龙乡	0.004	0.157	0.025	0.793	0.509	9.074E−03	Spherical

（3）土壤砷空间分布特征

在土壤砷空间变异特征分析的基础上，利用普通克里金插值法对研究区茶园土壤砷区域化变量的取值进行估计，并在 ArcGIS9.3 中提取 GDEM30m 分辨率的 DEM 数据等高线，进一步分析研究区茶园土壤砷含量空间分布特征。

从面状性上看，天目湖、东山镇呈明显阶梯状分布，龙井村呈不规则团块状分布，而溪龙乡则呈斑状分布。从方向性上看，天目湖大致呈现由西南向东北方向递增的趋势，东山镇在东北部和中部出现含量高值区，并由高值区向四周递减，龙井村大致呈现由西北向东南递减的趋势，而溪龙乡大致呈现东高西低的趋势。

结合茶园土壤砷环境质量标准，对研究区茶园土壤砷含量空间分布状况进行分析。天目湖、东山镇、龙井村茶园土壤砷含量均在标准限值范围内，溪龙乡仅极少地区存在轻微过量问题，因此四个研究区整体上均不存在砷污染问题。其中，天目湖土壤砷含量在 17~20mg/kg 范围内的区域面积占比最大，为 60.74%，主要分布在西北向东南过渡区以及东部地区；其次是含量在 20~30mg/kg 范围内的区域面积占比为 23.73%，主要分布在北部海拔在 20~35m 的地区；最后是含量在 12~17mg/kg 范围内的区域面积占比 15.53%，主要分布在西南部海拔 20~35m 的地区。东山镇土壤砷在东北部和中部出现含量高值区，两部分区域面积占比共为 4.72%，并由两地向周围呈降低的趋势；其中含量在 20~30mg/kg 范围内的区域面积占比最大，为 35.16%，主要分布在东北部、中部 30~40mg/kg 范围区域的周围；含量低于 10mg/kg 的区域面积占比最小，分布在西南海拔在 35m 左右的地区，占比仅为 0.47%。龙井村土壤砷含量在 12~17mg/kg 范围内的区域面积占比最大，为 47.16%，主要分布在中部海拔在 100~200m 的地区；其次是 17~20mg/kg 范围内的区域面积占比为 27.28%，主要分布在西北部海拔在 120~210m 的地区；面积最小的是含量在 20~30mg/kg 范围内的区域，占比为 5.83%，主要分布在西北部极少数地区。溪龙乡土壤砷超出标准限值 40mg/kg 的区域面积占比仅为 0.19%，分布在东部海拔在 105~140m 的局部地区；整体含量均在 20~30mg/kg 范围内，面积占比高达 73.56%；而含量在 20mg/kg 以下的区域面积共占 21.76%，主要分布在西部海拔在 70m 以下地区。研究区土壤砷空间插值图见图 5-3-19。

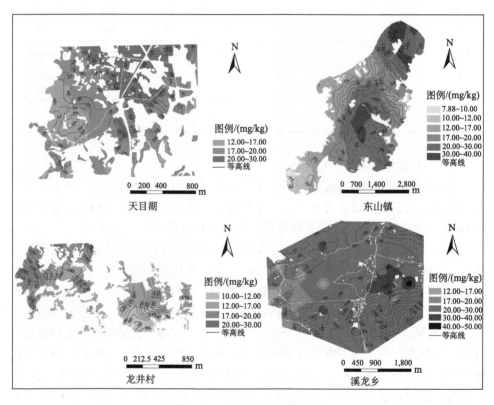

图 5-3-19　土壤砷空间插值图

9）土壤硒空间分异特征

（1）土壤硒正态性检验

对土壤硒含量经域法 $(\bar{a} \pm 3s)$ 识别并替换异常值后进行 K-S 正态分布检验。结果显示，四个研究区土壤硒均在 5% 显著性水平下服从正态分布，因此，可进行地统计学相关分析。研究区土壤硒正态性检验参数见表 5-3-17。

表 5-3-17　研究区土壤硒正态性检验

指标	天目湖	东山镇	龙井村	溪龙乡
P_{K-S} 值	0.846	0.355	0.293	0.838
检验结果	正态分布	正态分布	正态分布	正态分布

（2）土壤硒空间变异特征

对研究区茶园土壤硒含量进行变异函数分析，结果显示：①研究区土壤硒的块金值均大于 0，表明变量本身存在着因采样误差、短距离变异、随机和固有变异等引起的各种正基底效应。②天目湖、龙井村、溪龙乡土壤硒的块金系数均在 0.25~0.75 之间，表现为中等的空间相关性，而东山镇土壤硒的块金系数小于 0.25，表现为强烈的空间相关性；研究区土壤硒空间相关性由强到弱依次为：东山镇>龙井村>天目湖>溪龙乡，其块金系数分别为：0.130、0.563、0.570、0.597。③研究区土壤硒的变程分别为：1.502km、1.790km、1.880km、3.292km，均大于采样距离，能够满足空间分析的需要，且四个研究区土壤硒均表现为较大尺度下的空间自相关性。④天目湖、东山镇、溪龙乡土壤硒变异函数的决定系数分别为：0.505、0.549、0.627，均大于 0.5，且残差较小，表明在相应理论模型下拟合效果较好，能够较精确反映土壤砷的空间变异性，可进行克里金插值分析。而龙井村土壤硒变异函数的决定系数小于 0.5，拟合精度相对较低，该种植区土壤硒的变异函数对空间变异特征的模拟仅可作为参考，不能进一步对其进行克里金插值，因而采用 IDW 插值法进行空间预测。研究区土壤硒变异函数拟合参数见表 5-3-18。

表 5-3-18　土壤硒变异函数拟合参数

研究区 Area	块金值 C_0	基台值 C_0+C	块金系数 $C_0/(C_0+C)$	变程 a /km	决定系数 R^2	残差 RSS	理论模型 Model
天目湖	0.049	0.086	0.570	1.502	0.505	5.265E−04	Linear
东山镇	0.025	0.193	0.130	1.790	0.549	6.001E−03	Spherical
龙井村	0.040	0.071	0.563	1.880	0.240	5.365E−03	Linear
溪龙乡	0.037	0.062	0.597	3.292	0.627	2.627E−04	Linear

（3）土壤砷空间分布特征

在土壤硒空间变异特征分析的基础上，利用普通克里金插值法对天目湖、东山镇、溪龙乡茶园土壤硒区域化变量的取值进行估计，利用 IDW 插值法对龙井村土壤硒区域化变量的取值进行估计，并在 ArcGIS9.3 中提取 GDEM30m 分辨率的 DEM 数据等高线，进一步分析研究区茶园土壤硒含量空间分布特征。

从面状性上看，天目湖、龙井村呈不规则团块状分布，而东山镇、溪龙乡则呈明显阶梯状分布。从方向性上看，天目湖大致呈现西南和东北两侧较高，而西北至东南过渡区较低的趋势，东山镇在东北部和中部出现含量高值区，并由高值区向四周递减的趋势，龙井村大致呈现由西向东递减的趋势，而溪龙乡呈现东高西低的趋势。

结合茶园土壤硒环境质量标准，对研究区茶园土壤硒含量空间分布状况进行分析。江苏省茶园土壤硒含量整体均在标准限值范围内，而浙江省茶园土壤硒存在过量问题。天目湖土壤硒均处于高含量范围，其中，1.80~2.20mg/kg 范围内的区域面积最大，占比为 56.89%，主要分布在东北部和西南部两侧；其次是 1.62~1.80mg/kg 范围内的区域面积占比为 39.96%，主要分布在东南-西北方向的过渡地区；最后是含量在 2.20~2.40mg/kg 范围内的区域面积占比仅为 3.15%，分布在西南部海拔在 25m 左右的地区。东山镇土壤硒处于高含量范围的面积占比共为 98.61%，广泛分布在整个研究区范围内；而处于中等即含量在 0.175~0.40mg/kg 范围内的区域面积占比仅为 1.39%，分布在东南角海拔小于 35m 的局部地区；在高含量范围内，处于 0.75~1.10mg/kg 范围内的区域面积最大，占整个研究区面积的 51.69%。龙井村土壤硒含量超过标准限值 3.00mg/kg 的区域面积占比仅为 4.21%，分布在西北部局部地区；从插值图颜色可知，龙井村西部地区含量主要在 1.80~3.00mg/kg 范围内，而东部地区含量主要在 1.10~1.80mg/kg 范围内；龙井村土壤硒整体含量较高，且硒过量问题较轻。溪龙乡土壤硒超过标准限值 3.00mg/kg 的区域面积占比达到了 51.86%，分布在研究区的东部四周海拔较高的地区；其余高含量区域内，含量在 2.40~3.00mg/kg 范围内的区域面积最大，占研究区总面积的 40.69%，分布在中部海拔低于 70m 较低的洼地区；含量在 1.80~2.20mg/kg 范围内的区域面积占比最小，比例仅为 1.30%，分布在西部海拔在 35m 左右的地区。研究区土壤硒空间插值图见图 5-3-20。

5.3.3　江浙地区茶园土壤指标空间分异分析

一般而言，可将影响土壤属性空间分布的因子分为结构性因子和随机性因子两种，其中结构性因子是指成土母质、地形地貌、土壤类型、气候植被等自然要素因子，而随机性因子是指施肥管理、作物布局、耕作方式、品种选育等人为要素因子。由土壤各指标变异函数的拟合结果可知，研究区土壤各指标的空间异质性特征均受到结构性因子和随机性因子共同作用的影响。本小节将根据变异函数的拟合参数以及空间插值的特征分析，结合各研究区、各土壤指标的各自特征，对其空间分布特征的影响因素进行分析。

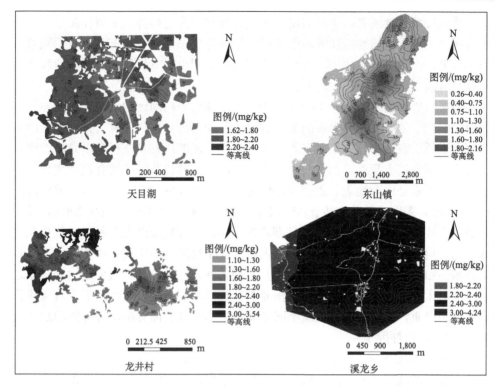

图 5-3-20　土壤硒空间插值图

1）土壤有机质空间分异分析

无论是描述性统计分析的结果，还是空间插值分析的结果，浙江省两个研究区茶园土壤有机质含量整体水平均高于江苏省，且分布更广，这与我国土壤有机质整体的空间分布特征是一致的。茶园土壤有机质含量及其空间分布特征影响因素分析如下。

（1）结构性因子

研究表明，土壤的理化性质对土壤有机质含量有重要影响，其中 pH 与有机质之间存在负相关关系，即在一定程度范围内，随着土壤 pH 的升高，土壤有机质含量明显降低。由前文有机质与 pH 的相关分析可知，两者存在 1%水平下极显著负相关，偏相关系数为-0.338，结合四个研究区土壤 pH，可以发现浙江茶园土壤 pH 较江苏茶园更低，因此更利于土壤有机质的储存，因此浙江茶园更低的 pH 是造成浙江两个茶园土壤有机质含量高于江苏茶园的重要原因之一。其次，土壤黏性对土壤有机质的吸附和保持也起着至关重要的作用，黏性越大的土壤对有机质具有越强吸附保护作用，有机质不易被矿化分解。研究发现，四个研究区均处于黄壤向红壤过渡地带，由北向南，土壤黏性有增强的趋势。土壤样品显示，浙江的两个茶园土壤质地较江苏两个茶园土壤黏性更强，更有利于有机质的吸附，由此可见，土壤机械组成的差异也是造成江苏茶园土壤有机质含量低于浙江茶园土壤有机质含量的重要影响因素。

地形地貌影响着自然界水的分配和分布，使得不同地区的土壤含水量不同，进而影响到土壤要素指标含量的分布状况。从变程来看，江苏省天目湖及东山镇土壤有机质均表现为较大尺度下的空间异质性，而浙江省龙井村及溪龙乡土壤有机质均表现为较小尺度下的空间自相关性，而导致两省茶园土壤有机质变程差异的最主要因素是地形地貌。由空间插值图中的等高线可以看出，天目湖整体海拔在20~35m，东山镇整体海拔在35~140m，而龙井村整体海拔在100~200m，溪龙乡整体海拔在70~175m。相比天目湖及东山镇，龙井村及溪龙乡整体海拔更高，地势起伏更大，地形更为复杂，因而表现出较小尺度下的空间自相关性，而天目湖及东山镇则表现出较大尺度下的空间自相关性。此外，东山镇由于地处太湖之滨，受到太湖水体调节，迎风坡降雨要多于背风坡，故迎风坡的有机质流失较背风坡更为严重，因此导致有机质空间分布图中临太湖一面有机质有降低的趋势。

（2）随机性因子

天目湖、溪龙乡有较多的大型茶厂和大型承包户、合作社，同一茶厂、承包户、合作社的施肥基本相同，因此有机质含量整体连片性较好；而东山镇及龙井村主要以单体农户为主，故呈现一定程度的斑状分布。调查数据显示，天目湖、溪龙乡较大型茶厂、承包户或合作社等的茶园一般位于有机质含量高值区，大规模种植的茶厂在施肥、管理等方面投入较多，比之单体农户更具优势。而由统计数据也可知，天目湖茶园土壤有机质含量整体水平高于东山镇，溪龙乡茶园土壤有机质含量的整体水平高于龙井村。可见茶园管理对茶园土壤有机质含量及其空间分布影响重大。特别是溪龙乡茶园土壤有机质含量高值区分布较广，呈明显块状分布，这与当地茶厂基地加农户的生产经营方式有关。当地八家大规模的茶厂成立白茶联盟，带动当地农户大规模的经营管理，使得茶园施肥整体水平较高。此外，东山镇茶园存在部分与果园间种套作的现象，根据实地观察，存在间种套作现象的茶园大多位于有机质含量的高值区。研究表明，间种套作模式下植物、落叶等残体积累更多，有利于有机质的积累，同时果园可有效防止水土流失，从而防止有机质缺失。

交通要道及居民点对生态环境的物理影响主要包括：改变土壤密度、水分含量、地表温度、光照强度以及地表径流等。而土壤密度、水分含量及地表径流等对土壤要素指标含量都有着及其重要的影响。插值图与卫星图片对比发现，四个研究区中距交通要道、城镇村庄等较近的区域内，由于城镇村庄、交通要道等人类活动对土壤属性的破坏，造成有机质缺失，因此土壤有机质含量一般较低。而这些人为活动对土壤有机质造成具体的定量影响及影响理化过程,有待进一步研究。如东山镇四周环路,且沿路附近为居民点聚集区,因此东山镇有机质含量空间分布呈现出中部偏高,而四周偏低的特征。再如溪龙乡东部偏南区域内的交通要道交叉口处,居民点也较为集中,因此该地有机质含量明显偏低。东山镇和溪龙乡居民点及交通道路分布图见图 5-3-21。

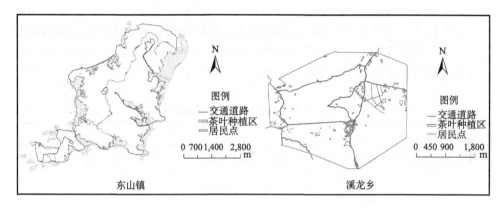

图 5-3-21 东山镇及溪龙乡居民点、交通道路分布图

2)土壤速效氮空间分异分析

与有机质相同,无论是描述性统计分析的结果,还是空间插值分析的结果,浙江省两个研究区茶园土壤速效氮含量整体水平均高于江苏省。四个研究区速效氮插值图连片性均较高,且龙井村和溪龙乡插值图颜色整体上较天目湖及东山镇深。茶园土壤速效氮含量及其空间分布特征影响因素分析如下。

（1）结构性因子

研究表明土壤有机质对土壤速效氮的保持具有重要影响,尽管前文相关性分析中有机质和速效氮的偏向关系分析中并未表现出显著相关性,但从有机质和速效氮含量的空间插值结果来看,二者表现出了正相关的趋势。如天目湖西北部地区有机质与速效氮含量均较低,而西南部含量均较高;东山镇东北部海拔较高地势起伏较大的区域有机质与速效氮含量均较高,而西南部海拔较低地势起伏较小的区域含量较低;龙井村的有机质和速效氮含量变化均较小,整体异质性较高;溪龙乡在中部、东北部及南部有机质和速效氮含量较高,而在西部和西北部含量较低。此外,同有机质一样,土壤黏性对速效氮的吸附保持也起着至关重要的作用,黏性越大的土壤对速效氮的吸附作用越强。而浙江省的茶园土壤质地较江苏两个茶园土壤黏性更强,由此,浙江省茶园土壤速效氮整体含量水平较江苏省更高。

　　地形地貌对速效氮的影响也至关重要。本研究根据样点所处地理环境特征，将样点所处地形坡度分为平地、缓坡以及陡坡三个层次。而统计数据表明，速效氮与地形特征表现出1%水平下极显著正相关，其偏相关系数为0.251，即随着坡度的增加，土壤速效氮含量也逐渐增加。其中，江苏省的天目湖和东山镇茶园研究区均在平地和缓坡区域内，而浙江省的龙井村和溪龙乡超过半数均在陡坡区域内，因此浙江省速效氮含量整体水平明显高于江苏省。其次，天目湖、东山镇两个研究区相比，天目湖72.5%的混合样点在平地区域内，而东山镇仅25.0%的混合样点在平地区域，因此东山镇速效氮含量整体水平高于天目湖；同理，龙井村速效氮含量整体水平高于溪龙乡。混合样点统计参数见表5-3-19。

表 5-3-19　　不同地形条件下混合样点参数统计

指标	天目湖		东山镇		龙井村		溪龙乡		江苏省		浙江省		江浙两省	
	个数/个	占比/%	个数/个	占比/%	个数/个	占比/%	个数/个	占比/%	个数/个	占比/%	个数/个	占比/%	个数/个	占比/%
平地区域	29	72.50	10	25.00	6	15.00	8	20.00	39	48.75	14	17.50	53	33.13
缓坡区域	11	27.50	30	75.00	12	30.00	7	17.50	41	51.25	19	23.75	60	37.50
陡坡区域	0	0.00	0	0.00	22	55.00	25	62.50	0	0.00	47	58.75	47	29.38
AN 均值/（mg/kg）	80.04		98.02		108.85		98.4		89.03		103.63		96.33	

（2）随机性因子

　　天目湖、溪龙乡因存在较多的大型茶厂、承包户、合作社等，因此速效氮含量空间分布整体连片性较好；而东山镇则主要以单体农户为主，同时又由于采用IDW插值法对研究区土壤速效氮进行预测，故呈现一定程度的斑状分布。此外，各研究区对茶园环境的保护程度的不同，对茶园土壤速效氮含量的空间分布特征具有一定的影响。其中，龙井种植区地处风景区内，杭州政府专门设立保护区、制定保护条例，村委会也制定了村规等制度等，当地政府及村集体对种植区内的茶园有严格的保护要求，种植户对茶园的保护意识也很强，故龙井村种植区的土壤速效氮含量受随机性因子扰动较小，速效氮含量空间分布连片性也较好。

　　与有机质相似，交通道路及居民点也对茶园土壤速效氮有着重要的影响。由速效氮的空间插值图可知，天目湖北部偏西面积占比达到21.01%的地区，速效氮含量最低，且北部地区速效氮含量整体水平较南部地区低，而由卫星图片以及实地考察发现，天目湖北部地区居民点及交通要道相对南部地区更为密集。龙井村东部地区居民点及交通道路相对较密集，而插值图显示，龙井村东部地区速效氮含量也较低。相比之下，四个研究区中龙井村茶园内交通道路较为稀疏，居民点较为集中，因此对茶园土壤的影响相对较小。同理东山镇、溪龙乡在居民点以及交通要道附近的茶园土壤速效氮含量均较远离居民点及交通要道的地区更低。天目湖和龙井村居民点及交通道路分布图见 5-3-22。

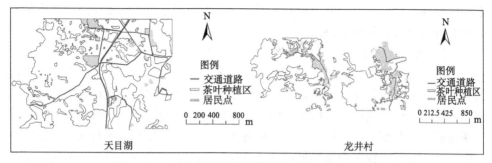

图 5-3-22　天目湖及龙井村居民点、交通道路分布图

3）土壤速效磷空间分异分析

分析表明，研究区茶园土壤速效磷含量整体水平江苏省高于浙江省。其中，四个研究区茶园土壤速效磷含量整体水平均大于 40mg/kg，达到一级水平；尽管江苏省茶园土壤速效磷整体水平较高，但四个研究区中速效磷含量最高的为浙江省的溪龙乡。从空间分布图来看，仅东山镇茶园土壤速效磷一级水平基本覆盖全部研究区，其他茶园均出现一级以下水平区域。整体而言，溪龙乡及东山镇茶园插值图连片性较优，而天目湖及龙井村插值图连片性较差。茶园土壤速效磷含量及其空间分布影响因素分析如下。

（1）结构性因子

研究表明，土壤黏性对速效磷含量及其空间分布也有着重要的影响，而四个研究区茶园土壤均处于黄壤向红壤过渡的地带，土壤偏酸性，黏性较强，且黏性由北向南有增强的趋势，因此均对速效磷具有较强的吸附作用。其中，溪龙乡茶园土壤黏性最强，对速效磷的吸附作用也最强，而统计结果与插值结果显示溪龙乡茶园土壤速效磷含量也最高。

地形地貌通过影响土壤水分等要素也能对速效磷含量产生一定的影响，研究表明，通常情况下，磷元素含量与海拔及坡度表现为显著正相关关系，即海拔越高，地势起伏越大，磷元素含量也就越高，反之越低。四个研究区中，天目湖整体海拔相对较低，地势起伏也相对较小，因而对速效磷含量的影响也相对最小；东山镇由西南向东北方向海拔逐渐递增，地势起伏也越来越大，因此速效磷含量整体水平也表现出由西南向东北方向递增的趋势；龙井村整体海拔相对较高，但地势起伏较小，因此对速效磷含量的影响也较小；溪龙乡东北部及东南部整体海拔较高，且地势起伏较大，因此速效磷含量整体水平较高。此外，东山镇三面临湖，受湖水长期调节，使得东山镇北面、西面及南面三面土壤含水量相对较高，加强了土壤对速效磷的吸附和保持作用，而由速效磷的插值图（图 5-3-14）可知东山镇北面、西面及南面颜色相对东面较深，说明湖水对茶园土壤速效磷含量及其空间分布有着重要的影响。

　　（2）随机性因子

　　同样，由于天目湖及溪龙乡茶园存在较多的大型茶厂、承包户、合作社等，因此较大的施肥量是导致土壤磷元素及速效磷含量较高的最直接也是最重要的因素。一方面，较高的施肥量增加土壤磷元素含量，进而增加速效磷的含量，同时长期施肥可以改变土壤黏性等特征，从而在一定程度上加强土壤对速效磷的吸附作用；另一方面，较高的施肥量可以通过改变土壤部分成分，进而影响速效磷在土壤中的储存和保持。如溪龙乡茶园西北部地区，由于存在较多的大型茶厂等，因而促使西北部地区速效磷含量整体水平较其他地区更高。

　　交通道路及附近居民点等对附近茶园土壤速效磷含量及其空间分布的影响也不容忽视。由研究区交通道路及居民点分布图以及速效磷空间插值图可知，在交通道路及居民点附近区域内，速效磷含量相对较低。尤其是东山镇西南部及东部地区、溪龙乡东部地区等。

　　4）土壤速效钾空间分异分析

　　分析表明，研究区浙江省茶园土壤速效钾含量整体水平高于江苏省。其中，仅浙江省溪龙乡速效钾含量整体水平大于 150mg/kg，处于二级水平，其他三个研究区速效钾整体水平小于 150mg/kg，处于三级水平；其次，天目湖速效钾含量整体水平也较高，仅次于溪龙乡，含量均值为 143.29mg/kg。从空间分布图来看，溪龙乡速效钾插值图整体颜色最深，其次是天目湖，东山镇和龙井村颜色跨度较大，浅颜色区域拉低了研究区速效钾的整体含量。茶园土壤速效钾含量空间分布影响因素分析如下。

　　（1）结构性因子

　　研究表明，土壤有机质不但能提供植物生长所需要的养分，也通过影响土壤物理、化学和生物性质改善土壤的养分状况，从而提高速效钾含量。由前文相关性分析可知，研究区茶园土壤速效钾与有机质表现为 5%水平下显著正相关，其偏相关系数为 0.160。由土壤有机质含量统计分析及其空间插值图颜色可以看出，浙江省茶园土壤有机质含量整体处于二级水平，而江苏省处于三级水平，浙江省明显高于江苏省；其中浙江省溪龙乡高于龙井村，江苏省天目湖高于东山镇。此外，土壤黏性对速效钾的吸附保持也起着重要的作用，黏性越大的土壤对速效钾的吸附作用越强。而浙江省的茶园土壤质地较江苏两个茶园土壤黏性更强，因此浙江省茶园土壤较江苏省茶园土壤更利于速效钾的保持。由此，从土壤属性及成分来看，浙江省茶园土壤较江苏省更利于速效钾的储存。

　　不同耕层厚度的土壤，速效钾含量也存在明显的差异。统计分析表明，研究区茶园土壤速效钾含量与耕层厚度表现为 5%水平下显著负相关，其偏向关系数为−0.183，表明在一定范围内，耕层厚度越浅土壤速效钾含量越高，耕层厚度越深土壤速效钾含量反而越低。由表 5-3-20 可知，耕层厚度 10~15cm 区域内，溪龙乡的样点占比最高，比例为 25.00%；其次是天目湖，占比为 17.50%；占比最小的为龙井村，占比为 7.50%。耕层厚度 10~20cm 区域内，溪龙乡占比最高，比例为 62.50%；其次是龙井村占比为 50.00%；最小的东山镇为 35.00%。总体上，浙江省茶园耕层厚度较浅的区域样点占比较江苏省高，而耕层厚度较深的区域样点占比较少，因此浙江省茶园土壤速效钾含量整体水平较江苏省高；其中溪龙乡耕层厚度较浅区域样点占比最高，东山镇样点占比最小，而溪龙乡速效钾整体水平是最高，东山镇速效钾含量整体水平也是最低。由此可见，耕层厚度也是影响茶园土壤速效钾含量及其空间分异的重要因素之一。

表 5-3-20　研究区土壤速效钾含量值与耕层厚度对应表

耕层厚度 h/cm	$10 \leqslant h \leqslant 15$	$15 < h \leqslant 20$	$20 < h \leqslant 25$	$25 < h \leqslant 30$
混合样点个数/个	55	24	62	19
速效钾含量均值/（mg/kg）	152.919	139.797	122.165	95.407
天目湖样点数占比/%	17.50	22.50	42.50	17.50
东山镇样点数占比/%	10.00	25.00	47.50	17.50
龙井村样点数占比/%	7.50	42.50	40.00	10.00
溪龙乡样点数占比/%	25.00	37.50	35.00	2.50
江苏省样点数占比/%	13.75	23.75	45.00	17.50
浙江省样点数占比/%	16.25	40.00	37.50	6.25

　　此外，研究表明，土壤速效钾含量与海拔及地势具有正相关的趋势，即随着海拔升高，土壤速效钾含量也随之增加。四个研究区中，天目湖海拔及地势起伏相对较小，从而地形因素对速效钾的影响相对较小；东山镇主要以丘陵为主，从西南向东北海拔逐渐升高，而土壤速效钾含量也由中部的 50mg/kg 以下增至200mg/kg 以上；龙井村虽然整体海拔相对较高，但地势起伏不大，因而对速效钾的影响也较小；溪龙乡地势最为复杂，东北部和东南部区域的海拔较高，土壤速效钾含量也较高。总体而言，浙江省茶园整体海拔较高，地势起伏相对较大，

因而更有利于速效钾的保持。

（2）随机性因子

人为施肥是茶园土壤钾元素及速效钾直接的重要来源，由前文分析可知，天目湖、溪龙乡存在较多的承包户、合作社等，规模种植施肥量较单体户更大，所使用肥料可分为无机钾肥和有机肥料。较高的钾肥施用量一方面直接增加了茶园土壤钾元素及速效钾的含量，另一方面长期使用无机化肥也可以在一定程度上通过改变土壤质地增加土壤黏粒等加强土壤对速效钾的吸附作用；同时有机肥料增加土壤有机质的含量，间接促进速效钾在土壤中的储存，因此茶园规模种植中的施肥管理是溪龙乡及天目湖土壤速效钾含量较高的最直接原因。此外，交通道路及居民点可以通过影响土壤质地及水平等影响茶园土壤速效钾含量及其空间分布状况，由速效钾的空间插值图（图 5-3-15）可以看出，交通要道及居民点密集区，速效钾的含量值也较低，尤其是东山镇茶园，西南部及东部地区存在较多的交通道路及居民点（图 5-3-21），因而速效钾含量明显较低，插值图颜色较浅。

5）土壤铜空间分异分析

统计数据表明，四个研究区茶园土壤铜含量整体水平由高到低顺序依次为东山镇>天目湖>溪龙乡>龙井村，含量均值依次为 45.87mg/kg、40.01mg/kg、34.60mg/kg、34.34mg/kg；其中，江苏省茶园土壤铜含量整体水平为 42.94mg/kg，浙江省茶园土壤铜含量整体水平为 34.47mg/kg，江苏省整体水平明显高于浙江省。而从土壤铜的空间插值图上看江苏省天目湖及东山镇茶园土壤铜的颜色明显较浙江省龙井村及溪龙乡更深，再次证明江苏省茶园土壤铜含量整体水平高于浙江省。茶园土壤铜含量及其空间分布影响因素分析如下：

（1）结构性因子

研究表明，硒与其他重金属能够相互作用，如与镉、铅、汞、砷等重金属具有拮抗作用，而与锌、铜等重金属在一定程度上具有协同作用等。根据前文相关性分析可知，研究区土壤铜与硒含量表现出 1%水平下的极显著负相关，其偏相关系数为-0.305。而由研究区土壤硒含量的统计结果以及空间插值图颜色可以看出浙江省茶园土壤硒含量明显高于江苏省，且由插值图可以看出研究区土壤铜和土壤硒含量在空间分布上恰好高低值互补，充分证明了土壤硒对土壤铜空间分布的重要影响，因此江苏省茶园铜含量整体水平高于浙江省，研究区茶园土壤铜和土壤硒空间插值图分别见图 5-3-16 及图 5-3-20。此外，不同的耕层厚度铜含量及其空间分布也有着明显的差距，统计分析表明，研究区茶园土壤铜含量与耕层厚度表现出 1%水平下极显著正相关关系，其偏向关系数为 0.215，说明在一定范围内，耕层厚度越深土壤铜含量越高。而由表 5-3-20 可以看出天目湖及东山镇深层样点数量明显多于龙井村和溪龙乡，因此江苏省土壤铜含量整体水平高于浙江省。

不同耕层厚度铜含量值见表 5-3-21 所示。

表 5-3-21　研究区土壤铜含量值与耕层厚度对应表

耕层厚度 h/cm	10≤h≤15	15<h≤20	20<h≤25	25<h≤30
混合样点个数/个	55	24	62	19
铜含量均值/（mg/kg）	36.928	38.905	39.947	43.311

研究表明地形地貌对土壤铜的含量、空间分布及其活化率均有重要的影响。统计数据显示，研究区茶园土壤铜含量与地形特征表现为 1%水平下的极显著负相关，其偏相关系数为–0.260，表明地势越平缓，铜含量越高，而地势起伏越大，铜含量越低。而由表 5-3-19 江苏省天目湖及东山镇研究区茶园均在平地或缓坡区域内，而浙江省龙井村及溪龙乡研究区茶园在平地、缓坡以及陡坡区域内均有分布，且主要分布在陡坡区域内，因此江苏省研究区茶园地势起伏相对较小，地形较为平缓，因而铜含量整体水平相对较高，样本超标率也较高，分别达到 17.50%和 35.00%，茶园土壤铜污染相对较为严重。此外，研究发现低海拔地区更有利于土壤铜积累和储存。由空间插值图中等高线可知，江苏省天目湖及东山镇整体海拔较浙江省龙井村和溪龙乡整体海拔低，因此江苏省研究区茶园土壤铜含量整体水平较浙江省茶园更高。

（2）随机性因子

居民点及交通道路对茶园重金属的影响主要表现在居民日常生产生活产生的废弃物、来往车辆的尾气等加速了重金属的积累与存储等。结合居民点交通道路图，天目湖北部为天目湖农庄及卫生服务站等，东北部为东山庄园、桂林村居委会及东明大道、东麻路等，而空间插值图显示，东北部及东部地区铜含量明显高于西部地区；东山镇研究区茶园周边农家乐、酒店、工厂等交通道路较为密集，空间插值图显示东山镇周边铜含量相对较高，尤其是东北—西南方向东山山脉左侧的后山更为明显；龙井村中部分布着龙井村、华联超市、泊远局等，东部有依山依市美景餐厅、井边茶楼、三台山社区等，居民点及交通道路较为密集，而空间插值图显示中部以东地区铜含量整体水平也相对较高；溪龙乡插值图中土壤铜含量较高的地区也是在居民点及交通道路相对较为密集的区域，如中部地区为安吉县群英茶场、安吉恒盛白茶公司以及黄社村等，西南部为外黄社、茶思坞、张家坞等。由此可见，茶园土壤铜含量及其空间分布状况也受到了一定程度人为因素的影响。

6）土壤锌空间分异分析

统计结果表明，研究区茶园土壤锌与土壤铜表现为 1%水平下极显著正相关，其偏相关系数为 0.338，二者关系及其密切，无论是含量数据统计特征还是空间分布特征都具有高度的相似性。四个研究区茶园土壤锌含量整体水平由高到低顺序依次为东山镇>天目湖>龙井村>溪龙乡，含量均值依次为 222.41mg/kg、208.59mg/kg、204.82mg/kg、151.97mg/kg；其中，江苏省茶园土壤锌含量整体水平为 215.50mg/kg，浙江省茶园土壤锌含量整体水平为 178.39mg/kg，江苏省整体水平明显高于浙江省。与土壤铜相似，从空间插值图上看江苏省天目湖及东山镇茶园土壤锌颜色明显较浙江省龙井村及溪龙乡更深。茶园土壤锌含量及其空间分布影响因素分析如下：

（1）结构性因子

硒与锌在一定程度上具有协同作用，随着土壤硒含量的增加，土壤硒将协同土壤锌进入作物体内，促进锌在作物中积累，当超过一定量时就会对农产品的安全产生严重的影响。根据前文相关性分析可知，研究区土壤锌与土壤硒含量表现出 1%水平下的极显著负相关，其偏相关系数为–0.282。同样由研究区土壤硒含量的统计结果以及空间插值图颜色可以看出浙江省茶园土壤硒含量明显高于江苏省，因此江苏省茶园锌元素含量整体水平高于浙江省，研究区茶园土壤锌和土壤硒空间插值图分别见图 5-3-17 及图 5-3-20。此外，不同的耕层厚度锌元素含量及其空间分布也有着明显的差距，统计分析表明，研究区茶园土壤锌含量与耕层厚度表现出 5%水平下显著正相关关系，其偏向关系为 0.159，说明在一定范围内，耕层厚度越深土壤锌含量越高，但相关程度较土壤铜与耕层厚度的相关程度弱。由表 5-3-20 及表 5-3-22 可以看出，耕层厚度大于 20cm 时，土壤锌含量整体水平超标较严重，而天目湖、东山镇耕层厚度大于 20cm 的混合样点所占比例分别为 60.00%、65.00%，而龙井村和溪龙乡耕层厚度大于 20cm 的样点比例分别为 50.00%、37.50%，因而江苏省茶园土壤锌含量整体水平高于浙江省。尤其是东山镇，土壤硒含量最低，耕层厚度深的样本比例最高，因此土壤锌含量最高，空间插值图颜色也最深。

表 5-3-22　研究区土壤锌含量值与耕层厚度对应表

耕层厚度 h/cm	$10 \leqslant h \leqslant 15$	$15 < h \leqslant 20$	$20 < h \leqslant 25$	$25 < h \leqslant 30$
混合样点个数/个	24	55	62	19
锌含量均值/（mg/kg）	188.413	191.249	201.111	210.621

地形地貌对土壤锌的含量、空间分布及其活化率也有着重要的影响。统计数据显示，研究区茶园土壤锌含量与地形特征表现出 5%水平下的显著负相关，其偏相关系数为–0.173，与土壤铜一样，地势越平缓，土壤锌含量越高，而地势起

伏越大，土壤锌含量越低。与土壤铜相似，由表 5-3-19 可知，江苏省天目湖及东山镇研究区茶园均在平地或缓坡区域内，而浙江省龙井村及溪龙乡研究区茶园在平地、缓坡以及陡坡区域内均有分布，且主要分布在陡坡区域内，因此江苏省研究区茶园地势起伏相对较小，地形较为平缓，因而土壤锌含量整体水平相对较高，样本超标率也较高，分别达到 50.00% 和 67.50%，茶园土壤锌污染相对较为严重。此外，研究发现低海拔地区有利于土壤锌积累和储存。由空间插值图中等高线可知，江苏省天目湖及东山镇整体海拔较浙江省龙井村和溪龙乡整体海拔低，因此江苏省研究区茶园土壤锌含量整体水平较浙江省茶园更高。

（2）随机性因子

由于四个研究区茶园均为当地典型优质名茶的代表，茶园经营不仅为茶叶生产，而且还发展旅游业及相关连带产业如住宿、餐饮、娱乐等，因而来往游客及车辆等产生的废弃物对茶园土壤锌含量及其空间分布也有着重要的影响。例如，天目湖南部为天目湖湖心茶果园，东南部为念佛堂、观音殿、钟楼、放生池等旅游景点，中部及东北部为庄园茶厂等场所，而空间插值图显示，南部、中部及东北部地区茶园土壤锌含量明显高于西北部地区；东山镇研究区茶园三面临湖，只有东北部与外界相连，东北部居民点及交通道路极其密集，人们日常生产生活以及来往游客、车辆产生的废弃物，尤其是交通道路车辆产生的尾气，对茶园土壤锌含量影响巨大，因此东山镇茶园东北部地区锌含量高，甚至出现大面积超标现象；龙井村茶园中部分布着龙井御茶园、鹿柴客栈、静龙达茶庄、兰亭茶主题餐厅等供游客住宿和游玩的场所，东部有依山依市美景餐厅、杭州乡阁老龙井民宿酒店、加富休闲茶庄等，居民点及交通道路较为密集，因此茶园中部及以东地区土壤锌含量整体水平也较高；溪龙乡西南部为安吉溪龙茗达茶场、安吉溪龙桥子茶场、张家坞以及茶思坞，南部为里黄社、安吉溪龙泉盛茶场，西南部为南楼坞等，东部为大山坞东山茶厂、安吉雪羽茶叶公司、里山大坞等，溪龙乡茶园周围环绕较多的茶场、村社等，因此周围尤其是南部和东部土壤锌含量较高。

7）土壤镉空间分异分析

统计数据表明，四个研究区茶园土壤镉含量整体水平由高到低顺序依次为龙井村>天目湖>溪龙乡>东山镇，含量均值依次为 0.14mg/kg、0.13mg/kg、0.11mg/kg、0.05mg/kg；其中，江苏省茶园土壤镉含量整体水平为 0.09mg/kg，浙江省茶园土壤镉含量整体水平为 0.12mg/kg。江浙两省四个研究区茶园土壤镉含量均在茶园环境质量标准限值范围内，均不存在镉污染问题，但是浙江省整体水平明显高于江苏省。从土壤镉的空间插值图上看江苏省天目湖及东山镇茶园土壤镉的颜色跨度较小，其中天目湖整体颜色较深，而东山镇整体颜色较浅，表明天目湖镉含量整体水平较东山镇要高。浙江省龙井村和溪龙乡茶园土壤镉的颜色跨度较大，其中龙井村整体颜色比溪龙乡深，表明龙井村镉含量整体水平较溪龙乡更高。茶园土壤镉含量及其空间分布影响因素分析如下：

（1）结构性因子

土壤有机质含量对土壤镉含量及其空间分布也有重要的影响，土壤中有机质总量的50%~90%主要成分为腐殖质，而腐殖质的主要活性部分为腐殖酸，是土壤中重要的重金属络合剂，其对金属的络合必然影响土壤重金属的活性。腐殖酸的存在，增强了黏土对重金属的吸附，主要是由于腐殖酸发生离解后与重金属络合，其络合物与黏土有一定的结合能力，增强了黏土对重金属的吸附能力。统计分析表明，研究区茶园土壤有机质含量与土壤镉表现出1%水平下极显著正相关关系，其偏向关系为0.233。从土壤有机质含量统计结果以及空间插值可以看出浙江省茶园土壤有机质含量明显高于江苏省，且镉和有机质含量在空间分布上存在正相关的趋势，因此浙江省茶园土壤镉含量整体水平高于江苏省，研究区茶园土壤镉和土壤有机质空间插值图分别见图 5-3-18 及图 5-3-12。其次，硒与镉在土壤中能够表现为一定的拮抗作用。根据前文相关性分析可知，研究区土壤镉与土壤硒含量表现为5%水平下的显著正相关，其偏相关系数为0.173。由研究区土壤硒含量的统计结果以及空间插值图颜色可以看出浙江省茶园土壤硒含量明显高于江苏省，且镉和硒含量在空间分布上存在正相关的趋势，因此浙江省茶园土壤镉含量整体水平高于江苏省，研究区茶园土壤镉和土壤硒空间插值图分别见图 5-3-18 及图 5-3-20。此外，表 5-3-23 中天目湖、龙井村及溪龙乡土壤有机质以及土壤硒含量整体水平较东山镇更高，因而土壤镉含量较东山镇也明显偏高，溪龙乡土壤有机质及土壤硒含量整体水平均为最高值但土壤镉含量整体水平却不是最高，主要还与其他随机性因素有关。

表 5-3-23　土壤有机质-镉-硒含量关系对应表

研究区	土壤 pH 均值	有机质 / (g/kg)	有机质-镉 偏相关系数	土壤镉 / (mg/kg)	硒-镉 偏相关系数	土壤硒 / (mg/kg)
天目湖	4.76	22.76		0.13		1.90
东山镇	4.74	21.63		0.05		1.06
龙井村	4.40	33.72	0.233	0.14	0.173	1.89
溪龙乡	4.22	33.97		0.11		2.95

茶园土壤普遍呈酸性，而研究表明，在酸性条件下，土壤有机酸对重金属的吸附作用主要是由腐殖酸中的富里酸的作用。腐殖酸对土壤镉吸附容量的影响表现在一定范围内，pH升高，土壤镉吸附容量越大。而本研究统计结果表明，土壤

pH 与土壤镉表现出 5%水平下的显著正相关,其偏相关系数为 0.181,尽管由于其他要素综合作用而致使土壤镉含量值与 pH 未表现出明显的同步趋势(表5-3-23),但是通过偏相关分析,土壤 pH 对土壤镉的影响也不可忽视。

(2)随机性因子

土壤镉的污染主要分布在重工业发达地区、公路铁路两侧,农业发达的灌溉地区的污染也比较严重。其主要产生的途径有:大气中镉元素的沉降,农药、化肥和塑料薄膜的使用,污水灌溉,污泥施肥,含重金属废弃物的堆积,金属矿山酸性废水污染等。而茶园土壤镉的来源主要为化肥农药的使用以及交通道路、汽车尾气等的影响。天目湖、溪龙乡有较多的大型茶场、承包户及合作社等的规模种植,其施肥量、农药施用量等相比东山镇更多,且溪龙乡多以有机肥和强化其品质的饼肥为主,因而天目湖和溪龙乡茶园土壤镉含量整体水平偏高。龙井村茶园虽然受到良好的产区保护,但茶园化肥农药等施用量也较高,因此土壤镉含量较高。由于我国茶叶历史悠久,人们除了饮茶品茶外,还喜欢赏茶,因此各研究区茶园均为当地甚至全国有名的旅游景点,来往游客较多,进而交通道路及车辆往来产生的尾气也对茶园土壤镉含量及其空间分布产生一定的影响。

8)土壤砷空间分异分析

统计数据表明,四个研究区茶园土壤砷含量整体水平由高到低顺序依次为溪龙乡>东山镇>天目湖>龙井村,含量均值依次为 24.27mg/kg、20.72mg/kg、18.33mg/kg、14.19mg/kg;其中,江苏省茶园土壤砷含量整体水平为 19.53mg/kg,浙江省茶园土壤砷含量整体水平为 19.23mg/kg,江苏省整体水平略高于浙江省。从插值图上看天目湖、龙井村茶园土壤砷含量均在 30mg/kg 范围内,整体颜色较浅,但天目湖插值图整体颜色较龙井村深;东山镇和溪龙乡茶园局部地区土壤砷含量超过 30mg/kg,整体颜色较深,且溪龙乡插值图整体颜色较东山镇更深。茶园土壤砷含量及其空间分布影响因素分析如下:

(1)结构性因子

土壤硒与土壤砷具有拮抗作用而形成一定的伴生关系,严重时甚至能够造成复合污染。根据前文相关性分析可知,研究区土壤砷与土壤硒含量表现出 1%水平下的极显著正相关,其偏相关系数为 0.384。同时土壤砷与 pH 之间表现为 5%水平下显著负相关,其偏相关系数为–0.167。表明在酸性条件下,充足的硒元素能够加强土壤对砷元素的吸附作用。由统计数据可知,溪龙乡土壤硒含量最高,且 pH 最低,最利于土壤砷在土壤中的储存,而溪龙乡茶园土壤砷含量也最高;东山镇茶园土壤硒含量最低,pH 却相对较高,而土壤砷含量较高,主要是因为东山镇茶园地处太湖之滨,三面临湖,长时间受太湖水平调节,茶园土壤水分含量相对较高,使得茶园土壤对砷的吸附能力较强,茶园砷含量整体水平较高;天目湖茶园土壤硒含量较龙井村略高，利于土壤砷在土壤中的储存，但 pH 较龙井村更高，不利于硒的储存，但从土壤砷含量的统计分析以及空间插值图颜色来看，天目湖土壤砷含量整体水平更高，主要还与龙井村地区茶园的保护政策有关。

（2）随机性因子

土壤砷主要来源于砷化物的广泛利用，如含砷农药的生产和使用，又如作为玻璃、木材、制革、纺织、化工、陶器、颜料、化肥等工业的原材料，均增加了环境中的砷污染量。溪龙乡茶园西北部分布着上马坎工业园区及其附近的皮革、家具等生产加工工厂，是溪龙乡茶园土壤砷的重要来源。此外，天目湖、溪龙乡存在较多的承包户、合作社等，规模种植化肥农药的施用量较单体户更大，因此溪龙乡和天目湖土壤砷含量较高；东山镇茶园东北部及中部有印刷公司、家具等制造公司，对东山镇茶园土壤砷有着重要的影响；而龙井村一方面土壤条件较其他茶园不利于砷的储存，另一方面龙井村茶园附近也没有出现玻璃、皮革、化工等工厂，同时龙井村茶园拥有当地政府和村民较强的保护措施，受到外界干扰较少，因此茶园土壤砷含量整体水平也较低。

9）土壤硒空间分异分析

统计数据表明，四个研究区茶园土壤硒含量整体水平由高到低顺序依次为溪龙乡>天目湖>龙井村>东山镇，含量均值依次为 2.95mg/kg、1.90mg/kg、1.86mg/kg、1.06mg/kg；其中，江苏省茶园土壤硒含量整体水平为 1.48mg/kg，浙江省茶园土壤硒含量整体水平为 2.41mg/kg，浙江省整体水平明显高于江苏省。从插值图上看浙江省龙井村及溪龙乡茶园土壤硒的颜色明显较江苏省天目湖及东山镇更深，再次证明浙江省茶园土壤硒含量整体水平高于江苏省。茶园土壤硒含量及其空间分布影响因素分析如下：

（1）结构性因子

研究表明，土壤母质是土壤硒含量的决定性因素。多数情况下，与其他微量元素相似，成土矿物中所含的硒元素通过风化作用可转变为生物可利用态，母质中的硒元素与土壤含硒量成显著正相关。土壤中的黏粒对硒元素有较强的富集作用，黏粒含量越高，土壤的保肥性越好，能有效地减少硒元素的流失，黏性土壤中的含硒量往往高于砂性土壤。由于江浙两省地处黄壤向红壤过渡的地带，土壤基本理化性质相似，土壤的黏性由北向南有增大的趋势，因此浙江省茶园土壤硒含量的整体水平较江苏省更高。其次，根据实地考察及统计分析发现，茶园土壤硒含量与土壤类型表现为1%水平下极显著负相关，其偏相关系数为−0.257，即由黄棕壤至黑土，土壤硒含量逐渐递减。由表 5-3-24 可知四个研究区中黄棕壤样点数量最多的是溪龙乡，占比高达 62.50%；其次是东山镇，占比为 50.00%；再次为龙井村，占比为 45.00%；最小的是天目湖，占比为 47.50%。但天目湖黄棕砂、黄壤土占比分别为 22.50%、17.50%，而东山镇、龙井村及溪龙乡均为 0，且在硒含量较少的灰土、黄红壤以及黑土中，天目湖样点数量占比最小，其次是溪龙乡，再次为龙井村，占比最大的是东山镇。因此，综合各土壤类型后，溪龙乡土壤样品中高硒水平样点占比最高，其次是天目湖，最小的是东山镇，因而土壤样品硒含量由高到低的顺序依次为溪龙乡>天目湖>龙井村>东山镇。

表 5-3-24　各研究区不同土壤类型采样点数量占比

项目	天目湖		东山镇		龙井村		溪龙乡		江苏省		浙江省	
	占比/%	累计比/%	占比/%	累计比/%	占比/%	累计比/%	占比/%	累计比/%	占比/%	累计比/%	占比/%	累计比/%
黄棕壤	47.50	47.50	50.00	50.00	45.00	45.00	62.50	62.50	48.75	48.75	53.75	53.75
黄棕砂	22.50	70.00	0.00	50.00	0.00	45.00	0.00	62.50	11.25	60.00	0.00	53.75
黄壤土	17.50	87.50	0.00	50.00	45.00	45.00	0.00	62.50	8.75	68.75	0.00	53.75
棕黑土	10.00	97.50	17.50	67.50	35.00	80.00	25.00	87.50	13.75	82.50	30.00	83.75
灰土	2.50	100.00	7.50	75.00	10.00	90.00	5.00	92.50	5.00	87.50	7.50	91.25
黄红壤	0.00	100.00	25.00	100.00	2.50	95.00	2.50	95.00	12.50	100.00	3.75	95.00
黑土	0.00	100.00	0.00	100.00	5.00	100.00	5.00	100.00	0.00	100.00	5.00	100.00

　　研究表明，土壤有机质对硒含量及其空间分布也具有重要的影响，如土壤有效硒含量随土壤有机质的增加而提高，其原因可能是土壤有机质除了分解释放提供土壤有效硒外，其腐解过程的中间产物及某些合成产物也可能促进硒的活化等。统计分析表明，土壤有机质与土壤硒表现为 1%水平下极显著正相关，其偏相关系数为 0.306。由统计数据及空间插值图可知，浙江省茶园土壤有机质含量整体水平明显高于江苏省，其中溪龙乡高于龙井村，天目湖高于东山镇，而土壤硒含量与有机质含量趋势大致相似。此外，不同的耕层厚度土壤硒含量及其空间分布也有着明显的差距（表 5-3-25），统计分析表明，研究区茶园土壤硒含量与耕层厚度表现出 1%水平下显著负相关，其偏向关系数为-0.376，表明耕层厚度越浅土壤硒含量越高，而耕层厚度越深，土壤硒含量越低。由表 5-3-20 可知耕层厚度 10~15cm 区域内，溪龙乡的样点占比最高，比例为 25.00%；其次是天目湖，占比为 17.50%；占比最小的为龙井村，占比为 7.50%。耕层厚度 10~20cm 区域内，溪龙乡占比最高，比例为 62.50%；其次是龙井村 50.00%；最小为东山镇 35.00%。由此，耕层厚度是导致溪龙乡土壤硒含量最高，而东山镇土壤硒含量最低的重要因素之一。

表 5-3-25　研究区土壤硒含量值与耕层厚度对应表

耕层厚度 h/cm	$10 \leqslant h \leqslant 15$	$15 < h \leqslant 20$	$20 < h \leqslant 25$	$25 < h \leqslant 30$
混合样点个数/个	55	24	62	19
硒含量均值/（mg/kg）	2.436	2.170	1.728	1.361

除此之外，土壤 pH 对硒含量及其空间分布也有着重要的影响。从前文相关分析可知，研究区土壤 pH 与硒含量表现为 5%水平下显著负相关，其偏相关系数为–0.173，而浙江省茶园土壤 pH 整体水平较江苏省更低，因而更有利于土壤硒的储存。

地形地貌不仅影响土壤铜的含量、空间分布及其活化率，对土壤硒也有着较为重要的影响。由图 5-3-20 可知，研究区茶园土壤硒含量与海拔表现出一定程度上的正相关趋势，即海拔较高的区域内，土壤硒含量也较高，尤其是东山镇和溪龙乡尤为明显。而统计数据表明，研究区茶园土壤硒含量与地形特征表现为1%水平下的极显著正相关，其偏相关系数为 0.489，表明地势越平缓，土壤硒含量越低，而地势起伏越大，土壤硒含量越高。而由表 5-3-19 可知，江苏省天目湖及东山镇研究区茶园均在平地或缓坡区域内，而浙江省龙井村及溪龙乡研究区茶园绝大部分均在陡坡区域内，尤其是溪龙乡，陡坡区域内样点数占比高达62.50%，因而土壤硒含量整体水平也很高。总体上，江苏省研究区茶园海拔相对较低，地势起伏相对较小，地形较为平缓，而浙江省研究区茶园海拔相对较高，地势起伏相对较大，地形较为陡峭。因此浙江省研究区茶园土壤硒含量整体水平较江苏省高。

（2）随机性因子

研究表明，在所有微量元素中，硒是受人类活动影响最大的元素之一，因而可作为反映人类活动对土壤环境影响程度的敏感的地球化学因子。而从土壤硒变异函数的块金系数来看，较其他要素指标的块金系数确实普遍偏高。人类主要通过土地利用而影响土壤环境，土地利用方式能改变土壤性质和土地生产力，进而影响土壤质量和土壤环境。由前文分析可知，天目湖、溪龙乡存在较多的承包户、合作社等，规模种植化肥农药的施用量较单体户更大。化肥又分为有机肥料和无机化肥，较高的有机肥施用量增加了土壤有机质的含量，间接促进硒元素在土壤中的储存，而长期使用无机化肥也可通过改变土壤质地影响土壤黏粒多少等进而影响土壤对硒元素的吸附作用，促使硒元素在土壤中的富集。此外，茶园附近的交通道路及居民点的存在对土壤密度及水分等属性也造成一定的影响，进而影响茶园土壤硒的含量及其空间分布状况。由土壤硒的空间插值图（图 5-3-20）可以看出，交通要道及居民点密集区，土壤硒的含量值也较低，尤其是东山镇茶园，四周布有一条主干交通线路，并在其周围分散着较多的居民点（图 5-3-21），因而东山镇茶园周边地区土壤硒含量明显较低，含量基本处于中等水平；而其他研究区茶园交通道路及居民点相对较少，因而土壤硒含量整体水平较东山镇更高。插值图显示，四个研究区中仅东山镇茶园土壤硒为中等水平，而其他研究区土壤硒均处于高含量水平。

第6章 江浙地区茶园叶片指标测度研究

6.1 江浙地区茶园叶片指标统计特征分析

6.1.1 叶片基本性质

茶树叶片的可塑性最大，易受各种因素的影响，但就同一品种而言，叶片的形态特征（尤其是无性繁殖的茶树）是比较一致的。因此，在生产上，叶片大小、叶片色泽以及叶片角度等，可作为鉴别品种和确定栽培技术的重要依据之一。

茶叶品质是茶叶生产的生命力，而茶叶品质的研究，必须以茶叶理化分析开道。因此，叶片的理化特征是反映茶叶品质的重要标准，其中色、香、味为其核心（钟萝等，1989）。

6.1.2 叶片营养元素指标统计特征分析

茶叶中营养元素及微量元素的含量是评判茶叶品质的重要标准之一，对提升茶叶品质，改良土壤生境，推进无公害有机绿色茶园建设具有积极作用。本书主要分析对茶叶产量及品质有直接重要影响的营养物质：有机质（SOM）、速效氮（AN）、速效磷（AP）、速效钾（AK）。

此外，为剔除特异值的影响，同样采用域法（即样本平均值 $\bar{a}$ 加减三倍标准差 s）识别特异值，再分别用处于正常情况下的最大值或最小值替代特异值（刘付程等，2004；王绍强等，2001）。

1）叶片有机质描述性统计分析

利用 SPSS 统计分析软件，对研究区茶园叶片样本有机质含量数据进行经典统计学分析。结果显示：①天目湖、东山镇、龙井村、溪龙乡四个研究区叶片样本数据中有机质含量变化范围分别为：91.87~94.81mg/g、91.76~93.85mg/g、91.85~93.62mg/g、93.15~94.51mg/g，变化幅度分别为 2.94mg/g、2.09mg/g、1.77mg/g、1.36mg/g。四个研究区有机质含量变化幅度水平由高到低依次为：天目湖>东山镇>龙井村>溪龙乡，江苏省茶园叶片有机质含量跨度明显大于浙江省。②就平均水平而言，四个研究区茶园叶片有机质含量整体水平由高到低依次为：溪龙乡>天目湖>龙井村>东山镇。浙江省茶园叶片有机质含量整体水平高于江苏省，这与两省土壤有机质含量分布水平基本一致，因此江苏省可适当加大有机肥料的投入，提高利用率，从而适当改善其叶片有机质含量水平。③研究表明元素空间变异性与变异系数密切相关，通常认为变异系数 CV≤10%时为弱变异性，10%<CV<100%时为中等变异性，CV≥100%时为强变异性（徐国策等，2012；赵媛等，2010）。四个研究区茶园叶片有机质含量变异系数分别为：0.81%、0.60%、0.45%、0.34%，均小于 10%，属于极弱变异水平，变异水平由高到低依次为：天目湖>东山镇>龙井村>溪龙乡，可见江苏省茶园叶片有机质变异水平高于浙江省，其中有机质含量变异系数最大的是天目湖，最小的是溪龙乡。④偏度系数表明只有东山镇有机质的偏度系数为正值，呈现出右偏态，其余研究区叶片有机质含量分布曲线均表现为左偏态。峰度系数计算结果显示位于江苏省的天目湖和东山镇有机质的峰度系数为负值，表明其叶片有机质含量大于样本均值的数据更集中，且两侧极端值较少，有机质含量整体集中性较高，而位于浙江省的龙井村和溪龙乡有机质的峰度系数为正值，表明其叶片有机质含量大于样本均值的数据更集中，且两侧极端值较多，有机质含量整体集中性偏低。其中，离散程度最严重的是溪龙乡，偏度系数和峰度系数分别为：−1.05 和 0.56。

综上，江浙优质名茶种植区茶园叶片有机质含量整体水平较高，有利于培育高品质茶叶品种。其中，浙江省茶园叶片有机质含量整体水平高于江苏省，含量变化幅度、变异水平均低于江苏省，但其离散程度高于江苏省。因此江苏省茶园在种植过程中应增施有机肥，提高植物的吸收效率，以优化叶片有机质的整体水平及集中程度。研究区叶片有机质含量样本统计数据如表 6-1-1 所示。

表 6-1-1　茶园叶片有机质统计参数

研究区 Area	样点数 Samples /个	最小值 Minimum /（mg/g）	最大值 Maximum /（mg/g）	平均值 Mean /（mg/g）	标准差 SD /（mg/g）	变异系数 CV /%	偏度 Skewness	峰度 Kurtosis
天目湖	40	91.87	94.81	93.69	0.76	0.81	−0.52	−0.46
东山镇	40	91.76	93.85	92.66	0.55	0.60	0.31	−0.87
龙井村	40	91.85	93.62	92.96	0.42	0.45	−0.88	0.58
溪龙乡	40	93.15	94.51	94.00	0.32	0.34	−1.05	0.56

2）叶片速效氮描述性统计分析

利用 SPSS 统计分析软件，对研究区茶园叶片样本速效氮含量数据进行经典统计学分析。结果显示：①天目湖、东山镇、龙井村、溪龙乡四个研究区叶片样本数据中速效氮含量变化范围分别为：1.10~2.31mg/g、1.09~1.98mg/g、1.16~2.09mg/g、1.53~2.30mg/g，变化幅度分别为 1.21mg/g、0.89mg/g、0.93mg/g、

0.77mg/g，跨度水平由高到低依次为：天目湖>龙井村>东山镇>溪龙乡。②就平均值水平而言，天目湖、东山镇、龙井村、溪龙乡叶片速效氮平均值分别为：1.62mg/g、1.43mg/g、1.48mg/g、1.77mg/g，由高到低顺序依次为：溪龙乡>天目湖>龙井村>东山镇，浙江省茶园叶片速效氮含量整体水平高于江苏省。③四个研究区茶园叶片速效氮含量的变异系数几乎均在 10%~100%范围内，因此属于中等变异水平，其变异水平由高到低依次为：龙井村>天目湖>东山镇>溪龙乡，变异系数分别为：14.21%、10.56%、10.54%、9.93%。④研究区内速效氮含量的偏度系数和峰度系数均为正数，表明四个研究区叶片速效氮含量分布曲线呈现出正偏态，且叶片有机质含量大于样本均值的数据更为发散，两侧极端值较多，速效氮含量整体集中性较低。天目湖和东山镇、龙井村和溪龙乡速效氮含量分布曲线偏斜程度及极端值情况相似。

综上，浙江省速效氮含量整体水平高于江苏省，茶叶品质更好。江苏省应改良施用氮肥的途径，从而提升叶片速效氮的含量水平，为培育优质名茶提供技术支撑。研究区叶片速效氮含量样本统计数据如表 6-1-2 所示。

表 6-1-2　茶园叶片速效氮统计参数

研究区 Area	样点数 Samples /个	最小值 Minimum /（mg/g）	最大值 Maximum /（mg/g）	平均值 Mean /（mg/g）	标准差 SD /（mg/g）	变异系数 CV /%	偏度 Skewness	峰度 Kurtosis
天目湖	40	1.10	2.31	1.62	0.17	10.56	1.11	7.56
东山镇	40	1.09	1.98	1.43	0.15	10.54	1.50	5.13
龙井村	40	1.16	2.09	1.48	0.21	14.21	0.97	0.51
溪龙乡	40	1.53	2.30	1.77	0.18	9.93	0.99	0.67

3）叶片速效磷描述性统计分析

利用 SPSS 统计分析软件，对研究区茶园叶片样本速效磷含量数据进行经典统计学分析。结果显示：①天目湖、东山镇、龙井村、溪龙乡四个研究区叶片样本数据中速效磷含量变化范围分别为： 1.22~3.90mg/g、 1.54~4.21mg/g、1.83~3.59mg/g、1.54~2.45mg/g。四个研究区速效磷含量变化幅度分别为：2.68mg/g、2.67mg/g、1.76mg/g、0.91mg/g，变化幅度由高到低顺序依次是：天目湖>东山镇>龙井村>溪龙乡，江苏省茶园叶片速效磷含量跨度略大于浙江省。②就平均水平而言，四个研究区速效磷水平由高到低顺序依次为：东山镇>天目湖>龙井村>溪龙乡，速效磷含量分别为：2.59mg/g、2.39mg/g、2.31mg/g、1.84mg/g。其中速效磷水平最高的是东山镇，最低的是溪龙乡，两个研究区相差 0.75mg/g，且江苏省茶园叶片速效磷含量整体水平高于浙江省，两省相差 0.42mg/g。③四个研究区茶园叶片速效磷含量的变异系数均在 10%~100%范围内，也属于中等变异水平，其变异水平由高到低依次为：东山镇>天目湖>龙井村>溪龙乡，变异系数分别为：30.87%、24.32%、17.31%、14.21%。④分析结果显示，四个研究区叶片速效磷含量的偏度系数均为正值，表明其叶片速效磷含量分布曲线均为右偏态。天目湖和龙井村的峰度系数为正值，表明其叶片速效磷含量大于样本均值的数据更为发散，且两侧极端值较多，速效磷含量集中性较低，而东山镇和溪龙乡的峰度系数为负值，表明其叶片速效磷含量大于样本均值的数据更为发散，且两侧极端值较少，速效磷含量集中性较高。

综上，江苏省速效磷含量整体水平高于浙江省，且各省内速效磷含量整体分布情况相似。但江苏省叶片速效磷变化幅度、变异水平等均高于浙江省，因此江苏省应有针对性地制定施肥方案，因地制宜，从而提高茶园叶片速效磷的均质性。研究区叶片速效磷含量样本统计数据如表 6-1-3 所示。

表 6-1-3　茶园叶片速效磷统计参数

研究区 Area	样点数 Samples /个	最小值 Minimum /（mg/g）	最大值 Maximum /（mg/g）	平均值 Mean /（mg/g）	标准差 SD /（mg/g）	变异系数 CV /%	偏度 Skewness	峰度 Kurtosis
天目湖	40	1.22	3.90	2.39	0.58	24.32	0.71	0.06
东山镇	40	1.54	4.21	2.59	0.80	30.87	0.51	−1.00
龙井村	40	1.83	3.59	2.31	0.40	17.31	1.14	1.06
溪龙乡	40	1.54	2.45	1.84	0.26	14.21	1.03	−0.18

4）叶片速效钾描述性统计分析

利用 SPSS 统计分析软件，对研究区茶园叶片样本速效钾含量数据进行经典统计学分析。结果显示：①天目湖、东山镇、龙井村、溪龙乡叶片样本数据中速效钾含量变化范围分别为：4.66~13.27mg/g、6.42~10.30mg/g、7.24~11.20mg/g、5.25~8.66mg/g。含量变化幅度分别为：8.61mg/g、3.88mg/g、3.96mg/g、3.41mg/g，变化幅度由高到低依次为：天目湖>龙井村>东山镇>溪龙乡。除天目湖外，其余各研究区茶园叶片速效钾含量跨度均相差不大。②就平均水平而言，四个研究区速效钾含量水平由高到低顺序依次为：龙井村>东山镇>天目湖>溪龙乡，速效钾含量分别为：9.02mg/g、8.16mg/g、7.59mg/g、6.68mg/g。这与四个研究区茶园土壤速效钾含量水平几乎成完全相反的趋势。③四个研究区茶园叶片速效钾含量的变异系数大体均在 10%~100%之间，其变异水平由高到低依次为：天目湖>龙井村>

东山镇>溪龙乡，变异系数分别为：28.63%、11.46%、10.77%、9.59%。④位于江苏省的天目湖和东山镇其偏度系数和峰度系数同正同负，表明二者叶片速效钾分布曲线均呈现出右偏态，且大于样本均值的数据更为发散，两侧极端值较少，速效钾含量整体集中性较高。位于浙江省的龙井村和溪龙乡其偏度系数和峰度系数正负相异，龙井村速效钾的偏度系数和峰度系数同为负值，表明其含量分布曲线表现为左偏态，且速效钾大于样本均值的数据更为集中，两侧极端值较少，整体集中性较高；溪龙乡速效钾的偏度系数和峰度系数同为正值，表明其含量分布曲线表现为右偏态，且速效钾大于样本均值的数据更为发散，两侧极端值较多，整体集中性较低。

综上，江浙优质名茶种植区茶园叶片速效钾含量整体水平尚可，但含量分布跨度以及变异水平均较高，可见其内部稳定性较差。因此，在种植时应因地制宜的使用钾肥，控制高值区改善低值区，提高茶园叶片速效钾含量的均质性，从而更有利于培育出高品质的有机茶品种。研究区叶片速效钾含量样本统计数据如表 6-1-4 所示。

表 6-1-4　茶园叶片速效钾统计参数

研究区 Area	样点数 Samples /个	最小值 Minimum /（mg/g）	最大值 Maximum /（mg/g）	平均值 Mean /（mg/g）	标准差 SD /（mg/g）	变异系数 CV /%	偏度 Skewness	峰度 Kurtosis
天目湖	40	4.66	13.27	7.59	2.17	28.63	0.73	-0.17
东山镇	40	6.42	10.30	8.16	0.88	10.77	0.11	-0.45
龙井村	40	7.24	11.20	9.02	1.03	11.46	-0.06	-1.15
溪龙乡	40	5.25	8.66	6.68	0.64	9.59	0.10	1.91

5）叶片养分整体概况统计分析

江浙两省茶园叶片养分整体状况良好，养分水平较高，利于茶叶种植及培育。其中：①江苏省叶片有机质、速效氮含量的平均水平均低于浙江省，而速效磷和速效钾的平均水平均高于浙江省，因此两省应针对各自的短板有所突破，将优质名茶的养分水准推向更高的层次。②就变化幅度而言，江苏省四大营养元素的变化幅度均高于浙江省，可见江苏省叶片营养元素含量的均质性低于浙江省，需因地制宜的实施增肥方式，缩小省内地区差异，这也更有利于省内的统筹管理。③江浙两省茶园叶片养分含量的变异系数几乎均在 10%~100% 范围内，属于中等变异水平，其中，有机质整体变异水平最低，而速效磷含量整体变异水平最高。研究区叶片养分相关统计参数见表 6-1-5 所示。

表 6-1-5　茶园叶片养分统计参数

研究区 Area	样点数 Samples /个	有机质（SOM）			速效氮（AN）			速效磷（AP）			速效钾（AK）		
		平均值 Mean / (mg/g)	变化幅度/ (mg/g)	变异系数 CV/%	平均值 Mean/ (mg/g)	变化幅度/ (mg/g)	变异系数 CV/%	平均值 Mean/ (mg/g)	变化幅度/ (mg/g)	变异系数 CV/%	平均值 Mean/ (mg/g)	变化幅度/ (mg/g)	变异系数 CV/%
天目湖	40	93.69	2.94	0.81	1.62	1.21	10.56	2.39	2.68	24.32	7.59	8.61	28.63
东山镇	40	92.66	2.09	0.60	1.43	0.89	10.54	2.59	2.67	30.87	8.16	3.88	10.77
龙井村	40	92.96	1.77	0.45	1.48	0.93	14.21	2.31	1.76	17.31	9.02	3.96	11.46
溪龙乡	40	94.00	1.36	0.34	1.77	0.77	9.93	1.84	0.91	14.21	6.68	3.41	9.59
江苏省	80	93.17	3.06	0.90	1.53	1.22	12.34	2.49	2.99	28.20	7.88	8.61	21.23
浙江省	80	93.48	2.66	0.69	1.62	1.14	14.90	2.07	2.05	19.72	7.85	5.95	18.51
合计	160	93.32	3.06	0.82	1.57	1.22	14.05	2.28	2.99	26.72	7.86	8.61	19.86

6.1.3　叶片重金属元素指标统计特征分析

茶叶中重金属元素的研究是茶学研究的重要内容，叶片中重金属元素主要包括 Cu、Zn、Cd、Cr、Hg、Pb、Sn、As、Se 等，其中有益重金属元素包括 Zn 和 Se，有害重金属元素包括 Cu、Cd、Hg、Pb、As。重金属含量与茶叶的品质及绿色等级密切相关，可见其研究的必要性和迫切性。因此本书在现有研究的基础上，结合研究区实际情况，选取铜（Cu）、锌（Zn）、镉（Cd）、砷（As）、硒（Se）五种重金属元素作为研究对象。

为剔除特异值的影响，同样采用域法（即样本平均值 $\bar{a}$ 加减三倍标准差 s）识别特异值，再分别用处于正常情况下的最大值或最小值替代特异值。茶园叶片化学物质铜、镉、砷的限量标准如表 6-1-6 所示。

表 6-1-6　茶园叶片化学物质限量标准

项目	含量限值	参考来源
铜 Cu/（mg·kg^{-1}）	≤60	（GBn 144—1981）
镉 Cd/（mg·kg^{-1}）	≤1	（农业部其他标准）
砷 As/（mg·kg^{-1}）	≤2	（农业部其他标准）

1）叶片铜描述性统计分析

结合茶叶片铜元素限制量标准（以下简称"限量标准"），对研究区茶园叶片重金属铜含量数据进行经典统计学分析（表6-1-7）。结果显示：①四个研究区叶片铜元素含量范围分别为：5.74~65.98mg/kg、6.65~54.70mg/kg、5.90~10.27mg/kg、5.62~66.08mg/kg，含量变化幅度分别为：60.24mg/kg、48.05mg/kg、4.37mg/kg、60.46mg/kg，变化幅度由高到低依次是：溪龙乡>天目湖>东山镇>龙井村，龙井村茶园叶片铜含量跨度明显小于其他三个研究区。②四个研究区叶片铜的最小值、平均值均远低于限量标准，表明研究区叶片铜整体情况良好，不存在污染问题。部分研究区最大值存在超标现象，超标程度分别为：9.97%、0、0、10.13%，样本超标率分别为：2.50%、0、0、2.50%，表明东山镇和龙井村不存在任何污染状况，而天目湖和溪龙乡存在一定程度的局部地区铜元素超标现象，但情况均不严重。③四个研究区叶片铜的变异系数均在10%~100%之间，属于中等变异水平，且整体变异水平较高，除龙井村外其余研究区变异水平均大于50%，由高到低依次为：天目湖>溪龙乡>东山镇，变异系数分别为：63.90%、62.81%、55.90%，龙井村叶片铜的变异水平最低，变异系数为14.88%。④偏度系数和峰度系数表明四个研究区叶片铜含量分布曲线均表现出右偏态，其中只有龙井村叶片铜的峰度系数为负值，表明龙井村叶片铜含量大于样本均值的数据更发散，且两侧极端值较少，叶片铜含量整体集中性较高。而其他研究区叶片铜含量的峰度系数均为正值，表明大于样本均值的数据更为分散，且两侧极端值较多，叶片铜含量整体集中性偏低。

表 6-1-7　茶园叶片铜元素限制量标准

标准	ISO	欧盟	日本	英美	绿色茶叶	有机茶
含量限值/（mg/kg）	≤60	≤40	≤100	≤150	≤60	≤30

综上，江浙两省茶园叶片铜含量除极少数区域存在一定程度的过量现象外，整体状况良好，基本达到有机茶含量标准，这与两地土壤铜含量水平相似，具有一定的相关性。但两省叶片铜含量水平的变异水平及离散程度均较严重，可见其内部均质性不高。研究区叶片铜含量样本统计数据如表6-1-8所示。

2）叶片锌描述性统计分析

结合茶园叶片锌含量等级标准，对研究区茶园叶片重金属锌含量数据进行经典性统计学分析。结果显示：①四个研究区叶片锌的含量范围是：25.66~66.60mg/kg、20.29~66.18mg/kg、17.18~59.17mg/kg、15.75~83.16mg/kg，含

表 6-1-8　茶园叶片铜元素统计参数

研究区 Area	样点数 Samples /个	最小值 Minimum /（mg/kg）	最大值 Maximum /（mg/kg）	平均值 Mean /（mg/kg）	标准差 SD /（mg/kg）	变异系数 CV /%	偏度 Skewness	峰度 Kurtosis	样本 超标率 /%
天目湖	40	5.74	65.98	15.89	10.15	63.90	3.42	15.31	2.50
东山镇	40	6.65	54.70	18.45	10.32	55.90	1.66	3.71	0.00
龙井村	40	5.90	10.27	8.05	1.20	14.88	0.35	−0.71	0.00
溪龙乡	40	5.62	66.08	17.83	11.20	62.81	2.44	8.56	2.50

量变化幅度分别为：40.94mg/kg、45.89mg/kg、41.99mg/kg、67.41mg/kg 变化幅度由高到低顺序依次为：溪龙乡>东山镇>龙井村>天目湖，江浙两省叶片锌含量的跨度均比较大。②茶树正常生长的功能叶全锌含量都在 10mg/kg 以上，四个研究区叶片锌含量的最小值均高于缺锌含量标准（表 6-1-9），可见江浙两省的叶片锌含量均在正常标准范围内，不存在叶片缺锌现象。但茶叶等级与茶叶的锌含量往往成正相关关系，名优茶的含锌量为 64~84mg/kg（石元值等，2003），四个研究区名优茶占比率分别为 5.00%、2.50%、0、2.50%，可见江浙两省叶片锌含量虽不缺乏，但其茶叶品质远未达到名优茶的含锌量标准，需提高当地茶树的锌吸收效率，进一步改善茶叶品质。③四个研究区叶片锌含量的变异系数均在 10%~100% 范围内，属于中等变异水平，且变异水平均比较低，变异水平由高到低依次是：溪龙乡>东山镇>龙井村>天目湖，变异系数分别为：40.24%、26.00%、25.35%、23.51%。④天目湖叶片锌的偏度系数为正值，而峰度系数为负值，表明其大于样本均值的数据较为发散，而小于样本均值的数据相对比较集中，且两侧极端值较少，叶片锌含量整体集中性较高。其他三个研究区叶片锌的偏度系数和峰度系数均为正值，表明其大于样本均值的数据较为发散，而小于样本均值的数据相对比较集中，但两侧极端值较多，叶片锌含量整体集中性较低。

综上，江浙两省茶园叶片锌含量均大于 15mg/kg，样本缺锌率为 0，未出现缺锌现象。但就平均水平而言，四大研究区叶片锌含量大体处于 30~40mg/kg 之间，远低于名优茶锌含量标准 64~84mg/kg，可见茶叶品质仍有较大的上升空间。鉴于江浙两省茶园土壤锌超标现象较为严重，因此应提高茶树对锌元素的吸收效率，在提高茶叶品质的同时，改善土壤生境。研究区叶片锌含量样本统计数据如表 6-1-10 所示。

表 6-1-9　茶园叶片锌含量等级标准

标准	缺锌	大宗茶	名优茶
含量范围/（mg/kg）	≤10	45~71	64~84

表 6-1-10　茶园叶片锌统计参数

研究区 Area	样点数 Samples /个	最小值 Minimum /（mg/kg）	最大值 Maximum /（mg/kg）	平均值 Mean /（mg/kg）	标准差 SD /（mg/kg）	变异系数 CV /%	偏度 Skewness	峰度 Kurtosis	样本 缺锌率 /%	名优茶 占比率 /%
天目湖	40	25.66	66.60	44.55	10.47	23.51	0.04	−0.53	0.00	5.00
东山镇	40	20.29	66.18	33.13	8.61	26.00	1.68	4.47	0.00	2.50
龙井村	40	17.18	59.17	29.99	7.60	25.35	2.46	7.68	0.00	0.00
溪龙乡	40	15.75	83.16	32.76	13.18	40.24	1.79	4.40	0.00	2.50

3）叶片镉描述性统计分析

结合茶叶片镉元素限制量标准（以下简称"限量标准"），对研究区茶园叶片重金属镉含量数据进行经典统计学分析。结果显示：①四个研究区叶片镉的含量范围分别是：0.05~0.32mg/kg、0.06~0.28mg/kg、0.08~0.41mg/kg、0.08~0.36mg/kg，变化幅度分别为：0.27mg/kg、0.22mg/kg、0.33mg/kg、0.28mg/kg，变化幅度水平由高到低依次为：龙井村>溪龙乡>天目湖>东山镇，浙江省茶园叶片镉含量跨度明显高于江苏省，这与茶园土壤镉含量水平完全一致。②就平均值水平而言，四个研究区叶片镉含量由高到低依次是溪龙乡>天目湖>龙井村>东山镇，平均值分别为：0.22mg/kg、0.20mg/kg、0.18mg/kg、0.17mg/kg，平均值均远小于限量标准。且四大研究区叶片镉含量的最大值都在限量标准范围内，样本超标率均为 0，不存在任何污染问题，这与研究区土壤镉含量水平密切相关。③研究区内叶片镉的变异系数均在 10%~100%范围内，属于中等变异水平，且变异水平均比较低，变异水平由高到低依次是：龙井村>溪龙乡>天目湖>东山镇，变异系数分别为：31.92%、26.91%、25.88%、25.05%，浙江省茶园叶片镉含量的变异水平明显高于江苏省。④四个研究区叶片镉的偏度系数均为正值，表明其大于样本均值的数据相对发散，而小于样本均值的数据相对集中。四个研究区叶片镉的峰度系数均为正值，表明其分布曲线两侧的极端值相对较多，叶片镉含量整体集中性较低。

综上，江浙两省茶园叶片镉含量整体状况较优，未出现超标现象，这与土壤镉含量的整体状况相互照应，可见叶片镉含量与土壤镉含量具有一定的相关性。对于这一点的深入探究，更有利于有机茶的培育及无公害绿色茶园的建设。研究区叶片镉含量样本统计数据如表 6-1-11 所示。

表 6-1-11　茶园叶片镉统计参数

研究区 Area	样点数 Samples /个	最小值 Minimum /（mg/kg）	最大值 Maximum /（mg/kg）	平均值 Mean /（mg/kg）	标准差 SD /（mg/kg）	变异系数 CV /%	偏度 Skewness	峰度 Kurtosis	样本 超标率 /%
天目湖	40	0.05	0.32	0.20	0.05	25.88	0.28	1.22	0.00
东山镇	40	0.06	0.28	0.17	0.04	25.05	0.10	1.00	0.00
龙井村	40	0.08	0.41	0.18	0.06	31.92	1.79	6.17	0.00
溪龙乡	40	0.08	0.36	0.22	0.06	26.91	0.39	0.39	0.00

4）叶片砷描述性统计分析

结合茶园叶片砷元素限制量标准（以下简称"限量标准"），对研究区茶园叶片重金属砷含量数据进行经典统计学分析。结果显示：①四个研究区叶片砷的含量范围分别是：0.04~1.27mg/kg、0.02~0.35mg/kg、0.07~1.49mg/kg、0.11~0.55mg/kg，变化幅度分别为：1.23mg/kg、0.33mg/kg、1.42mg/kg、0.44mg/kg，变化幅度水平由高到低依次是：龙井村>天目湖>溪龙乡>东山镇。②就平均值水平而言，四个研究区叶片砷含量由高到低依次是龙井村>溪龙乡=天目湖>东山镇，平均值分别为：0.43mg/kg、0.33mg/kg、0.33mg/kg、0.18mg/kg，浙江省叶片砷含量平均水平高于江苏省。且江浙两省叶片砷含量平均值均在限量标准范围内，远小于标准限值，因此均不存在叶片砷超标现象。③四个研究区叶片砷的变异系数均在10%~100%范围内，属于中等变异水平，其中，天目湖和龙井村叶片砷的变异系数较高，均大于50%。四个研究区叶片砷的变异水平由高到低依次是：天目湖>龙井村>溪龙乡>东山镇，变异系数分别为：64.34%、56.98%、30.39%、28.09%。④天目湖、东山镇、龙井村叶片砷的偏度系数和峰度系数均为正值，表明其呈现出正偏态，且大于样本均值的数据较为发散，小于样本均值的数据较为集中，但两侧极端值较多，因此叶片砷含量整体集中性较低。而溪龙乡叶片砷的偏度系数为负值，峰度系数为正值，表明其呈现出负偏态，且小于样本均值的数据较为发散，两侧极端值较多，整体集中性不高。

综上，江浙两省茶园叶片砷含量远低于限量标准，四个研究区样本超标率均为 0，可见整体情况较优。与土壤砷含量进行比照，可知土壤砷含量是叶片砷含量的主要来源，因此控制土壤砷含量介于正常范围是保证叶片砷含量不超标的重要途径，这一做法可以保护土壤生境，同时有利于绿色茶叶的培育及无公害茶园的建设。研究区叶片砷含量样本统计数据如表 6-1-12 所示。

表 6-1-12　茶园叶片砷统计参数

研究区 Area	样点数 Samples /个	最小值 Minimum /（mg/kg）	最大值 Maximum /（mg/kg）	平均值 Mean /（mg/kg）	标准差 SD /（mg/kg）	变异系数 CV /%	偏度 Skewness	峰度 Kurtosis	样本 超标率 /%
天目湖	40	0.04	1.27	0.33	0.21	64.34	2.29	9.24	0.00
东山镇	40	0.02	0.35	0.18	0.05	28.09	0.16	4.06	0.00
龙井村	40	0.07	1.49	0.43	0.24	56.98	2.25	8.73	0.00
溪龙乡	40	0.11	0.55	0.33	0.10	30.39	−0.19	0.18	0.00

5）叶片硒描述性统计分析

结合茶园叶片硒元素限制量标准（以下简称"限量标准"），对研究区茶园叶片重金属硒含量数据进行经典统计学分析。结果显示：①四个研究区叶片硒的含量范围分别是：101.59~716.66μg/kg、171.70~553.40μg/kg、58.75~539.54μg/kg、93.04~699.09μg/kg，变化幅度分别为：615.07μg/kg、381.70μg/kg、480.79μg/kg、606.05μg/kg，变化幅度水平由高到低依次是：天目湖>溪龙乡>龙井村>东山镇。②就平均水平而言，四个研究区叶片硒含量由高到低依次是溪龙乡>天目湖>东山镇>龙井村，平均值分别为：359.08μg/kg、337.98μg/kg、308.10μg/kg、295.28μg/kg。四个研究区叶片硒含量的平均值均高于富硒茶 250.00~400.00μg/kg 的标准，且富硒茶占比率由高到低依次是东山镇>龙井村>溪龙乡>天目湖，占比率分别为65.00%、57.50%、47.50%、45.00%，可见四个研究区叶片硒含量均处于较高水平，具有培育富硒茶的优越条件。③四个研究区叶片硒的变异系数均处于 10%~100%范围内，属于中等强度变异，且变异水平均小于 40%，整体变异水平较低。变异水平由高到低依次是：龙井村>天目湖>溪龙乡>东山镇，变异水平分别为：36.84%、33.37%、32.10%、27.82%。④龙井村叶片硒的偏度系数为负值，而峰度系数为正值，表明小于样本均值的数据较为发散，而大于样本均值的数据较为集中，且两侧极端值较多，因此硒含量整体集中性偏低。其余三个研究区叶片硒的偏度系数和峰度系数均为正值，表明大于样本均值的数据较为发散，而小于样本均值的数据较为集中，且两侧极端值较多，因此硒含量整体集中性偏低。其中，硒含量数据离散程度最严重的是天目湖，集中性最好的是龙井村。⑤四个研究区叶片硒的富集系数由高到低依次是东山镇>天目湖>龙井村>溪龙乡，富集系数分别为：29.07%、17.79%、15.88%、12.17%，可见整体而言四个研究区叶片富硒能力一般，其中东山镇的硒富集能力最强，而溪龙乡硒富集能力最弱。因此，应采取创新型培育方式，提高叶片硒的富集能力，减少营养的不必要流失，改善吸收效果，从而打造高品质优质产品。研究区叶片硒含量样本统计数据如表 6-1-13 所示。

表 6-1-13　茶园叶片硒统计参数

研究区 Area	样点数 Samples /个	最小值 Minimum /（μg/kg）	最大值 Maximum /（μg/kg）	平均值 Mean /（μg/kg）	标准差 SD /（μg/kg）	变异系数 CV /%	偏度 Skewness	峰度 Kurtosis	富硒茶 占比率 /%	硒富集 系数 /%
天目湖	40	101.59	716.66	337.98	112.79	33.37	0.73	1.97	45.00	17.79
东山镇	40	171.70	553.40	308.10	85.72	27.82	0.70	0.78	65.00	29.07
龙井村	40	58.75	539.54	295.28	108.77	36.84	−0.04	0.23	57.50	15.88
溪龙乡	40	93.04	699.09	359.08	115.27	32.10	0.23	1.72	47.50	12.17

6）叶片重金属总体概况统计分析

　　江浙两省茶园叶片重金属除铜元素存在微量的样本超标问题外，其他整体情况基本良好。其中：①两省四个研究区叶片铜、锌、镉、砷的平均水平均在限量标准范围内，符合茶叶质量安全标准，叶片硒的平均水平在富硒茶含量范围内，符合富硒茶质量标准。且江苏省叶片铜、锌含量整体水平高于浙江省，而叶片镉、砷、硒含量整体水平均低于浙江省。②江苏省天目湖及浙江省溪龙乡叶片铜均出现超标现象，但样本超标率仅为 2.50%，因此叶片铜超标现象并不严重，但也应引起重视避免恶性循环；两省四个研究区锌、镉、砷所有样点含量均在限量标准范围内，无重金属过量问题；江苏省及浙江省富硒茶占比率均达到50%以上，可见四个研究区叶片硒含量丰富，有发展富硒茶培育基地的先决条件。③研究区叶片重金属含量的变异系数均在 10%~100%范围内，属于中等变异水平。其中，四个研究区叶片锌、镉、硒以及东山镇叶片砷、龙井村叶片铜、溪龙乡叶片砷的变异系数均小于 50.00%，整体变异水平较低，而天目湖、东山镇、溪龙乡叶片铜及天目湖、龙井村叶片砷的变异系数均大于 50.00%，整体变异水平较高。变异水平最小的是龙井村叶片铜，变异系数为 14.88%，而变异水平最大的是天目湖叶片砷，变异系数为 64.34%。研究区叶片重金属相关统计参数见表 6-1-14。

6.2　江浙地区茶园叶片指标相关性分析

　　对研究区茶园叶片 pH、有机质（SOM）、速效氮（AN）、速效磷（AP）、速效钾（AK）以及铜（Cu）、锌（Zn）、镉（Cd）、砷（As）、硒（Se）进行单相关性分析。统计结果表明：①研究区茶园叶片 pH 与有机质、速效氮、铜、硒等表现出 1%水平下极显著负相关，相关系数分别为：−0.241、−0.238、−0.345、

表 6-1-14　重金属相关统计参数

研究区 Area	样点数 Samples /个	铜 (Cu)			锌 (Zn)			镉 (Cd)			砷 (As)			硒 (Se)		
		平均值 Mean /(mg/kg)	样本超标率/%	变异系数 CV/%	平均值 Mean /(mg/kg)	样本缺锌率/%	变异系数 V/%	平均值 Mean /(mg/kg)	样本超标率/%	变异系数 CV/%	平均值 Mean /(mg/kg)	样本超标率/%	变异系数 CV/%	平均值 Mean /(mg/kg)	富硒茶占比率/%	变异系数 CV/%
天目湖	40	15.89	2.50	63.90	44.55	0.00	23.51	0.20	0.00	25.88	0.33	0.00	64.34	337.98	45.00	33.37
东山镇	40	18.45	0.00	55.90	33.13	0.00	26.00	0.17	0.00	25.05	0.18	0.00	28.09	308.10	65.00	27.82
龙井村	40	8.05	0.00	14.88	29.99	0.00	25.35	0.18	0.00	31.92	0.43	0.00	56.98	295.28	57.50	36.84
溪龙乡	40	17.83	2.50	62.81	32.76	0.00	40.24	0.22	0.00	26.91	0.33	0.00	30.39	359.08	47.50	32.10
江苏省	80	17.17	1.25	59.70	38.84	0.00	28.65	0.19	0.00	26.25	0.26	0.00	66.59	323.04	55.00	31.16
浙江省	80	12.94	1.25	72.00	31.37	0.00	34.37	0.20	0.00	30.37	0.38	0.00	50.55	327.18	52.50	35.42
合计	160	15.06	1.25	66.37	35.11	0.00	32.89	0.19	0.00	28.65	0.32	0.00	60.21	325.11	53.75	33.29

−0.314，而与速效钾表现出 1%水平下极显著正相关，与速效磷表现为 5%水平下显著正相关，相关系数分别为 0.273、0.197，表明酸性茶树环境有利于有机质、速效氮等营养元素及铜、硒等重金属元素的积累，而偏碱性的茶树体有利于速效钾和速效磷的生成，因此在茶树种植中应合理调整生物体的酸碱性，促进有益元素的积累，抑制有害物质的生成。②叶片有机质与速效氮、速效磷、速效钾及重金属镉、砷均表现出 1%水平下极显著相关关系。其中，与速效磷、速效钾表现为极显著负相关，相关系数分别为−0.372、−0.575，可见速效磷与速效钾可能是合成有机质的必要元素，此消彼长，因此含量之间呈现反比关系；而与速效氮、镉、砷表现为极显著正相关，相关系数分别为：0.351、0.403、0.314，表明茶树体中速效氮的含量有利于叶片有机质的积累，且重金属镉、砷虽有毒性但对有机质的合成在某种程度上有一定的促进作用且易于共存。③速效钾在叶片中也较为活跃，与速效磷表现为 1%水平下极显著正相关，相关系数为 0.479，表明速效钾与速效磷之间有同源的可能性，二者之间易相互共存；而与速效氮、铜、镉表现为 1%水平下的显著负相关，相关系数分别为：−0.214、−0.339、−0.286，表明重金属铜、镉等对速效钾的形成在一定程度上有一定的抑制作用。④叶片铜与速效磷、砷均表现为 5%水平下的显著负相关，可见叶片铜与砷之间为共同来源的可能性不大，甚至存在互为拮抗作用的可能。⑤镉与砷同属于重金属元素，具有一定的相似性，而镉、砷表现为 1%水平下极显著相关，相关系数为 0.351，表明叶片镉、砷在茶树体中极易共存，在治理时可考虑协同治理。⑥叶片硒与速效磷表现为 1%水平下极显著负相关，与重金属锌、镉表现为 5%水平下的显著负相关，相关系数分为−0.223、−0.192、−0.161，表明速效磷、锌、镉等与硒的共存性较差，而与铜表现为 5%水平下的显著正相关，相关系数为 0.192，表明硒与铜的来源、富集等生物化学行为具有一定的相似性。

用偏相关分析法将其他因子的影响剔除，可表达两因子之间真实的相关程度。统计结果表明：①有机质与速效钾表现为 1%水平下极显著负相关，与叶片砷表现为 5%水平下显著正相关，相关系数分别为−0.356、0.175，与 pH、速效氮、速效磷、镉并未再次表现出显著相关关系。因此，相比单相关，除铜、硒外，有机质与各指标间相关系数的符号均未改变，而相关系数绝对值均有所减少，表明有机质与各指标间的相关关系均受到其他要素综合同向作用的影响；而与速效钾、砷均保持相关性，可见其相关性受其他因素影响较小。②速效钾与速效磷表现为 5%水平下极显著正相关，与单相关相比，相关系数由 0.479 变为 0.346，可见两者相关性较好，但也受到一定程度的其他要素综合作用的影响。③叶片铜与叶片砷单相关与偏相关均表现出 1%水平下极显著负相关，相关系数绝对值也相差不大，分别为：−0.234、−0.227，故二者的相关性主要与自身相关，受外界因素影响小。同理，叶片镉与叶片砷的相关性亦主要与自身相关作用有关，与外界因素关联性较小。④叶片锌与叶片镉偏相关分析下呈 1%水平下极显著正相关，相关系数为 0.337，相比单相关分析，相关系数符号未变，但绝对值有所增大，表明叶片锌与叶片镉之间的相关性受到其他要素综合反向作用的影响，因此剔除其他要素影响后，相关程度有所增强。⑤与单相关性分析相比，叶片硒与 pH 的单相关系数与偏相关系数符号及显著度相同，绝对值相差不大，可见其自身相关性明显；与叶片锌由 5%水平下显著负相关变为 1%水平下极显著负相关，与叶片砷由不显著相关变为 5%水平下显著负相关，且相关系数绝对值均有所增大，可见叶片硒与 pH 及叶片锌的相关性受到其他因素综合反向作用的影响，在一定程度上掩盖了其真实相关程度；与速效磷由 1%水平下极显著负相关变为不显著相关，与叶片镉由 5%水平下显著负相关变为不显著相关，表明叶片硒与速效磷、叶片镉间的相关性主要是由其他要素综合同向作用的影响导致。研究区叶片各指标相关系数见表 6-2-1。

表 6-2-1　研究区叶片各指标间相关系数

指标	pH	SOM	AN	AP	AK	Cu	Zn	Cd	As	Se
pH	1	−0.072	−0.042	0.062	0.032	−0.191*	−0.191*	−0.020	0.010	−0.304**
SOM	−0.241**	1	0.114	−0.078	−0.356**	−0.037	0.050	0.089	0.175*	−0.044
AN	−0.238**	0.351**	1	0.181*	0.015	0.004	0.207*	−0.006	−0.073	−0.033
AP	0.197*	−0.372**	−0.046	1	0.346**	−0.200*	0.009	−0.058	−0.170*	−0.085
AK	0.273**	−0.575**	−0.214**	0.479**	1	−0.127	0.081	−0.038	0.045	0.082
Cu	−0.345**	0.140	0.057	−0.270**	−0.339**	1	0.012	0.044	−0.227**	0.064
Zn	−0.149	0.082	0.095	0.169*	−0.024	0.095	1	0.337**	−0.184	−0.219**
Cd	−0.076	0.403**	0.194*	−0.194*	−0.286**	0.121	0.295**	1	0.324**	−0.057
As	0.072	0.314**	0.033	−0.186*	−0.057	−0.234**	−0.072	0.351**	1	−0.170*
Se	−0.314**	0.058	0.151	−0.223**	−0.101	0.192*	−0.192*	−0.161*	−0.136	1

注：① "*" 表示 5%水平下显著相关，"**" 表示 1%水平下极显著相关；

②左下为单相关系数，$r_{0.05}=0.155$；$r_{0.01}=0.203$；右上为偏相关系数，$r_{0.05}=0.165$；$r_{0.01}=0.216$

6.3　江浙地区茶园叶片指标空间分异分析

6.3.1　江浙地区典型茶园叶片指标空间分异

1）叶片有机质空间分异特征

（1）叶片有机质正态性检验

地统计学要求所分析数据符合正态分布。因此，在空间分析前要对叶片指标特征值数据进行 Kolmogorov-Smirnov 正态分布检验（简称 K-S 检验），若数据服从正态分布（即 $P_{K-S}>0.05$）则可进行地统计学相关分析，否则需进行数据转换以使其符合正态分布。研究首先对叶片指标特征值数据经域法 $(\bar{a} \pm 3s)$ 识别并替换异常值后进行正态分布检验。K-S 检验结果显示，四个研究区叶片有机质均在 5%显著性水平下服从正态分布，因此，可进行地统计学相关分析。研究区叶片有机质正态性检验参数见表 6-3-1。

表 6-3-1　研究区叶片有机质正态性检验

指标	天目湖	东山镇	龙井村	溪龙乡
P_{K-S} 值	0.714	0.507	0.562	0.162
检验结果	正态分布	正态分布	正态分布	正态分布

（2）叶片有机质空间变异特征

对研究区茶园叶片有机质含量进行变异函数分析，结果显示：①研究区叶片有机质的块金值均大于 0，表明变量本身存在各种由采样误差、短距离变异、随机和固有变异等引起的正基底效应。②天目湖、东山镇、龙井村叶片有机质的块金系数在 0.25~0.75 之间，属于中等空间相关性，而溪龙乡叶片有机质的块金系数小于 0.25，表现为强空间相关性，其空间相关性由强到弱顺序依次为：溪龙乡>东山镇>天目湖>龙井村，块金系数分别为：0.108、0.290、0.499、0.675。③研究区叶片有机质的变程，即空间最大相关距离分别为：1.002km、9.318km、1.723km、1.699km，均大于采样距离，表现为较大尺度下的空间自相关性，能够满足空间分析的需要。④研究区叶片有机质变异函数的决定系数分别为：0.180、0.893、0.556、0.803，其中，东山镇、龙井村、溪龙乡的决定系数均大于 0.5，且残差较小，表明在相应理论模型下拟合效果较好，能够较精确反应叶片有机质的空间变异性，可进行克里金插值分析；而天目湖的决定系数小于 0.5，极个别有机质的变异函数真实值偏离拟合曲线，致使拟合结果显示模型对空间结构的解释不充分，该种植区的变异函数对空间变异特征的模拟仅可作为参考，且不能进一步对其进行克里金插值，因此采用 IDW 插值法进行空间预测。研究区叶片有机质变异函数拟合参数见表 6-3-2。

（3）叶片有机质空间分布特征

在土壤有机质空间变异特征分析的基础上，利用普通克里金插值法对东山镇、龙井村、溪龙乡叶片有机质区域化变量的取值进行估计，利用 IDW 插值法对天目湖叶片有机质区域化变量的取值进行估计，并在 ArcGIS10.2 中提取 GDEM30m 分辨率的 DEM 数据等高线，进一步分析研究区茶园叶片有机质含量空间分布特征。

表 6-3-2 叶片有机质变异函数拟合参数

研究区 Area	块金值 C_0	基台值 C_0+C	块金系数 $C_0/(C_0+C)$	变程 a /km	决定系数 R^2	残差 RSS	理论模型 Model
天目湖	3.590E−05	7.190E−05	0.499	1.002	0.180	1.724E−09	Exponential
东山镇	1.710E−05	5.890E−05	0.290	9.318	0.893	2.172E−10	Gaussian
龙井村	1.471E−05	2.178E−05	0.675	1.723	0.556	2.829E−11	Linear
溪龙乡	1.475E−06	1.372E−05	0.108	1.699	0.803	6.159E−11	Spherical

从面状性上看，天目湖、溪龙乡呈团块状分布，而东山镇、龙井村则呈明显的阶梯状分布。从方向性上看，天目湖大致呈现北侧高、南侧低的趋势，东山镇大致呈现由东南角向东北和西南两侧递减的趋势，龙井村大致呈现东高西低的趋势，而溪龙乡则在东北及西南两侧呈现含量低谷区，其余区域含量普遍较高。

以确保插值结果分层效果最优为原则，天目湖叶片有机质含量水平分为八个层次，其中，含量在 93.15~93.65mg/g 范围内的区域面积占比最大，为 53.26%，在研究区中呈"V 形"分布；面积占比位于第二位的有机质含量在 93.80~94.10mg/g 之间，面积约占整个研究区总面积的四分之一，在整个研究区中呈条带状分布；含量在 91.75~92.50mg/g 范围内的区域面积占比较小，共占比 1.39%，主要在研究区内呈零星点状分布。东山镇叶片有机质含量在 92.50~92.85mg/g 范围内的区域面积占比最大，为 40.93%，主要沿西北-东南走向呈条带状分布于研究区中部地区；含量在 91.75~92.50mg/g 范围内的低值区区域面积占比 22.89%，集中分布于研究区东北角与西南角；含量在 93.00~93.15mg/g 范围内的区域面积占比最少，为 7.64%，呈"倒 V 形"分布于东南角 35~70m 等高线附近。龙井村叶片有机质含量在 92.85~93.00mg/g 范围内的区域面积占比最大，含量在 92.50~92.85mg/g 范围内的区域面积紧随其后，分别占比 34.16%、32.35%，主要分布于西部与中部 100~130m 等高线附近地区；面积占比最小的区域，叶片有机质含量在 93.15~93.65mg/g 范围内，面积占比仅为 7.73%，以团块状集中分布于研究区东南角 70~90m 等高线范围内。溪龙乡叶片有机质含量在 94.10~94.82mg/g 范围内的高值区区域面积占比最大，约占整个研究区面积的一半，主要沿研究区西北角边缘分布；叶片有机质含量在 93.80~94.10mg/g 范围内的区域面积占比 38.53%，在整个研究区内均有分布；含量在 93.15~93.65mg/g 范围内的区域面积占比最小，为 3.79%，主要以团状分布于研究区西南角部分地区。克里金插值结果表明，天目湖和溪龙乡茶园叶片有机质含量整体水平明显高于东山镇和溪龙乡，这与描述性统计分析结果是一致的。研究区叶片有机质空间插值图见图 6-3-1。

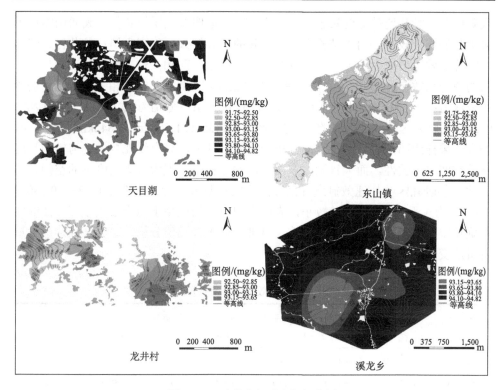

图 6-3-1　叶片有机质空间插值图

2）叶片速效氮空间分异特征

（1）叶片速效氮正态性检验

对叶片速效氮含量经域法（$\bar{a} \pm 3s$）识别并替换异常值后进行 K-S 正态分布检验。结果显示，四个研究区叶片速效氮均在 5%显著性水平下服从正态分布，因此，可进行地统计学相关分析。研究区叶片速效氮正态性检验参数见表 6-3-3。

表 6-3-3　研究区叶片速效氮正态性检验

指标	天目湖	东山镇	龙井村	溪龙乡
P_{K-S}值	0.381	0.489	0.126	0.211
检验结果	正态分布	正态分布	正态分布	正态分布

（2）叶片速效氮空间变异特征

对研究区茶园叶片速效氮含量进行变异函数分析，结果显示：①研究区叶片速效氮均存在块金值，且大于 0，表明变量本身存在由于随机等因素引起的正基底效应。且叶片速效氮的块金值均较小，基台值明显大于块金值，表明由随机因素引起的变异较小，而由结构性因素引起的变异较大。②东山镇、龙井村、溪龙乡叶片速效氮的块金系数均小于 0.25，表现出强空间相关性，而天目湖叶片速效氮的块金系数在 0.25~0.75 之间，属于中等空间相关性，其空间相关性由强到弱顺序依次为：溪龙乡>东山镇>龙井村>天目湖，块金系数分别为：0.154、0.226、0.240、0.499。③研究区叶片速效氮的变程分别为：3.435km、1.560km、2.846km、0.717km，均大于采样距离，能够满足空间分析的需要。其中，只有溪龙乡表现为较小尺度下的空间自相关性，而天目湖、东山镇及龙井村则表现为较大尺度下的空间自相关性。④研究区叶片速效氮变异函数的决定系数分别为：0.982、0.575、0.930、0.577，均大于 0.5，且残差较小，表明在相应理论模型下拟合效果较好，能够较精确反映叶片速效氮的空间变异性，可进行克里金插值分析。研究区叶片速效氮有机质变异函数拟合参数见表 6-3-4。

表 6-3-4　叶片速效氮变异函数拟合参数

研究区	块金值	基台值	块金系数	变程 a	决定系数	残差	理论模型
Area	C_0	C_0+C	$C_0/(C_0+C)$	/km	R^2	RSS	Model
天目湖	2.826E-03	5.662E-03	0.499	3.435	0.982	3.736E-08	Exponential
东山镇	2.400E-03	1.060E-02	0.226	1.560	0.575	4.725E-06	Exponential
龙井村	8.410E-03	3.502E-02	0.240	2.846	0.930	2.685E-05	Gaussian
溪龙乡	1.382E-03	8.960E-03	0.154	0.717	0.577	1.162E-05	Spherical

（3）叶片速效氮空间分布特征

在叶片速效氮空间变异特征分析的基础上，利用普通克里金插值法对研究区茶园叶片速效氮区域化变量的取值进行估计，并在 ArcGIS10.2 中提取 GDEM30m 分辨率的 DEM 数据等高线，进一步分析研究区茶园叶片速效氮含量空间分布特征。

从面状性上看，四个研究区均呈阶梯状分布。从方向性上看，天目湖大致呈现两侧高、中部低的趋势，东山镇大致呈现由中部向四周逐渐降低的趋势，龙井村大致呈现中部高四周低、西部高于东部的趋势，溪龙乡则呈现出由西向东递增的趋势。

以确保插值结果分层效果最优为原则，天目湖叶片速效氮含量水平分为八个层次，其中，含量在 1.08~1.50mg/g 之间的区域面积共占 7.40%，分布在天目湖西南部地区；1.50~1.60mg/g 区域面积在八个层次中占比最大，为 37.76%，主要分布在中部、北部地区，南侧和东侧地区零星分布；1.60~1.65mg/g 区域面积占比 26.59%，在 1.50~1.60mg/g 区域外围呈条带状分布；1.65~1.72mg/g、1.72~1.80mg/g

和 1.80~2.32mg/g 三个区域面积占比分别为 15.47%、9.37%、3.41%，呈环状或斑块状分布在研究区西侧和东南侧部分地区。东山镇叶片速效氮含量水平划分结果与天目湖一致，分八个层次，其中，1.08~1.35mg/g 区域面积占比 16.53%，在研究区东部、北部和南部地区均有分布；1.35~1.45mg/g 和 1.45~1.50mg/g 两个区域面积相当，分别占比 31.70% 和 31.94%，区域贯穿南北沿等高线呈条带状分布；1.50~1.60mg/g 区域面积占比 16.11%，主要分布在东山镇中部地区，北侧、南侧、西侧地区有些许分布；含量在 1.60~2.32mg/g 之间的四个区域面积均较小，共占比 3.72%，各自占比均不足 1.00%，在研究区中心地带呈同心圆状分布。龙井村叶片速效氮含量水平划分为七个层次，其中，1.08~1.35mg/g 区域面积占比低于 10%，集中分布在研究区东部地区；1.35~1.45mg/g 区域面积占比 11.60%，主要在东部地区沿等高线呈带状分布；1.45~1.50mg/g 区域面积占比 17.83%，主要分布在西部和中部地区，东部地区分布较少；1.50~1.60mg/g 区域面积较大，约占 43.20%，在西部地区广泛分布，东部地区零星分布；1.60~1.65mg/g、1.65~1.72mg/g、1.72~1.80mg/g 三个区域面积占比分别为 8.56%、7.40%、2.16%，在研究区中部地区呈点状零星分布。溪龙乡叶片速效氮含量水平划分为五个层次，其中，1.75~1.80mg/g 区域面积占比最大，为 32.79%，其余四个等级区域面积水平相当，

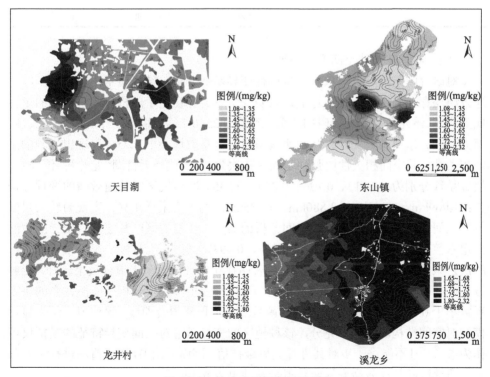

图 6-3-2　叶片速效氮空间插值图

依次为 16.92%、19.44%、18.64%、12.21%，五个等级自西向东交替分布。克里金插值结果表明，溪龙乡和天目湖叶片速效氮含量整体水平较高，有利于培育优质名茶，这与描述性统计分析的结果是一致的。研究区叶片速效氮空间插值图见图 6-3-2。

3）叶片速效磷空间分异特征

（1）叶片速效磷正态性检验

对叶片速效磷含量经域法 $(\bar{a} \pm 3s)$ 识别并替换异常值后进行 K-S 正态分布检验。结果显示，四个研究区叶片速效磷经相关处理后均在 5%显著性水平下服从正态分布，因此，可进行地统计学相关分析。研究区叶片速效磷正态性检验参数见表 6-3-5。

表 6-3-5　研究区叶片速效磷正态性检验

指标	天目湖	东山镇	龙井村	溪龙乡
P_{K-S} 值	0.169	0.093	0.124	0.032
对数转换	—	—	—	0.061
检验结果	正态分布	正态分布	正态分布	正态分布

（2）叶片速效磷空间变异特征

对研究区茶园叶片速效磷含量进行变异函数分析，结果显示：①研究区叶片速效磷均存在块金值，且为正值，表明变量本身存在由于随机等因素引起的正基底效应。②溪龙乡叶片速效磷的块金系数在 0.25~0.75 之间，属于中等空间相关性，而天目湖、东山镇、龙井村叶片速效磷的块金系数均小于 0.25，表现出强烈的空间相关性，其空间相关性由强到弱顺序依次为：东山镇>天目湖>龙井村>溪龙乡，块金系数分别为：0.113、0.136、0.235、0.335。③研究区叶片速效磷的变程分别为：1.969km、2.940km、3.880km、1.635km，均大于采样距离，表现为较大尺度下的空间自相关性，能够满足空间分析的需要。④研究区叶片速效磷变异函数的决定系数分别为：0.889、0.758、0.854、0.493，其中，天目湖、东山镇、龙井村的决定系数均大于 0.5，且残差较小，表明在相应理论模型下拟合效果较好，能够较精确反映叶片速效磷的空间变异性，可进行克里金插值分析；而溪龙乡的决定系数小于 0.5，极个别速效磷的变异函数真实值偏离拟合曲线，致使拟合结果显示模型对空间结构的解释不充分，该种植区的变异函数对空间变异特征的模拟仅可作为参考，且不能进一步对其进行克里金插值，因而采用 IDW 插值法进行空间预测。研究区叶片速效磷变异函数拟合参数见表 6-3-6。

表 6-3-6　叶片速效磷变异函数拟合参数

研究区 Area	块金值 C_0	基台值 C_0+C	块金系数 $C_0/(C_0+C)$	变程 a /km	决定系数 R^2	残差 RSS	理论模型 Model
天目湖	1.780E-02	1.306E-01	0.136	1.969	0.889	2.045E-03	Gaussian
东山镇	1.103E-02	9.720E-02	0.113	2.940	0.758	3.524E-03	Spherical
龙井村	1.797E-02	7.660E-02	0.235	3.880	0.854	5.552E-04	Gaussian
溪龙乡	4.280E-03	1.276E-02	0.335	1.635	0.493	2.128E-05	Exponential

（3）叶片速效磷空间分布特征

在叶片速效磷空间变异特征分析的基础上,利用普通克里金插值法对天目湖、东山镇、龙井村茶园叶片速效磷区域化变量的取值进行估计,利用 IDW 插值法对溪龙乡茶园叶片速效磷区域化变量的取值进行估计,并在 ArcGIS10.2 中提取 GDEM30m 分辨率的 DEM 数据等高线,进一步分析研究区茶园叶片速效磷含量空间分布特征。

从面状性上看,天目湖、溪龙乡呈斑状分布,而东山镇、龙井村则呈不规则团块状分布。从方向性上看,天目湖大致呈现出西北高,并向东南逐渐降低的趋势,东山镇大致呈现出边缘含量较高,向中部呈阶梯状递减的趋势,龙井村呈现出西高东低的趋势,而溪龙乡则呈现出整体分布比较均匀,西南侧局部异常偏高的趋势。

以确保插值结果分层效果最优为原则,天目湖叶片速效磷含量水平分为七个层次,其中,面积占比最大为含量在 2.10~2.30mg/g 范围内的区域,约占整个研究区面积的三分之一,在整个研究区内广泛分布;含量在 2.50~3.10mg/g 范围内的高值区区域面积占比 25.93%,主要集中于研究区西北角处;而含量在 1.21~1.70mg/g 范围内的低值区区域面积占比最小,为 0.37%,在研究区东侧呈点状分布。东山镇叶片速效磷含量水平亦划分为七个层次,其中,含量在 2.50~4.22mg/g 范围内的高值区区域面积占比最大,共占比 58.09%,以团块状集中分布于研究区边缘地带;含量在 1.85~2.10mg/g 和 2.10~2.30mg/g 范围内的区域面积占比相当,分别为 15.48% 和 14.01%,自东北向西南呈条带状贯穿整个研究区;含量在 1.21~1.85mg/g 范围内的低值区区域面积占比最小,不足 5%,主要在研究区中部呈点状分布。龙井村叶片速效磷含量水平划分为四个层次,其中含量在 2.10~2.30mg/g 范围内的区域面积最大,占比 35.89%,其次是含量在 2.30~2.50mg/g 范围内的区域面积占比 34.20%,它们均以条带状广泛分布于整个研究区内;含量在 1.85~2.10mg/g 范围内的低值区和含量在 2.50~3.10mg/g 范围内的高值区区域面积均较小,分别占比 13.77% 和 16.14%,低值区集中分布于研究区的东侧，而高值区则集中分布于研究区的西侧。溪龙乡叶片速效钾含量水平分为五个层次，其中含量在 1.70~1.85mg/g 范围内的区域面积占比最大，为 55.96%，占整个研究区面积的一半以上；其次，含量在 1.85~2.10mg/g 范围内的区域面积占比 29.21%，在研究区中部呈块状分布；而含量在 1.21~1.70mg/g 范围内的低值区和含量在 2.30~2.50mg/g 范围内的高值区区域面积均较小，分别占比 9.22%和 0.75%，主要在研究区海拔较高处零星分布。

克里金差值结果表明，江苏省茶园叶片速效磷含量整体水平高于浙江省，这与描述性统计分析的结果是一致的。研究区叶片速效磷空间插值图见图 6-3-3。

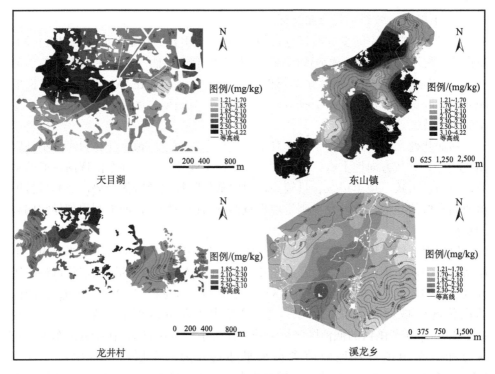

图 6-3-3　叶片速效磷空间插值图

4）叶片速效钾空间分异特征

（1）叶片速效钾正态性检验

对叶片速效钾含量经域法（$\bar{a} \pm 3s$）识别并替换异常值后进行 K-S 正态分布检验。结果显示，四个研究区叶片速效钾均在 5%显著性水平下服从正态分布，因此，可进行地统计学相关分析。研究区叶片速效钾正态性检验参数见表 6-3-7。

表 6-3-7 研究区叶片速效钾正态性检验

指标	天目湖	东山镇	龙井村	溪龙乡
P_{K-S} 值	0.567	0.826	0.392	0.752
检验结果	正态分布	正态分布	正态分布	正态分布

（2）叶片速效钾空间变异特征

对研究区茶园叶片速效钾含量进行变异函数分析，结果显示：①研究区叶片速效钾的块金值均大于 0，表明变量本身存在由随机因素引起的正基底效应。②东山镇、溪龙乡叶片速效钾的块金系数在 0.25~0.75 范围内，表现为中等空间相关性，而天目湖、龙井村叶片速效钾的块金系数均小于 0.25，表现出强空间相关性，其空间相关性由强到弱顺序依次为：天目湖>龙井村>东山镇>溪龙乡，块金系数分别为：0.196、0.208、0.284、0.421。③研究区叶片速效钾的变程分别为：0.445km、5.750km、1.862km、2.778km，均大于采样距离，能够满足空间分析的需要。其中，只有天目湖表现为较小尺度下的空间自相关性，而其他三个研究区均表现为较大尺度下的空间自相关性。④研究区叶片速效钾变异函数的决定系数分别为：0.665、0.779、0.929、0.816，均大于 0.5，且残差较小，表明在相应理论模型下拟合效果较好，能够较精确反映叶片速效钾的空间变异性，可进行克里金插值分析。研究区叶片速效钾变异函数拟合参数见表 6-3-8。

表 6-3-8 叶片速效钾变异函数拟合参数

研究区 Area	块金值 C_0	基台值 C_0+C	块金系数 $C_0/(C_0+C)$	变程 a /km	决定系数 R^2	残差 RSS	理论模型 Model
天目湖	1.457E−02	7.420E−02	0.196	0.445	0.665	3.514E−03	Gaussian
东山镇	4.330E−03	1.526E−02	0.284	5.750	0.779	4.742E−05	Spherical
龙井村	4.260E−03	2.052E−02	0.208	1.862	0.929	3.396E−05	Gaussian
溪龙乡	3.947E−03	9.380E−03	0.421	2.778	0.816	1.776E−06	Exponential

（3）叶片速效钾空间分布特征

在叶片速效钾空间变异特征分析的基础上，利用普通克里金插值法对研究区茶园叶片速效钾区域化变量的取值进行估计，并在 ArcGIS10.2 中提取 GDEM30m 分辨率的 DEM 数据等高线，进一步分析研究区茶园叶片速效钾含量空间分布特征。

从面状性上看，天目湖、东山镇、龙井村呈条带状分布，而溪龙乡则呈不规则斑状分布。从方向性上看，天目湖大致呈现出中部低、边缘高的趋势，东山镇大致呈现出由中部向东北和西南两侧递减的趋势，龙井村大致呈现西高东低的趋势，而溪龙乡则未呈现明显规律性变化趋势。

以确保插值结果分层效果最优为原则，天目湖叶片速效钾含量水平分为八个层次，其中，含量在 4.65~7.50mg/g 范围内的低值区面积占比 49.78%，此区域呈对角线分布，各层级之间呈环抱之势；而 9.55~13.28mg/g 为该研究区的高值区，共占比 15.22%，主要分布在研究区西北部地区。东山镇叶片速效钾含量水平划分为五个层次，其中 7.50~7.95mg/g 区域面积占比最大，将近 50%，在整个研究区域内呈"C 形"分布；9.55~10.00mg/g 区域面积占比最小，不足 1%，在研究区中心处呈点状分布；7.95~8.55mg/g 和 8.55~9.55mg/g 区域面积占比分别为 28.68% 和 18.59%，大体在高值区外围呈环状分布。龙井村叶片速效钾含量水平划分为六个层次，其中区域面积占比最大的为 8.55~9.55mg/g，约占 30%，在整个研究区范围内呈点状或带状零星分布；西部地区含量水平较高，含量水平大体在 9.55~10.00mg/g 之间，此范围内区域面积共占比 43.26%；6.85~7.95mg/g 区域面积共占比 10.15%，主要呈团块状分布在东部 90~130m 等高线范围内。溪龙乡叶片速效钾含量水平也划分为六个层次，其中 6.00~6.85mg/g 和 6.85~7.50mg/g 区域面积共占比 90% 以上，在整个研究区范围内广泛分布；含量在 7.50~9.55mg/g 的高

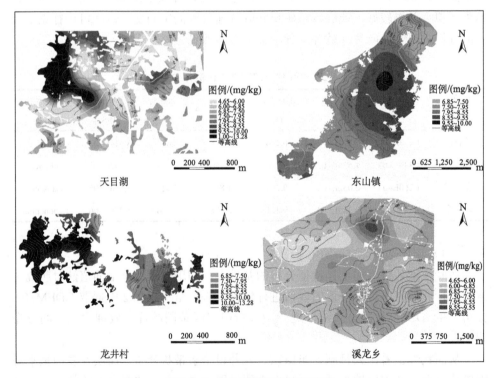

图 6-3-4　叶片速效钾空间插值图

值区以同心圆状分布在东北部海拔 35~70m 范围内，共占比 1.81%；含量在 4.65~6.00mg/g 的低值区则主要以 "8 字形" 分布在西北部海拔 70~105m 范围内。克里金插值结果表明，东山镇、龙井村速效钾整体平均水平较高，天目湖西部异常偏高，而溪龙乡平均水平最低，这与描述性统计分析结果是一致的。研究区叶片速效钾空间插值图见图 6-3-4。

5）叶片铜空间分异特征

（1）叶片铜正态性检验

对叶片铜含量经域法 $(\bar{a} \pm 3s)$ 识别并替换异常值后进行 K-S 正态分布检验。结果显示，四个研究区叶片铜均在 5%显著性水平下服从正态分布，因此，可进行地统计学相关分析。研究区叶片铜正态性检验参数见表 6-3-9。

表 6-3-9 　研究区叶片铜正态性检验

指标	天目湖	东山镇	龙井村	溪龙乡
$P_{K\text{-}S}$ 值	0.465	0.607	0.563	0.583
检验结果	正态分布	正态分布	正态分布	正态分布

（2）叶片铜空间变异特征

对研究区茶园叶片铜含量进行变异函数分析，结果显示：①研究区叶片铜的块金值均大于 0，表明变量本身存在着因采样误差、短距离变异、随机和固有变异等引起的各种正基底效应。②天目湖叶片铜的块金系数在 0.25~0.75 之间，表现为中等的空间相关性；东山镇、龙井村、溪龙乡叶片铜的块金系数均小于 0.25，表现为强空间相关性；研究区叶片铜的空间相关性由强到弱依次为：龙井村>溪龙乡>东山镇>天目湖，其块金系数分别为：0.061、0.131、0.231、0.374。③研究区叶片铜的变程分别为：1.871km、2.330km、0.507km、1.830km，均大于采样距离，能够满足空间分析的需要。其中，只有龙井村表现为较小尺度下的空间自相关性，而其余三个研究区均表现为较大尺度下的空间自相关性。④研究区叶片铜变异函数的决定系数分别为：0.906、0.672、0.913、0.682，均大于 0.5，且残差较小，表明在相应理论模型下拟合效果较好，能够较精确反映叶片铜的空间变异性，可进行克里金插值分析。研究区叶片铜变异函数拟合参数见表 6-3-10。

表 6-3-10　叶片铜变异函数拟合参数

研究区 Area	块金值 C_0	基台值 C_0+C	块金系数 $C_0/(C_0+C)$	变程 a /km	决定系数 R^2	残差 RSS	理论模型 Model
天目湖	9.487E−02	2.537E−01	0.374	1.871	0.906	3.851E−03	Spherical
东山镇	6.930E−02	2.996E−01	0.231	2.330	0.672	9.375E−03	Spherical
龙井村	1.382E−03	2.254E−02	0.061	0.507	0.913	2.008E−05	Gaussian
溪龙乡	3.680E−02	2.816E−01	0.131	1.830	0.682	1.990E−02	Exponential

（3）叶片铜空间分布特征

在叶片铜空间变异特征分析的基础上，利用普通克里金插值法对研究区茶园叶片铜区域化变量的取值进行估计，并在 ArcGIS10.2 中提取 GDEM30m 分辨率的 DEM 数据等高线，进一步分析研究区茶园叶片铜含量空间分布特征。

从面状性上看，天目湖、龙井村呈不规则团块状分布，东山镇呈斑状分布，而溪龙乡呈条带状分布。从方向性上看，天目湖大体表现为由东南向西北逐渐减少的趋势，东山镇大致呈现出由中部 30~75m 等高线环形区域向两侧递减的趋势，龙井村整体分布比较均匀，而溪龙乡总体呈现出由西向东递增的趋势。

结合茶园叶片铜环境质量标准，对研究区茶园叶片铜含量空间分布状况进行分析。天目湖叶片铜含量除极个别异常值均在有机茶限量标准 30mg/kg 范围内，不存在铜污染问题。其中，含量在 14.80~18.55mg/kg 范围内的区域面积占比最大，为 35.99%，分布贯穿研究区中部地区；含量在 12.35~14.80mg/kg 范围内的区域面积紧随其后，占比为 30.61%，沿东北-西南走向呈对角线分布；低值区 8.15~10.75mg/kg 和高值区 24.25~30.00mg/kg 区域面积占比较少，均不足 5%，分别分布于研究区西侧和东南角处。东山镇叶片铜含量超过有机茶限量标准的区域面积仅占 3.33%，主要呈水滴状分布在东山山脉右侧（即山体阳面）部分地区，可见东山镇叶片铜含量几乎均达有机茶标准。其中，含量在 14.80~24.55mg/kg 范围内的区域面积最大，占比为 43.61%，主要在研究区中部海拔 35~70m 之间呈环状分布；含量在 5.74~7.80mg/kg 范围内的低值区区域面积占比 3.10%，主要分布在研究区中心地带及东侧边缘地区。龙井村叶片铜含量远低于有机茶限量标准，因此也不存在叶片铜元素过量问题。其中，大部分区域叶片铜含量在 8.15~10.75mg/kg 范围内，面积占比 43.43%，集中分布在研究区中部地区；其次，7.80~8.15mg/kg 含量范围内的区域面积占比 29.82%，主要分布在研究区西部地区；而 7.35~7.80mg/kg 含量范围的区域面积占比最少，为 26.75%，大体分布在研究区东部地区。溪龙乡叶片铜含量也均低于有机茶限量标准，不存在叶片铜元素污染问题。其中，含量在 10.75~12.35mg/kg 之间的区域面积占比最大，为 28.44%，在研究区西部地区呈"人字形"分布；24.25~30.00mg/kg 含量范围所占面积最小，占比为 2.97%，在研究区中心地带呈点状分布；其余各层级大体呈条带状或斑块状分布于研究区内。研究区叶片铜空间插值图见图 6-3-5。

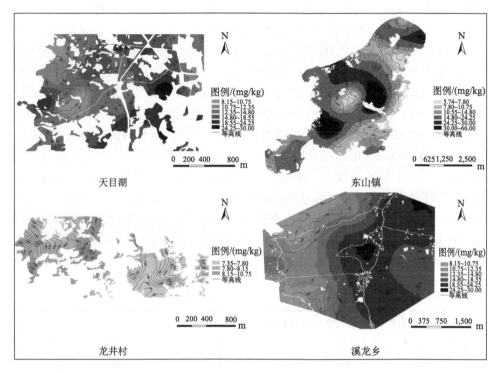

图 6-3-5　叶片铜空间插值图

6）叶片锌空间分异特征

（1）叶片锌正态性检验

对叶片锌含量经域法 $(\bar{a} \pm 3s)$ 识别并替换异常值后进行 K-S 正态分布检验。结果显示，四个研究区叶片锌均在 5%显著性水平下服从正态分布，因此，可进行地统计学相关分析。研究区叶片锌正态性检验参数见表 6-3-11。

表 6-3-11　研究区叶片锌正态性检验

指标	天目湖	东山镇	龙井村	溪龙乡
$P_{K\text{-}S}$ 值	0.972	0.282	0.064	0.222
检验结果	正态分布	正态分布	正态分布	正态分布

（2）叶片锌空间变异特征

对研究区茶园叶片锌含量进行变异函数分析，结果显示：①研究区叶片锌的块金值均大于 0，表明变量本身存在着因采样误差、短距离变异、随机和固有变异等引起的各种正基底效应。②溪龙乡叶片锌的块金系数大于 0.75，其空间相关性较弱；而天目湖、东山镇以及龙井村的块金系数均小于 0.25，表现为强空间相关性；研究区叶片锌的空间相关性由强到弱依次为：龙井村>天目湖>东山镇>溪龙乡，其块金系数分别为：0.081、0.205、0.240、0.781。③研究区叶片锌的变程分别为：1.416km、2.010km、0.374km、3.249km，均大于采样距离，能够满足空间分析的需要。其中，只有龙井村表现为较小尺度下的空间自相关性，其余研究区均表现为较大尺度下的空间自相关性。④研究区叶片锌变异函数的决定系数分别为：0.766、0.815、0.523、0.221。其中，天目湖、东山镇、龙井村叶片锌的决定系数大于 0.5，且残差较小，表明在相应理论模型下拟合效果较好，能够较精确反映叶片锌的空间变异性，可进行克里金插值分析，而溪龙乡叶片锌的决定系数小于 0.5，模型对空间结构的解释不充分，该种植区的变异函数对空间变异特征的模拟仅可作为参考，且不能进一步对其进行克里金插值，因而采用 IDW 插值法进行空间预测。研究区叶片锌变异函数拟合参数见表 6-3-12。

表 6-3-12　叶片锌变异函数拟合参数

研究区 Area	块金值 C_0	基台值 C_0+C	块金系数 $C_0/(C_0+C)$	变程 a /km	决定系数 R^2	残差 RSS	理论模型 Model
天目湖	1.630E−02	7.960E−02	0.205	1.416	0.766	1.791E−03	Spherical
东山镇	1.310E−02	5.460E−02	0.240	2.010	0.815	5.467E−05	Exponential
龙井村	2.372E−03	2.922E−02	0.081	0.374	0.523	5.608E−04	Gaussian
溪龙乡	8.923E−02	1.143E−01	0.781	3.249	0.221	7.679E−03	Linear

（3）叶片锌空间分布特征

在叶片锌空间变异特征分析的基础上，利用普通克里金插值法对天目湖、东山镇、龙井村茶园叶片锌区域化变量的取值进行估计，利用 IDW 插值法对溪龙乡茶园叶片锌区域化变量的取值进行估计，并在 ArcGIS10.2 中提取 GDEM30m 分辨率的 DEM 数据等高线，进一步分析研究区茶园叶片锌含量空间分布特征。

从面状性上看，天目湖、东山镇呈条带状分布，龙井村呈块状分布，而溪龙乡呈不规则斑状分布。从方向性上看，东山镇大致呈现出由中部地区向东北和西南两侧逐渐降低的趋势，龙井村大致呈现出东高西低的趋势，而天目湖、溪龙乡整体分布比较均匀，局部有突变的现象。

　　结合茶园叶片锌限量标准,对研究区茶园叶片锌含量空间分布状况进行分析。其中,天目湖含量在 40.00~50.00mg/kg 范围内的区域面积最大, 共占比 67.09%,在全区域 10~20m 等高线范围内广泛分布;含量在 15.00~33.00mg/kg 范围的低值区区域面积共占比 3.66%,主要分布在西南角和小部分中北部地区 25~35m 等高线范围内;含量在 50.00~84.00mg/kg 范围的高值区共占比 11.07%,在整个研究区西南角、中部和东部地区均有分布。天目湖无在缺锌含量标准 10mg/kg 以下的区域,故不存在叶片锌含量缺乏问题,但在优质名茶锌含量标准 64.00~84.00mg/kg 范围内的区域面积仅占 0.08%,可见该研究区叶片锌含量尚未及优质名茶标准。东山镇含量在 30.00~33.00mg/kg 范围内的区域面积占比最大,为 30.11%,贯穿东北-西南走向,沿东山山脉走向分布;含量在 15.00~28.00mg/kg 范围内的低值区主要位于东山山脉阴面,占比 12.42%;含量在 40.00~64.00mg/kg 范围内的高值区区域面积共占比 7.02%,主要位于东山山脉阳面,在研究区中心地带呈同心圆状分布。龙井村含量在 28.00~30.00mg/kg 范围内的区域面积占比最大,超过 50%,含量在 15.00~28.00mg/kg 范围内的区域面积紧随其后,占比 24.79%,分别以研究区西部 100m 等高线为界,分布于其两侧。龙井村叶片锌含量较低,30.00~33.00mg/kg 和 33.00~40.00mg/kg 为该研究区的高值区,区域面积分别占比

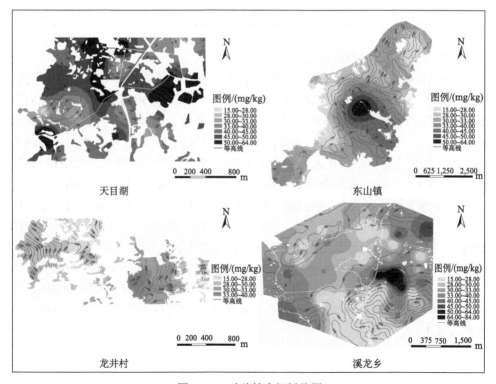

图 6-3-6　叶片锌空间插值图

18.08%和 4.28%，主要分布在研究区东部地区。溪龙乡面积占比较大的区域叶片锌含量主要为 30.00~33.00mg/kg 和 33.00~40.00mg/kg，分别占比 24.56%和 41.57%，在该研究区内广泛分布。研究区亦无在缺锌含量标准 10mg/kg 以下的区域，故不存在叶片缺锌问题，但叶片锌含量与茶叶品质成正比关联，在优质名茶锌含量标准 64.00~84.00mg/kg 范围内的区域面积仅占 0.18%，可见该研究区叶片锌含量，即茶叶品质仍有很大提升空间。研究区叶片锌空间插值图见图 6-3-6。

7）叶片镉空间分异特征

（1）叶片镉正态性检验

对叶片镉含量经域法 $(\bar{a} \pm 3s)$ 识别并替换异常值后进行 K-S 正态分布检验。结果显示，四个研究区叶片镉经相关处理后均在 5%显著性水平下服从正态分布，因此，可进行地统计学相关分析。研究区叶片镉正态性检验参数见表 6-3-13。

表 6-3-13　研究区叶片镉正态性检验

指标	天目湖	东山镇	龙井村	溪龙乡
P_{K-S} 值	0.468	0.741	0.745	0.641
检验结果	正态分布	正态分布	正态分布	正态分布

（2）叶片镉空间变异特征

对研究区茶园叶片镉含量进行变异函数分析，结果显示：①研究区叶片镉的块金值均大于 0，表明变量本身存在着因采样误差、短距离变异、随机和固有变异等引起的各种正基底效应。②东山镇、龙井村、溪龙乡叶片镉的块金系数均小于 0.25，表现为强空间相关性，而天目湖的块金系数略大于 0.25，表现为中等的空间相关性。研究区叶片镉的空间相关性由强到弱依次为：东山镇>龙井村>溪龙乡>天目湖，其块金系数分别为：0.003、0.034、0.124、0.266。③研究区叶片镉的变程分别为：2.995km、4.180km、0.945km、0.523km，均大于采样距离，能够满足空间分析的需要。其中，龙井村、溪龙乡表现为较小尺度下的空间自相关性，而天目湖、东山镇叶片镉则表现为较大尺度下的空间自相关性。④研究区叶片镉变异函数的决定系数分别为：0.561、0.781、0.648、0.524，均大于 0.5，且残差较小，表明在相应理论模型下拟合效果较好，能够较精确反映叶片镉的空间变异性，可进行克里金插值分析。研究区叶片镉变异函数拟合参数见表 6-3-14。

表 6-3-14　叶片镉变异函数拟合参数

研究区 Area	块金值 C_0	基台值 C_0+C	块金系数 $C_0/(C_0+C)$	变程 a /km	决定系数 R^2	残差 RSS	理论模型 Model
天目湖	1.520E−03	5.710E−03	0.266	2.995	0.561	7.106E−06	Gaussian
东山镇	1.000E−05	3.740E−03	0.003	4.180	0.781	5.792E−06	Spherical
龙井村	1.100E−04	3.280E−03	0.034	0.945	0.648	2.203E−06	Exponential
溪龙乡	9.758E−03	7.855E−02	0.124	0.523	0.524	4.830E−03	Gaussian

（3）叶片镉空间分布特征

在叶片镉空间变异特征分析的基础上，利用普通克里金插值法对研究区茶园叶片镉区域化变量的取值进行估计，并在 ArcGIS10.2 中提取 GDEM30m 分辨率的 DEM 数据等高线，进一步分析研究区茶园叶片镉含量空间分布特征。

从面状性上看，天目湖、溪龙乡呈明显阶梯状分布，龙井村呈条带状分布，而东山镇呈不规则团块状分布。从方向性上看，天目湖大致呈现由西南向东北递增的趋势，东山镇大致呈现由中部向四周降低的趋势，龙井村大致呈现中部高、两侧低的趋势，而溪龙乡则呈现由东南向西北递增的趋势。

结合茶园叶片镉环境质量标准，对研究区茶园叶片镉含量空间分布状况进行分析。四个研究区茶园叶片镉含量均不超标，因此均不存在镉污染问题。其中，天目湖叶片镉含量在 0.20~0.22mg/kg 范围内的区域面积占比最大，将近 30%，主要在研究区中部以东地区呈"人字形"分布；其次是含量在 0.05~0.15mg/kg 范围内的低值区，区域面积占比为 17.59%，集中分布在研究区西南角处；叶片镉含量在 0.25~0.42mg/kg 之间的高值区占比最小，为 4.42%，在研究区东南角呈点状零星分布。东山镇叶片镉含量在 0.05~0.15mg/kg 范围内的区域面积占比最大，为 30.26%，其次是含量在 0.15~0.17mg/kg 范围内的区域，面积占比 25.79%，这两区域面积占比超东山镇面积一半，除东南角外其余主要沿东山山脉走向分布。叶片镉含量在 0.20~0.42mg/kg 的高值区占比较小，约占整个研究区面积的十分之一，主要在东山镇中心地带呈"8 字形"分布。龙井村叶片镉含量在 0.15~0.17mg/kg 范围内的区域面积占比最大，约占整个研究区面积的四分之一，在东部呈条带状，西部呈半环状，中部呈点状分布；其次，含量 0.17~0.18mg/kg 和 0.18~0.19mg/kg 的区域面积分别约占研究区总面积的五分之一，主要在研究区西部和东部地区呈条带状分布；面积占比最小的含量范围是 0.25~0.42mg/kg，占比不足 1%，在研究区东部地区呈团块状分布。溪龙乡叶片镉含量在 0.22~0.25mg/kg 范围内的区域面积占比最大，为 29.28%，主要在研究区西侧沿边缘分布；其次，含量在 0.25~0.42mg/kg 范围内的区域面积占比 25%，集中位于研究区西南角处；含量在

0.15~0.20mg/kg 之间的低值区的四个等级均占比较小，分别为 3.06%、6.76%、9.57%和 9.47%，大致自东南向西北呈阶梯状分布。研究区叶片镉空间插值图见图 6-3-7。

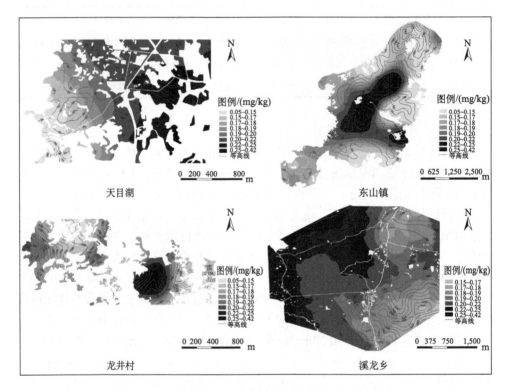

图 6-3-7　叶片镉空间插值图

8）叶片砷空间分异特征

（1）叶片砷正态性检验

对叶片砷含量经域法$(\bar{a} \pm 3s)$识别并替换异常值后进行 K-S 正态分布检验。结果显示，四个研究区叶片砷均在 5%显著性水平下服从正态分布，因此，可进行地统计学相关分析。研究区叶片砷正态性检验参数见表 6-3-15。

表 6-3-15　研究区叶片砷正态性检验

指标	天目湖	东山镇	龙井村	溪龙乡
$P_{K\text{-}S}$值	0.917	0.388	0.184	0.949
检验结果	正态分布	正态分布	正态分布	正态分布

（2）叶片砷空间变异特征

对研究区茶园叶片砷含量进行变异函数分析，结果显示：①研究区叶片砷的块金值均大于 0，表明变量本身存在因采样误差、短距离变异、随机和固有变异等引起的各种正基底效应。②研究区叶片砷的块金系数均小于 0.25，表现出强烈的空间相关性，其空间相关性由强到弱顺序依次为：溪龙乡>天目湖>龙井村>东山镇，块金系数分别为：0.025、0.042、0.077、0.150。③研究区叶片砷的变程分别为：0.217km、4.361km、0.331km、0.388km，均大于采样距离，能够满足空间分析的需要。其中，只有东山镇表现为较大尺度下的空间自相关性，天目湖、龙井村、溪龙乡则表现为较小尺度下的空间自相关性。④研究区叶片砷变异函数的决定系数分别为：0.659、0.690、0.606、0.427。其中，天目湖、东山镇、龙井村叶片砷的决定系数均大于 0.5，且残差较小，表明在相应理论模型下拟合效果较好，能够较精确反映叶片砷的空间变异性，可进行克里金插值分析，而溪龙乡叶片砷的决定系数小于 0.5，模型对空间结构的解释不充分，该种植区的变异函数对空间变异特征的模拟仅可作为参考，且不能进一步对其进行克里金插值，因而采用 IDW 插值法进行空间预测。研究区叶片砷变异函数拟合参数见表 6-3-16。

表 6-3-16　叶片砷变异函数拟合参数

研究区 Area	块金值 C_0	基台值 C_0+C	块金系数 $C_0/(C_0+C)$	变程 a /km	决定系数 R^2	残差 RSS	理论模型 Model
天目湖	7.930E−04	1.872E−02	0.042	0.217	0.659	7.964E−05	Gaussian
东山镇	1.207E−02	8.024E−02	0.150	4.361	0.690	7.048E−03	Linear
龙井村	2.540E−02	3.278E−01	0.077	0.331	0.606	5.275E−03	Spherical
溪龙乡	2.446E−04	9.720E−03	0.025	0.388	0.427	8.154E−05	Gaussian

（3）叶片砷空间分布特征

在叶片砷空间变异特征分析的基础上，利用普通克里金插值法对天目湖、东山镇、龙井村茶园叶片砷区域化变量的取值进行估计，利用 IDW 插值法对溪龙乡茶园叶片砷区域化变量的取值进行估计，并在 ArcGIS10.2 中提取 GDEM30m 分辨率的 DEM 数据等高线，进一步分析研究区茶园叶片砷含量空间分布特征。

从面状性上看，天目湖、东山镇呈明显阶梯状分布，龙井村呈不规则团块状分布，而溪龙乡则呈斑状分布。从方向性上看，天目湖大致呈现由西向东递增的趋势，东山镇大致呈现出由中部向两侧逐渐降低的趋势，龙井村大致呈现出中部高、边缘低的趋势，而溪龙乡则整体分布比较均匀。

结合茶园叶片砷环境质量标准，对研究区茶园叶片砷含量空间分布状况进行分析。四个研究区茶园叶片砷含量均不超过国家限量标准 2mg/kg，因此均不存在

砷污染问题。其中，天目湖叶片砷含量在 0.20~0.25mg/kg 范围内的区域面积占比
最大，为 23.44%，集中分布在研究区西部边缘地区；其次是含量在 0.35~0.40mg/kg
和 0.40~0.45mg/kg 范围内的高值区，区域面积分别占比 14.73%和 13.84%，在研
究区中部向东部地区呈阶梯状分布。东山镇叶片砷含量在 0.15~0.20mg/kg 范围内
的区域面积占比最大，为 45.44%，其次是含量在 0.20~0.25mg/kg 范围内的区域，
面积占比 43.59%，这两个区域占东山镇总面积的 90%以上，在研究区范围内广泛
分布；叶片砷含量在 0.01~0.15mg/kg 的低值区占比最小，约占整个研究区面积的
十分之一，集中分布于研究区东南角处。龙井村叶片砷含量在 0.45~0.60mg/kg 范
围内的区域面积占比最大，约为 35%，在研究区东中西部地区均有分布；含量在
0.01~0.15mg/kg 的低值区和含量在 0.80~1.50mg/kg 的高值区面积占比较小，均不
足 1%，低值区零星分布在研究区西北角和东南角，高值区集中分布于研究区中
部地区。溪龙乡叶片砷含量在 0.30~0.35mg/kg 范围内的区域面积占比最大，约达
研究区总面积的一半，在研究区南北两侧呈条带状分布；其次，含量在
0.35~0.40mg/kg 范围内的区域面积占比约达 30%，贯穿研究区东西两侧呈条带状
分布；含量在 0.01~0.20mg/kg 范围内的低值区和含量在 0.45~0.60mg/kg 范围内的
高值区占比均较小，分别为 0.84%和 0.75%，在研究区内部地区呈点状零星分布。
研究区叶片砷空间插值图见图 6-3-8。

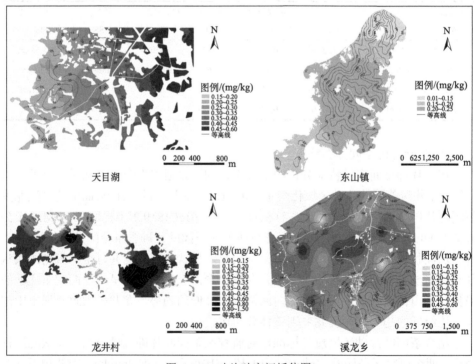

图 6-3-8　叶片砷空间插值图

9）叶片硒空间分异特征

（1）叶片硒正态性检验

对叶片硒含量经域法$(\bar{a} \pm 3s)$识别并替换异常值后进行 K-S 正态分布检验。结果显示，四个研究区叶片硒均在 5%显著性水平下服从正态分布，因此，可进行地统计学相关分析。研究区叶片硒正态性检验参数见表 6-3-17。

表 6-3-17　研究区叶片硒正态性检验

指标	天目湖	东山镇	龙井村	溪龙乡
$P_{\text{K-S}}$ 值	0.773	0.472	0.912	0.498
检验结果	正态分布	正态分布	正态分布	正态分布

（2）叶片硒空间变异特征

对研究区茶园叶片硒含量进行变异函数分析，结果显示：①研究区叶片硒的块金值均大于 0，表明变量本身存在着因采样误差、短距离变异、随机和固有变异等引起的各种正基底效应。②天目湖叶片硒的块金系数略微大于 0.75，其空间相关性较弱，其余各研究区叶片硒的块金系数均小于 0.25，表现为强空间相关性。研究区叶片硒空间相关性由强到弱依次为：东山镇>溪龙乡>龙井村>天目湖，其块金系数分别为：0.047、0.072、0.135、0.755。③研究区叶片硒的变程分别为：1.606km、1.160km、0.424km、0.433km，均大于采样距离，能够满足空间分析的需要。其中，龙井村、溪龙乡表现为较小尺度下的空间自相关性，而天目湖、东山镇则表现为较大尺度下的空间自相关性。④东山镇、龙井村、溪龙乡叶片硒变异函数的决定系数分别为：0.526、0.575、0.515，均大于 0.5，且残差较小，表明在相应理论模型下拟合效果较好，能够较精确反映叶片硒的空间变异性，可进行克里金插值分析。而天目湖叶片硒变异函数的决定系数小于 0.5，拟合精度相对较低，该种植区叶片硒的变异函数对空间变异特征的模拟仅可作为参考，不能进一步对其进行克里金插值，因而采用 IDW 插值法进行空间预测。研究区叶片硒变异函数拟合参数见表 6-3-18。

表 6-3-18　叶片硒变异函数拟合参数

研究区 Area	块金值 C_0	基台值 C_0+C	块金系数 $C_0/(C_0+C)$	变程 a /km	决定系数 R^2	残差 RSS	理论模型 Model
天目湖	7.312E−02	9.683E−02	0.755	1.606	0.400	5.434E−03	Linear
东山镇	3.846E−03	8.179E−02	0.047	1.160	0.526	1.319E−03	Spherical
龙井村	2.807E−02	2.072E−01	0.135	0.424	0.575	6.755E−03	Spherical
溪龙乡	1.096E−02	1.519E−01	0.072	0.433	0.515	9.555E−03	Gaussian

（3）叶片硒空间分布特征

在叶片硒空间变异特征分析的基础上，利用普通克里金插值法对东山镇、龙井村、溪龙乡茶园叶片硒区域化变量的取值进行估计，利用 IDW 插值法对天目湖茶园叶片硒区域化变量的取值进行估计，并在 ArcGIS10.2 中提取 GDEM30m 分辨率的 DEM 数据等高线，进一步分析研究区茶园叶片硒含量空间分布特征。

从面状性上看，天目湖、东山镇呈不规则团块状分布，而龙井村、溪龙乡则呈明显阶梯状分布。从方向性上看，天目湖大致表现出西侧高，其余地区含量分布比较均匀的特点，东山镇大致呈现出东侧高，向中部逐渐降低的趋势，龙井村整体分布比较均匀，而溪龙乡则呈现由东北向西南递增的趋势。

结合茶园叶片硒环境质量标准，对研究区茶园叶片硒含量空间分布状况进行分析。四个研究区茶园叶片硒含量平均水平均在富硒茶标准 250.00~400.00μg/kg 范围内，因此江浙两省茶叶中硒含量丰富，有发展富硒茶培育基地的潜力。其中，天目湖叶片硒含量在 400.00~480.00μg/kg 范围内面积占比最大，为 31.80%，主要集中分布于研究区东侧地区；含量在 280.00~320.00μg/kg 范围内面积占比 27.51%，呈条带状在整个研究区内广泛分布；含量在 480.00~717.00μg/kg 范围内的高值区及含量在 58.74~200.00μg/kg 范围内的低值区面积占比较小，共占研究区面积总和的 1.05%，主要以团块状在研究区中集中分布。东山镇茶园叶片硒含量在 280.00~320.00μg/kg 范围内占比最大，为 33.50%，沿东山山脉走向，在研究区中广泛分布；其次，含量在 320.00~360.00μg/kg 范围内的面积占比 25.16%，约占研究区总面积的四分之一，主要在研究区东北及西南角呈带状分布；面积占比最小的含量范围为 480.00~550.00μg/kg，以团块状集中分布于研究区东北角 70m 等高线附近。龙井村茶园叶片硒含量在 250.00~280.00μg/kg 范围内占比最大，为 35.75%，含量在 200.00~250.00μg/kg 和 320.00~360.00μg/kg 范围内的面积相近，分别占比 16.97%、17.00%，各等级在研究区内分布都比较均匀。溪龙乡茶园叶片硒含量在 320.00~360.00μg/kg 范围内占比最大，为 39.00%，在研究区范围内广泛分布；其次，含量在 280.00~320.00μg/kg 范围内区域面积占比 27.02μg/kg，以团块状集中分布于研究区东北角处；含量在 250.00~280.00μg/kg 范围内的低值区区域面积占比最小，为 1.75%，以斑块状分布于研究区东北角海拔 70~105m 范围内。克里金插值结果表明，四个研究区富硒茶区域面积由高到低依次为溪龙乡>东山镇>龙井村>天目湖，分别占比 96.75%、83.15%、83.03%、63.94%，可见富硒茶茶叶种植面积分布极广，均占研究区总面积的60%以上，因此江浙地区具有发展成为富硒茶种植基地的先决条件。研究区叶片硒空间插值图见图6-3-9。

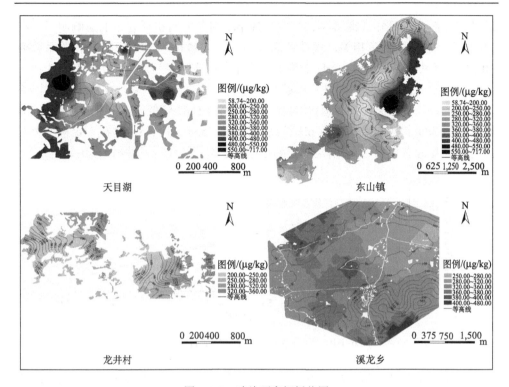

图 6-3-9　叶片硒空间插值图

6.3.2　江浙地区茶园叶片指标空间分异分析

一般而言，可将影响叶片属性空间分布的因子分为结构性因子和随机性因子两种，其中结构性因子是指土壤 pH、有机质、微量元素、生物理化作用等自然要素因子，而随机性因子是指品种选育、施肥管理、采摘时令、工业布局等人为要素因子。由叶片各指标变异函数的拟合结果可知，研究区叶片各指标的空间异质性特征受到系统性因子和随机性因子共同作用的影响。本小节将根据变异函数的拟合参数以及空间插值的特征分析，结合研究区及叶片指标的各自情况，对其空间分布特征的影响因素进行分析。

1）叶片有机质空间分异分析

无论是描述性统计分析的结果，还是空间插值分析的结果，浙江省两个研究区茶园叶片有机质含量整体水平均高于江苏省，这与土壤有机质整体的空间分布特征是一致的。茶园叶片有机质含量及其空间分布特征影响因素分析如下：

植物体内酸碱度对植物生长发育尤为重要，适合的酸碱度可以促进营养物质的积累，茶树体也不例外，因此茶树体内 pH 是影响茶叶有机质含量的重要因素。

通过相关性分析可知（图 6-3-10），叶片 pH 对茶叶有机质含量的影响明显，在 1%水平下呈极显著负相关，线性关系式为 $y = -4.3716x + 118.97$，且相关系数为 -0.241，可见随着茶树体内 pH 的增加，叶片有机质含量呈现递减的趋势，即在一定变化幅度内，茶树体内酸性程度越高越有利于有机质的积累。结合茶园叶片 pH 描述性统计分析结果，天目湖和溪龙乡的茶树体内 pH 较低，分别为 5.77 和 5.85，而东山镇和龙井村的茶树体内 pH 较高，分别为 5.90 和 5.95，这在一定程度上导致研究区叶片有机质含量由高到低依次是溪龙乡>天目湖>龙井村>东山镇。

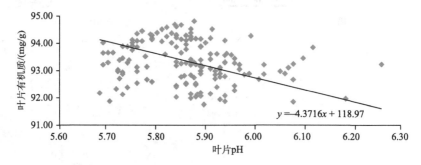

图 6-3-10　叶片 pH 与叶片有机质含量相关性

氮元素是茶叶中蛋白质、氨基酸等滋味物质的重要构成成分，速效氮又是植物体可直接利用的部分，对茶树叶片中有机质的合成起到了至关重要的作用。通过相关性分析可知（图 6-3-11），叶片速效氮与叶片有机质含量呈正相关，线性关系式为 $y = 0.1877x - 15.944$，相关系数为 0.351，故随着茶树体中氮元素的增加，有机质的含量亦呈增长的趋势。结合茶园叶片速效氮含量描述性统计分析结果，研究区叶片速效氮含量由高到低依次是溪龙乡>天目湖>龙井村>东山镇，这与研究区叶片有机质含量水平完全一致，可见与相关性分析结果相照应。

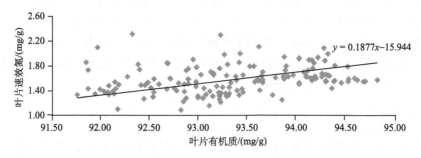

图 6-3-11　叶片有机质与叶片速效氮含量相关性

研究表明，叶片有机质与叶片速效磷含量表现为 1%水平下显著负相关，线性关系式为 $y = -0.5331x + 52.037$，且相关系数为 -0.372，因此随着茶树体中速效磷含量的增加，叶片有机质含量水平则呈现出减少的趋势（图 6-3-12）。结合茶园叶片速效磷含量描述性统计分析结果，溪龙乡叶片速效磷含量水平最低为 1.84mg/g，而东山镇叶片速效磷含量水平最高为 2.59mg/g，这与叶片有机质含量水平正好相反，与相关性分析结果相印证。

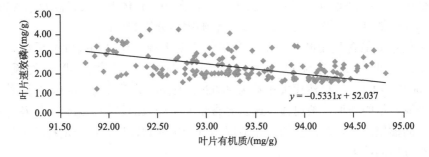

图 6-3-12　叶片有机质与叶片速效磷含量相关性

通过相关性分析可知（图 6-3-13），叶片速效钾与叶片有机质含量在 1%水平下表现为极显著负相关，线性关系式为 $y = -1.719x + 168.29$，且相关系数为 -0.575，可见随着茶树体中速效钾含量的增加，叶片有机质含量水平则呈现出减少的趋势。结合茶园叶片速效钾描述性统计分析结果，天目湖和溪龙乡含量水平较低，分别为 7.59mg/g 和 6.68mg/g，而东山镇和龙井村含量水平较高，分别为 8.16mg/g 和 9.02mg/g，这也是影响叶片有机质含量水平的另一个诱因。

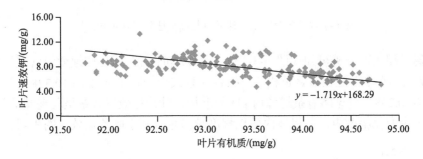

图 6-3-13　叶片有机质与叶片速效钾含量相关性

除此之外，四个研究区处于黄壤向红壤的过渡地带，由北向南，土壤黏性逐渐增强，因此浙江省两个茶园的土壤质地较江苏省而言黏性更强，则有利于土壤对有机质的吸附，为茶树体提供充足的物质来源，从而间接提高叶片有机质的含量水平。

2）叶片速效氮空间分异分析

与有机质相同，无论是描述性统计分析的结果，还是空间插值分析的结果，浙江省两个研究区茶园叶片速效氮含量整体水平均高于江苏省。四个研究区速效氮插值图连片性较高，且龙井村和溪龙乡插值图颜色整体上比天目湖及东山镇深。茶园叶片速效氮含量及其空间分布特征影响因素分析如下：

土壤速效氮含量是叶片速效氮含量的主要来源，通过相关性分析可知（图6-3-14），叶片速效氮与土壤速效氮含量呈正相关，线性关系式为 $y = 0.0039x + 1.102$，虽然相关系数为 -0.080，但偏相关系数为 0.046，故随着土壤中速效氮含量的增加，茶树体中速效氮含量亦呈增长的趋势。结合土壤及叶片速效氮空间插值的结果，其空间分布情况具有一定的相似性，在一定程度上佐证了相关性分析的结果。

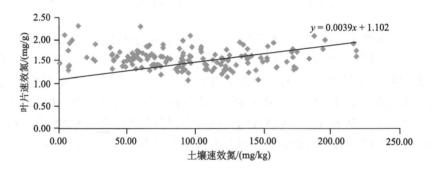

图 6-3-14　研究区土壤速效氮与叶片速效氮含量相关性

通过相关性分析可知（图 6-3-15），叶片 pH 对茶树体中速效氮含量影响明显，在 1%水平下呈极显著负相关，线性关系式为 $y = -1.4922x + 10.328$，且相关系数为 -0.238，可见随着茶树体内 pH 的增加，叶片速效氮含量呈现递减的趋势，即在一定变化幅度内，茶树体内酸性程度越高越有利于叶片速效氮的积累。

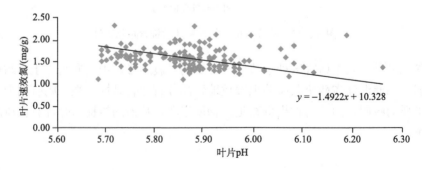

图 6-3-15　叶片 pH 与叶片速效氮含量相关性

　　研究表明，叶片速效氮与叶片速效磷含量呈负相关，线性关系式为 $y = -1.8594x + 5.2656$，且相关系数为–0.046，故随着茶树体中速效磷含量的增加，叶片速效氮含量则呈减少的趋势（图 6-3-16）。结合茶园叶片速效磷含量描述性统计分析结果，溪龙乡叶片速效磷含量水平最低为 1.84mg/g，而东山镇叶片速效磷含量水平最高为 2.59mg/g，这与叶片速效氮含量水平正好相反，与相关性分析结果相印证。

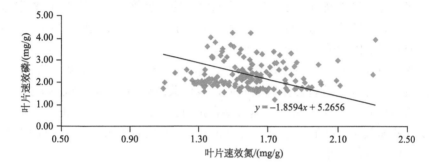

图 6-3-16　叶片速效磷与叶片速效氮含量相关性

　　研究表明，叶片速效钾含量对叶片速效氮含量影响明显，在 1%水平下呈显著负相关，线性关系式为 $y = -3.6327x + 13.676$，且相关系数为–0.214，可见随着茶树体内速效钾含量的增加，叶片速效氮含量呈现递减的趋势（图 6-3-17）。结合茶园叶片速效钾描述性统计分析结果，天目湖和溪龙乡含量水平较低，分别为 7.59mg/g 和 6.68mg/g，而东山镇和龙井村含量水平较高，分别为 8.16mg/g 和 9.02mg/g，这与叶片速效氮含量水平情况正好相反，因此叶片速效钾含量也是影响叶片速效氮含量的重要因素。

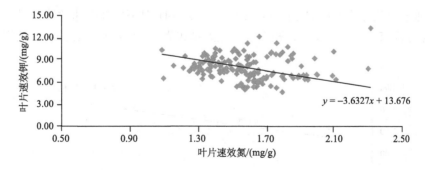

图 6-3-17　叶片速效钾与叶片速效氮含量相关性

3）叶片速效磷空间分异分析

分析表明，四个研究区茶园叶片速效磷含量整体水平由高到低顺序依次为东山镇>天目湖>龙井村>溪龙乡，含量均值依次为 2.59mg/g、2.39mg/g、2.31mg/g、1.84mg/g；其中江苏省茶园叶片速效磷含量整体水平为 2.49mg/g，浙江省茶园叶片速效磷含量整体水平为 2.07mg/g，江苏省整体水平明显高于浙江省。从插值图上看，江苏省天目湖及东山镇茶园叶片速效磷的颜色整体明显比浙江省更深，再次证明江苏省茶园叶片速效磷含量整体水平高于浙江省。茶园叶片速效磷含量及其空间分布影响因素分析如下：

植物体汲取养分的主要营养来源是土壤，通过相关性分析可知（图 6-3-18），土壤速效磷对叶片速效磷含量影响明显，线性关系式为 $y = 0.0128x + 1.5048$，且相关系数为 0.022，可见茶树体中速效磷含量与土壤速效磷含量呈正比关系。结合土壤及叶片速效磷空间插值结果，其空间分布情况吻合度较高，在一定程度上印证了相关性分析的结果。

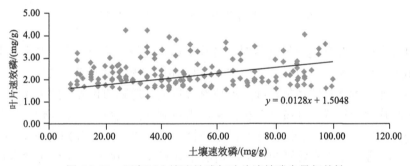

图 6-3-18　研究区土壤速效磷与叶片速效磷含量相关性

通过相关性分析可知（图 6-3-19），叶片 pH 对茶树体中速效磷含量影响明显，表现为 5%水平下显著正相关，线性关系式为 $y = 3.0495x - 15.607$，且相关系

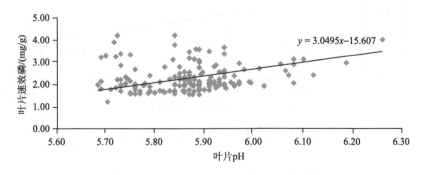

图 6-3-19　叶片 pH 与叶片速效磷含量相关性

数为 0.197，与前文有机质与速效氮不同，随着茶树体内 pH 的增加，叶片速效磷亦呈现递增的趋势，即在一定变化幅度内，茶树体内酸性程度越低越有利于叶片速效磷的积累。

研究表明，叶片速效磷与叶片速效钾含量在 1%水平下呈极显著正相关，线性关系式为 $y = 1.1959x + 5.1349$，且相关系数为 0.479，故随着茶树体中速效钾含量的增加，叶片速效磷含量也会随之增加（图 6-3-20）。结合茶园叶片速效钾含量描述性统计分析结果，研究区叶片速效钾含量由高到低依次是龙井村>东山镇>天目湖>溪龙乡，这与研究区叶片速效磷含量水平有相似之处，故与相关性分析结果相照应。

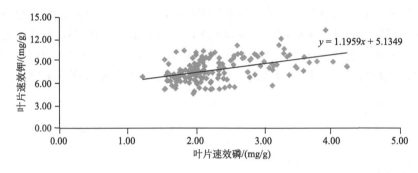

图 6-3-20　叶片速效钾与叶片速效磷含量相关性

4）叶片速效钾空间分异分析

分析表明，四个研究区茶园叶片速效钾含量整体水平由高到低顺序依次为龙井村>东山镇>天目湖>溪龙乡，含量均值依次为 9.02mg/g、8.16mg/g、7.59mg/g、6.68mg/g；其中江苏省茶园叶片速效钾含量整体水平为 7.88mg/g，浙江省茶园叶片速效钾含量整体水平为 7.85mg/g，江苏省整体水平略高于浙江省。从插值图上看，除江苏省天目湖和浙江省龙井村西部异常偏高外，其余各区域水平大致相当。茶园叶片速效钾含量及其空间分布影响因素分析如下：

通过相关性分析可知（图 6-3-21），叶片速效钾与土壤速效钾含量在 1%水平下呈极显著负相关，线性关系式为 $y = -0.005x + 8.5121$，且相关系数为-0.258，故随着土壤中速效钾含量的增加，茶树体中速效钾含量却呈减少的趋势。结合土壤速效钾含量描述性统计分析结果，研究区土壤速效钾含量由高到低依次是溪龙乡>天目湖>龙井村>东山镇，这与研究区叶片速效钾含量水平正好相反，与相关性分析结果相互照应。

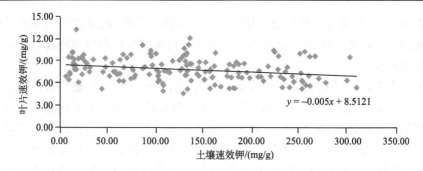

图 6-3-21　研究区土壤速效钾与叶片速效钾含量相关性

研究表明，叶片 pH 对茶树体中速效钾含量影响明显，表现为 1%水平下显著正相关，线性关系式为 $y = 4.5125x - 18.605$，且相关系数为 0.273，与叶片速效磷相同，随着茶树体内 pH 的增加，叶片速效钾亦呈现递增的趋势，即在一定变化幅度内，茶树体内酸性程度越低越有利于叶片速效磷的积累（图 6-3-22）。

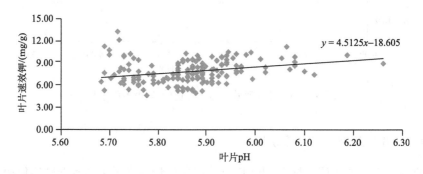

图 6-3-22　叶片 pH 与叶片速效钾含量相关性

除此之外，四个研究区处于黄壤向红壤的过渡地带，由北向南，土壤黏性逐渐增强，其中溪龙乡土壤黏性最大，因此对速效钾的吸附能力最强，在一定程度上阻碍了茶树对速效钾的吸收，可见土壤黏性也是影响叶片速效钾含量的另一因素。

5）叶片铜空间分异分析

统计数据表明，四个研究区茶园叶片铜含量整体水平由高到低顺序依次为东山镇>溪龙乡>天目湖>龙井村，含量均值依次为 18.45mg/kg、17.83mg/kg、15.89mg/kg、8.05mg/kg；其中，江苏省茶园叶片铜含量整体水平为 17.17mg/kg，浙江省茶园叶片铜含量整体水平为 12.94mg/kg，江苏省整体水平明显高于浙江省。而从叶片铜的空间插值图上看江苏省茶园叶片铜的颜色整体明显较浙江省更深，再次证明江苏省茶园叶片铜含量整体水平高于浙江省。茶园叶片铜含量及其空间分布影响因素分析如下：

通过相关性分析可知,叶片铜含量与其相对应的土壤铜含量并无显著相关性,因此进一步计算铜的全量基转移系数,并将与其相应的土壤铜含量进行相关性分析,从而研究铜元素在土壤和茶树体中的转移规律,衡量铜元素在土壤和茶树体中的转移能力。全量基转移系数是指茶叶中铜含量（烘干基）与土壤全铜（烘干基）含量的比值,铜元素从土壤向茶叶的转移能力越大则表现为其转移系数越大,即叶片对铜元素就具有越强的吸收富集能力（表 6-3-19）。

表 6-3-19　研究区茶园铜全量基转移系数

研究区	最小值	最大值	中位值	平均值	标准差
天目湖	0.0798	1.3548	0.3745	0.4364	0.2622
东山镇	0.1262	1.6830	0.3589	0.4450	0.3134
龙井村	0.1472	0.7000	0.2373	0.2545	0.1004
溪龙乡	0.1648	2.1955	0.4906	0.5629	0.3811

从研究区茶园铜全量基转移系数可以看出,茶园铜全量基转移系数由高到低顺序依次为溪龙乡>东山镇>天目湖>龙井村,转移系数均值依次为 0.5629、0.4450、0.4364、0.2545,这与叶片铜含量整体水平基本吻合,可见铜转移系数越高,则叶片铜含量越高。

将研究区茶园铜的全量基转移系数与其相对应的土壤全铜含量进行相关性分析,得出表 6-3-20,研究区茶园土壤铜与转移系数之间的相关关系表明,全量基与其所对应的土壤全铜含量呈极显著负相关,可见茶树对铜元素是"主动有效式"的吸收,即当茶树体中的铜元素含量已满足正常生长需要后,即使土壤中铜元素含量再高,茶树也不会继续被动吸收,因此叶片铜含量与土壤铜含量之间并没有显著相关性。

表 6-3-20　研究区茶园土壤铜与转移系数相关关系

类别	线性相关	乘幂相关	对数相关	指数相关
全量基与土壤全铜	−0.363[**]	−0.463[**]	−0.395[**]	−0.444[**]

注："**"表示达 1%极显著相关水平

研究表明,叶片铜含量水平与其相对应的土壤质地密切相关,全量基转移系数按其大小排列顺序为：黏壤土>砂质黏壤土>砂质黏土>重黏土>壤质黏土>黏土。

东山镇和溪龙乡为黏壤土,而天目湖和龙井村为砂质黏壤土,随着土壤黏粒含量的增加,土壤中次生硅酸盐对铜元素的吸附量呈升高趋势,故茶树体中铜元素的全量基转移系数呈下降趋势,这与表 6-3-19 的统计分析结果相一致(图 6-3-23)。

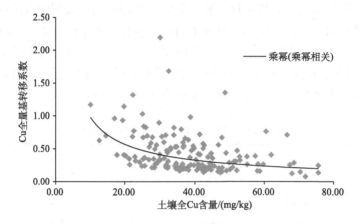

图 6-3-23　研究区茶园土壤全铜含量与全量基转移系数之间的相关

除此之外,土壤 pH 在较大程度上也影响着叶片铜的含量水平。从表 6-3-21 中可以看出,在茶树处于强酸环境即土壤 pH<5 的条件下,研究区土壤 pH 逐渐升高,其全量基转移系数随之减小,说明随着 pH 的增加,铜元素从土壤向茶树的转移能力随之减弱。

表 6-3-21　不同 pH 铜的全量基转换系数

pH	平均数	标准差	变异系数
<4.0	0.6724	0.3347	49.78%
4.0~4.5	0.4193	0.3111	74.19%
4.5~5.0	0.3896	0.3022	77.58%

6)叶片锌空间分异分析

统计结果表明,四个研究区茶园叶片锌含量整体水平由高到低顺序依次为天目湖>东山镇>溪龙乡>龙井村,含量均值依次为 44.55mg/kg、33.13mg/kg、32.76mg/kg、29.99mg/kg;其中,江苏省茶园叶片锌含量整体水平为 38.84mg/kg,浙江省茶园叶片锌含量整体水平为 31.37mg/kg,江苏省整体水平明显高于浙江省。与叶片铜相似,从空间插值图上看江苏省天目湖及东山镇茶园叶片锌颜色明显较浙江省龙井村及溪龙乡更深。茶园叶片锌含量及其空间分布影响因素分析如下:

通过相关性分析可知,叶片锌含量与其相对应的土壤锌含量并无明显相关性,因此进一步计算锌元素的全量基转移系数,并将与其相应的土壤锌含量进行相关性分析,从而研究锌在土壤和茶树体中的转移规律,衡量锌在土壤和茶树体中的转移能力。茶叶锌转移系数的计算方法与茶叶铜转移系数的计算方法相同。若转移系数越大则说明茶叶对锌的吸收富集能力就越强（表 6-3-22）。

表 6-3-22　研究区茶园锌全量基转移系数

研究区	最小值	最大值	中位值	平均值	标准差
天目湖	0.0806	0.4491	0.2178	0.2245	0.0768
东山镇	0.0612	0.7423	0.1565	0.1728	0.1074
龙井村	0.0587	0.3825	0.1357	0.1578	0.0629
溪龙乡	0.0823	0.6253	0.1904	0.2417	0.1330

从研究区茶园锌全量基转移系数可以看出,茶园锌全量基转移系数由高到低顺序依次为溪龙乡>天目湖>东山镇>龙井村,转移系数均值依次为 0.2417、0.2245、0.1728、0.1578,这与叶片锌含量整体水平基本吻合。

将研究区茶园锌的全量基转移系数与其相对应的土壤全锌含量进行相关性分析,得出表 6-3-23,研究区茶园叶片锌与转移系数之间的相关关系表明,全量基与其所对应的土壤全锌含量呈极显著负相关,可见茶树对锌元素是“主动有效式”的吸收,即当茶树中的锌元素含量已满足正常生长需要后,即使土壤中锌元素含量再高,茶树也不会继续被动吸收,因此叶片锌含量与土壤锌含量之间并没有显著相关性。

表 6-3-23　研究区茶园土壤锌与转移系数相关关系

类别	线性相关	乘幂相关	对数相关	指数相关
全量基与土壤全锌	−0.657**	−0.734**	−0.704**	−0.734**

注：“**”表示达 1%极显著相关水平

研究表明,叶片锌含量水平与其相对应的土壤质地及粒径分布密切相关,全量基转移系数按其大小排列顺序为:黏壤土>砂质黏壤土>壤质黏土>砂质黏土>黏土>重黏土,可见随着土壤黏粒含量的增大,由于亲和作用锌离子易于被固定在土壤中,因此全量基转移系数随土壤黏粒含量增大而减小（图 6-3-24）。

7）叶片镉空间分异分析

统计数据表明,四个研究区茶园叶片镉含量整体水平由高到低顺序依次为溪

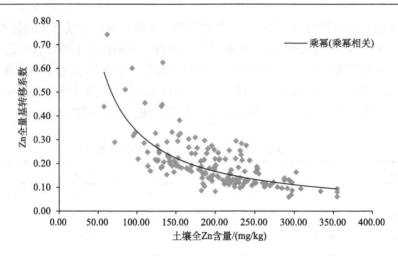

图 6-3-24　研究区茶园土壤全锌含量与全量基转移系数之间的相关

龙乡>天目湖>龙井村>东山镇，含量均值依次为 0.22μg/kg、0.20μg/kg、0.18μg/kg、0.17μg/kg；其中江苏省茶园叶片镉含量整体水平为 0.19μg/kg，浙江省茶园叶片镉含量整体水平为 0.20μg/kg，浙江省叶片镉整体水平略高于江苏省。从插值图上看，江苏省和浙江省叶片镉含量水平相差不大，整体分布渐变明显。茶园叶片镉含量及其空间分布影响因素分析如下：

　　研究表明，土壤镉对叶片镉含量影响明显，线性关系式为 $y = 0.2711x + 0.1531$，且相关系数为 0.143，可见茶树体中镉含量与土壤镉含量呈正比关系（图 6-3-25）。结合茶园土壤镉含量描述性统计分析结果，江苏省土壤镉较浙江省土壤镉含量水平略低，故江苏省叶片镉含量整体水平略低于浙江省叶片镉含量水平。

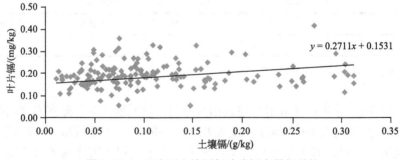

图 6-3-25　研究区土壤镉与叶片镉含量相关性

　　土壤 pH 是土壤酸度的强度指标，土壤酸度对土壤中的物质转化、土壤矿化、生物及理化性质有着重要的影响。通过相关性分析可知（图 6-3-26），土壤 pH

对茶叶镉含量的影响明显，在 5%水平下呈极显著负相关，线性关系式为
$y = -6.4761x + 5.8411$，且相关系数为-0.516，可见随着茶树体内 pH 的增加，叶
片镉含量呈现递减的趋势，即在一定变化幅度内，茶树体内酸性程度越高越有利
于有机质的积累。这是由于 pH 是改变重金属吸附-解吸和沉淀-溶解平衡的主要
因素，通常是随着 pH 上升，镉元素的吸附和沉淀过程增强，故茶树吸收镉的量
减少，反之则增加。结合茶园土壤 pH 描述性统计分析结果，江苏省土壤 pH 较浙
江省土壤 pH 略高，故江苏省叶片镉含量整体水平略低于浙江省叶片镉含量水平。

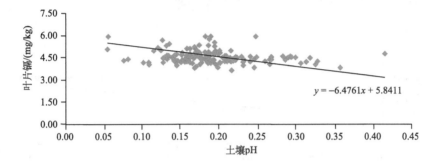

图 6-3-26　土壤 pH 与叶片镉含量相关性

　　通过相关性分析可知（图 6-3-27），土壤有机质含量对茶叶镉含量影响明显，
在 1%水平下呈极显著正相关，线性关系式为 $y = 73.902x + 12.65$，且相关系数为
0.248，故随着土壤中有机质含量的增加，叶片镉含量亦呈现出递增的趋势。这是
由于有机质中的腐殖质是土壤中重要的螯合和络合剂，对土壤中的重金属表现出
强烈的吸附固持能力，其腐殖质中的官能团释放出 H^+ 而带负电荷，从而可以吸附
重金属，为植物体提供物质来源。结合茶园土壤有机质含量描述性统计分析结果，
溪龙乡土壤有机质含量最高为 33.97g/kg，而东山镇土壤有机质含量最低为
21.63g/kg，这与叶片镉含量水平相一致，与相关性分析结果相印证。

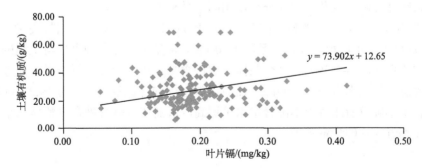

图 6-3-27　土壤有机质与叶片镉含量相关性

　　氮元素对土壤中重金属的吸附-解吸、根系分泌物、重金属形态间的转化和迁移都有较大的影响，能增加重金属的植物可利用性，Eriksson（1990）发现氮元素能增加土壤中镉元素的活性，促进植物吸收镉元素。研究表明，叶片速效氮与茶叶镉含量在5%水平下呈显著正相关，线性关系式为 $y = 0.0841x + 0.0576$，且相关系数为0.194，因此随着茶树体中速效氮含量的增加，茶叶镉含量亦呈现出递增的趋势（图 6-3-28）。结合茶园叶片速效氮含量描述性统计分析结果，研究区叶片速效氮含量由高到低依次是溪龙乡>天目湖>龙井村>东山镇，这与研究区茶叶镉含量水平完全一致，可见与相关性分析结果相照应。

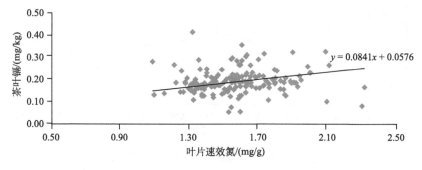

图 6-3-28　叶片速效氮与茶叶镉含量相关性

8）叶片砷空间分异分析

　　统计结果表明，四个研究区茶园叶片砷含量整体水平由高到低顺序依次为龙井村>溪龙乡>天目湖>东山镇，含量均值依次为 0.43mg/kg、0.33mg/kg、0.33mg/kg、0.18mg/kg；其中，江苏省茶园叶片砷含量整体水平为 0.26mg/kg，浙江省茶园叶片砷含量整体水平为 0.38mg/kg，浙江省整体水平明显高于江苏省。从空间插值图上看，浙江省龙井村及溪龙乡茶园叶片砷颜色明显较江苏省天目湖及东山镇更深。茶园叶片砷含量及其空间分布影响因素分析如下：

　　研究表明，土壤砷对叶片砷含量影响明显，线性关系式为 $y = -0.0082x + 0.4979$，且相关系数为-0.113，可见茶树体中砷含量与土壤砷含量呈反比关系（图 6-3-29）。结合茶园土壤砷含量描述性统计分析结果，江苏省土壤砷含量整体水平为 19.53mg/kg，而浙江省土壤砷含量整体水平为 19.23mg/kg，江苏省土壤砷较浙江省土壤砷含量水平更高，故浙江省叶片砷含量整体水平明显高于江苏省叶片砷含量水平。

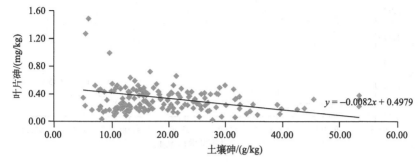

图 6-3-29　研究区土壤砷与叶片砷含量相关性

通过相关性分析可知（图 6-3-30），土壤 pH 对茶叶砷含量的影响明显，线性关系式为 $y = -0.7812x + 4.8244$，且相关系数为-0.134，可见随着茶树体内 pH 的增加，叶片砷含量呈现递减的趋势，即在一定变化幅度内，茶树体内酸性程度越高越有利于茶叶砷的积累。结合茶园土壤 pH 描述性统计分析结果，江苏省土壤 pH 较浙江省土壤 pH 略高，故江苏省叶片砷含量整体水平低于浙江省叶片砷含量水平。

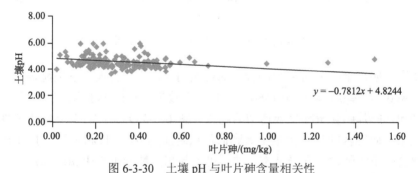

图 6-3-30　土壤 pH 与叶片砷含量相关性

分析表明，叶片有机质含量对茶叶砷含量影响明显，在 1%水平下呈极显著正相关，线性关系式为 $y = 0.0635x - 5.6047$，且相关系数为 0.314，故随着叶片中有机质含量的增加，叶片砷含量亦呈现出递增的趋势（图 6-3-31）。结合茶园叶片有机质含量描述性统计分析结果，江苏省叶片有机质含量水平（93.17mg/g）较浙江省叶片有机质含量水平（93.48mg/g）略低，因此江苏省叶片砷含量水平低于浙江省叶片砷含量水平。

通过相关性分析可知（图 6-3-32），茶叶铜对茶叶砷含量的影响明显，在 1%水平下呈显著负相关，线性关系式为 $y = -10.508x + 18.397$，且相关系数为-0.234，可见随着茶树体中铜含量的增加，叶片砷含量呈现递减的趋势。结合茶叶铜描述性统计分析结果，东山镇叶片铜含量最高为 18.45mg/kg，而龙井村叶片铜含量最低为 8.05mg/kg，这与叶片砷含量水平正好相反，从而与相关性分析结果相印证。

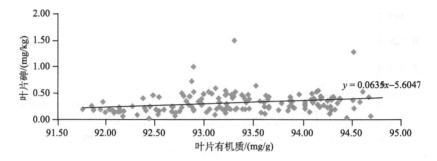

图 6-3-31 叶片有机质与叶片砷含量相关性

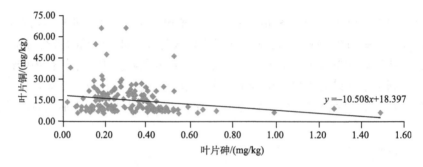

图 6-3-32 叶片铜与叶片砷含量相关性

研究表明，茶叶镉对茶叶砷含量的影响明显，在 1%水平下呈显著正相关，线性关系式为 $y = 0.1141x + 0.1556$，且相关系数为 0.351，因此随着茶树体中镉含量的增加，叶片砷含量亦呈现递增的趋势（图 6-3-33）。结合茶叶镉描述性统计分析结果，研究区叶片镉含量由高到低依次是溪龙乡>天目湖>龙井村>东山镇，这与研究区茶叶砷含量水平基本一致，可见与相关性分析结果相照应。

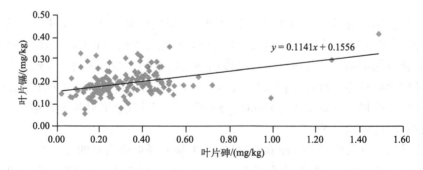

图 6-3-33 叶片镉与叶片砷含量相关性

9）叶片硒空间分异分析

统计数据表明，四个研究区茶园叶片硒含量整体水平由高到低顺序依次为溪龙乡>天目湖>东山镇>龙井村，含量均值依次为 359.08μg/kg 、337.98μg/kg、308.10μg/kg、295.28μg/kg；其中，江苏省茶园叶片硒含量整体水平为 323.04μg/kg，浙江省茶园叶片硒含量整体水平为 327.18μg/kg，浙江省整体水平略高于江苏省。从插值图上看，浙江省龙井村及溪龙乡茶园叶片硒含量整体分布比较均匀，而江苏省茶园叶片硒含量局部偏高，但主体分布以低值区为主。茶园叶片硒含量及其空间分布影响因素分析如下：

（1）结构性因子

土壤是叶片中营养物质的主要来源，因此土壤有效态硒含量是影响茶叶含硒量的主要因素。结合茶园土壤硒含量描述性统计分析结果，研究区土壤样品硒含量由高到低依次是溪龙乡>天目湖>龙井村>东山镇，这与叶片硒含量水平基本吻合，并通过相关性分析（图 6-3-34 至图 6-3-37），土壤硒含量对叶片硒含量的影响明显，四个研究区叶片硒与土壤硒均呈现正相关关系，四图中茶叶硒与土壤硒含量相关性的线性关系分别为 $y = 116.7x + 104.68$ ，$y = 34.777x + 255.47$ ，$y = 65.525x + 172.19$ ，$y = 59.123x + 178.2$ ，且相关系数为 0.214，可见土壤硒的空间分布奠定了叶片硒的基本格局。这与方兴汉、王雅玲、张雪莲等人的研究结论一致。但土壤硒与叶片硒之间也存在边际效应，土壤硒含量为 1.2945mg/kg 是茶叶硒含量增长变缓的突变点，龙井村土壤硒含量为 1.86mg/kg，虽明显高于东山镇土壤硒含量水平 1.06mg/kg，同时也远超突变点临界值，因此土壤中硒的贡献率有所下降，导致茶树富硒效果并不明显。

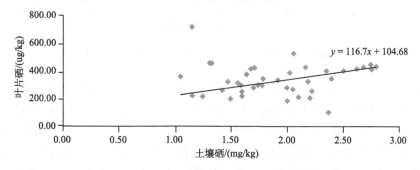

图 6-3-34　天目湖土壤硒含量与叶片硒含量相关性

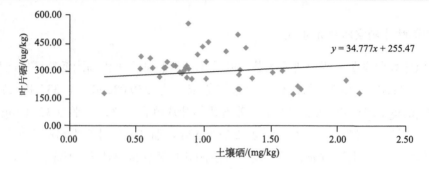

图 6-3-35　东山镇土壤硒含量与叶片硒含量相关性

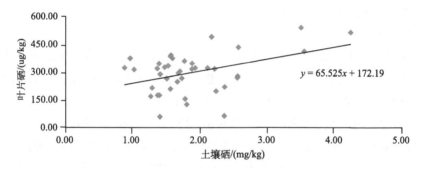

图 6-3-36　龙井村土壤硒含量与叶片硒含量相关性

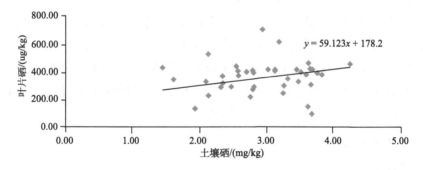

图 6-3-37　溪龙乡土壤硒含量与叶片硒含量相关性

　　研究表明适宜茶树生长的土壤 pH 为 4.0~6.5，研究区土壤 pH 均在 4.5~5.5 范围内，此范围为适宜茶树生长的最佳酸碱度区段。经茶园土壤 pH 描述性统计分析结果，研究区土壤样品 pH 由高到低依次是天目湖>东山镇>龙井村>溪龙乡，分别为：4.747、4.721、4.402、4.223，并通过相关性分析（图 6-3-38），土壤 pH 与茶叶硒含量呈现正相关关系，江浙两省茶叶硒与土壤 pH 相关性的线性关系式为 $y = 87.828x - 75.24$，且偏相关系数为 0.057，可见叶片硒含量随着土壤 pH 的增加而增加。这是由于土壤 pH 较低时，土壤处于强还原的酸性环境，硒元素主要以四价态的亚硒酸盐形式存在,而亚硒酸盐容易被金属氧化物或氢氧化物固定,因此不易被茶树体所吸收;而土壤 pH 较高时,土壤处于高氧化还原电位的环境当中,元素硒和硒化物易被氧化成硒酸盐,从而提高了土壤中有效硒的比重,因此增加了叶片中的含硒量。

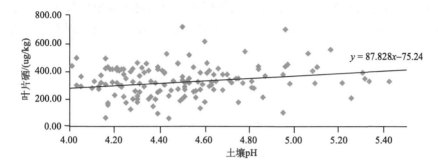

图 6-3-38　土壤 pH 与叶片硒含量相关性

　　四个研究区土壤有机质含量较丰富,均达到了优质名茶产地有机质含量20g/kg 的标准,且土壤有机质与茶叶硒含量在 5%水平下呈现显著正相关关系,相关系数为 0.452,即土壤有机质含量对茶叶硒含量有明显的促进作用（图6-3-39）。这是由于有机质能够促进土壤形成团粒结构,利于固定土壤中水溶性硒,并在分解过程中形成能溶解土壤中难溶性硒的络合物,为茶树生长提供充足的硒来源,从而提高叶片中的硒含量。

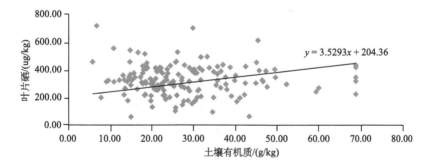

图 6-3-39　土壤有机质与叶片硒含量相关性

　　由此看出,土壤硒含量是影响叶片中硒含量的主导因素,pH、有机质、氮磷钾等对叶片硒含量也有较大影响,但铜、锌、镉等重金属元素则对叶片硒含量影响较小,相关系数分别为 0.067、−0.048、0.196。

（2）随机性因子

叶片硒变异函数的块金值与其他元素指标相比普遍偏高，可见人类活动对叶片硒含量影响显著。由系统性因子分析可知，土壤硒是叶片硒的主要来源，有机质含量对茶叶硒具有明显的促进作用，且溪龙乡、天目湖内承包户、合作社众多，规模化经营促使有机肥的大量使用，间接促使茶树体对土壤硒的吸收。可见人类活动对叶片硒含量的影响，主要是通过施有机肥、氮肥、磷肥、钾肥等方式来实现的。

第7章 江浙地区茶园土壤质量-叶片元素耦合性分析

7.1 江浙地区茶园土壤-叶片元素相关性分析

7.1.1 江浙地区茶园土壤-叶片元素单相关性分析

对研究区茶园土壤 pH、有机质（SOM）、速效氮（AN）、速效磷（AP）、速效钾（AK）及铜（Cu）、锌（Zn）、镉（Cd）、砷（As）、硒（Se）与叶片 pH、有机质（SOM）、速效氮（AN）、速效磷（AP）、速效钾（AK）及铜（Cu）、锌（Zn）、镉（Cd）、砷（As）、硒（Se）进行单相关分析。

结果表明，在研究的 10 项指标中，仅土壤速效钾与叶片速效钾之间以及土壤硒与叶片硒之间表现出 1%水平下土壤-叶片极显著相关关系，而其他要素指标在土壤与叶片之间均未表现出显著相关关系，表明土壤各要素指标的含量对叶片相对应的要素指标含量并没有直接的显著影响，即土壤中某项指标含量较高并不意味着叶片中该项指标含量也一定会高。

土壤 pH 对叶片各营养要素及重金属含量影响较大。其中，与叶片有机质、速效氮、锌、镉表现为 5%水平下显著相关，相关系数分别为−0.194、−0.172、0.184、−0.161，与速效磷以及砷表现为 1%水平下极显著相关性，相关系数分别为 0.335、−0.244。表明在一定范围内，土壤 pH 越低越有利于叶片有机质、速效氮及其化合物的积累；而土壤 pH 越高则越有利于叶片速效磷、微量元素锌的积累，同时还能抑制叶片对镉和砷的富集。

土壤有机质及速效氮、磷、钾对叶片各要素指标的影响相比重金属对叶片各要素指标的影响较小。其中，土壤有机质与叶片速效磷及砷均表现为 1%水平下极显著相关关系，相关系数分别为−0.263、0.251，表明土壤有机质过高不利于叶片速效磷的储存，同时还能增加叶片对有毒物质砷的富集；而土壤速效氮与叶片 pH 表现为 5%水平显著正相关，与叶片锌表现为 1%下极显著负相关，相关系数分别为 0.164、−0.233，表明土壤速效氮能够在一定程度上影响叶片 pH，同时抑制叶片对锌的过度积累；此外，土壤速效钾与叶片有机质及速效钾均表现为 1%水平下极显著相关关系，其中与叶片有机质表现为正相关，而与叶片速效钾表现为负相关，相关系数分别为 0.271、−0.258，表明土壤较高的速效钾能够促进叶片有机质的积累，但土壤速效钾过量会对叶片速效钾起到相反的作用。

土壤铜、锌、镉、砷及硒对叶片各要素指标的影响较大。其中，土壤铜与叶片速效氮、速效磷以及硒均表现为5%水平下显著相关关系，与叶片砷表现为1%水平下极显著相关关系，其相关系数分别为–0.159、0.174、–0.184、–0.216，表明在一定范围内，铜含量越高越能促进叶片对速效磷的积累，同时抑制砷在叶片中的富集，但铜含量过高会影响叶片对速效氮以及微量元素硒的吸收；土壤锌与叶片速效氮、磷表现为1%水平下极显著负相关，与叶片砷、硒表现为5%水平下显著负相关，表明土壤锌含量过高会影响叶片对速效氮、磷及硒的吸收和富集，但同时也能抑制叶片对砷的积累；土壤镉与叶片pH、锌表现为5%水平下显著相关关系，而与叶片有机质及砷表现为1%水平下极显著相关关系，其相关系数分别为–0.156、0.201、0.248、0.314，表明土壤镉能够影响叶片pH，同时促进叶片对有机质、锌尤其是砷的吸收和富集；土壤砷与叶片有机质、速效磷、速效钾、铜以及镉均表现为1%水平下极显著相关关系，与速效氮表现为5%水平下显著相关关系，其相关系数分别为0.204、–0.223、–0.360、0.210、0.220、0.184，表明土壤砷能够在一定程度上促进叶片对有机质、速效氮、铜以及镉的吸收和富集，同时抑制叶片对速效磷和速效钾的吸收；土壤硒与叶片pH、镉表现为5%水平下显著相关关系，而与有机质、速效氮、速效磷、速效钾以及砷和硒均表现为1%水平下极显著相关关系，其相关系数分别为–1.084、0.196、0.452、0.534、–0.349、–0.322、0.299、0.214，土壤硒能够影响叶片pH，还能促进叶片对有机质、速效氮、速效磷、速效钾及硒的吸收和积累，但也会加速叶片对镉和砷的吸收和富集，同时抑制叶片对速效磷的吸收。

通过对土壤-叶片单相关关系的分析可知，从土壤及叶片各矿质元素及pH含量上来看，土壤整体质量状况对叶片整体质量状况存在较大的影响，尤其是重金属元素对叶片的影响尤为重要。但这只是从土壤及叶片各要素指标含量上表现出来的关系，而要素指标间实际上的具体关系还需要做进一步的偏相关分析才能得出。研究区茶园土壤-叶片各要素指标间相关系数见表7-1-1。

表 7-1-1　研究区茶园土壤-叶片各要素指标间相关系数

指标	Y-pH	Y-SOM	Y-AN	Y-AP	Y-AK	Y-Cu	Y-Zn	Y-Cd	Y-As	Y-Se
T-pH	–0.131	–0.194[*]	–0.172[*]	0.335[**]	0.053	0.022	0.184[*]	–0.161[*]	–0.244[**]	0.053
T-SOM	0.140	0.100	0.014	–0.263[**]	–0.025	–0.030	–0.076	0.096	0.251[**]	–0.038
T-AN	0.164[*]	–0.010	–0.080	–0.125	–0.046	–0.059	–0.233[**]	–0.111	–0.004	–0.033
T-AP	0.022	0.015	0.046	0.022	–0.058	0.082	–0.025	0.032	–0.061	0.030
T-AK	–0.141	0.271[**]	0.060	–0.119	–0.258[**]	0.112	–0.016	0.040	–0.014	0.082
T-Cu	0.012	–0.150	–0.159[*]	0.174[*]	–0.034	0.120	0.051	–0.005	–0.216[**]	–0.184[*]
T-Zn	0.014	–0.304[**]	–0.306[**]	0.134	0.149	0.011	–0.005	–0.188[*]	–0.105	–0.164[*]

续表

指标	Y-pH	Y-SOM	Y-AN	Y-AP	Y-AK	Y-Cu	Y-Zn	Y-Cd	Y-As	Y-Se
T-Cd	−0.156*	0.248**	0.042	−0.093	−0.114	−0.051	0.201*	0.143	0.314**	0.078
T-As	−0.134	0.204**	0.184*	−0.223**	−0.360**	0.210**	0.052	0.220**	−0.113	0.145
T-Se	−0.184*	0.452**	0.534**	−0.349**	−0.322**	0.067	−0.048	0.196*	0.299**	0.214**

注：① "T" 字样代表土壤要素指标；"Y" 字样代表叶片要素指标；

② "*" 表示 5%水平下显著相关，"**" 表示 1%水平下极显著相关；

③相关系数临界值，$r_{0.05}$=0.155；$r_{0.01}$=0.203

7.1.2　江浙地区茶园土壤–叶片元素偏相关性分析

对土壤-叶片各指标因子做偏相关分析，剔除其他因子的影响，进一步研究因子之间真实的相关程度，同时了解因子间受到其他因子综合作用的程度。

偏相关分析结果表明，同单相关分析结果相似，土壤各要素指标的含量对叶片相对应的要素指标含量也没有直接的显著影响。偏相关分析的 10 项指标中，土壤砷与叶片砷之间表现出 1%水平下极显著相关关系，而其他要素指标间均未表现出显著相关关系。同时，相比单相关分析，偏相关分析表明土壤各要素指标对叶片各要素指标的显著性影响较少。

土壤 pH 与叶片速效磷及速效钾之间均表现出 1%水平下极显著相关关系，其相关系数分别为 0.316、−0.242，表明在一定范围内，土壤 pH 高有利于叶片对速效磷的吸收，而土壤 pH 低有利于叶片对速效钾的吸收，这主要是因为叶片吸收土壤速效磷及速效钾为主动运输过程，而土壤 pH 会影响叶片各要素吸收时所需相应酶的活性，进而影响叶片对养分的吸收和积累。同时，与单相关分析相比，偏相关分析中土壤 pH 与叶片有机质、速效氮以及叶片锌、镉、砷之间均未表现出显著相关关系，说明单相关分析中的显著性关系主要是由于其他要素综合同向作用引起的；而单相关分析中土壤 pH 与叶片速效钾之间未表现出显著性关系，主要是由于其他要素综合反向作用抵消了土壤 pH 与叶片速效钾的显著性关系，因而在含量关系上没有体现出来。

土壤有机质、速效氮、速效磷以及速效钾对叶片各要素指标的显著性影响较小，其中仅土壤有机质与叶片 pH 之间以及土壤速效钾与叶片有机质之间分别表现出 5%水平下显著正相关关系和 1%水平下极显著正相关关系，其相关系数分别为 0.205、0.215，表明土壤有机质含量能够在一定程度上影响叶片 pH，同时土壤速效钾能够促进叶片有机质的积累；与单相关相比，土壤有机质与叶片 pH 之前的相关程度及其显著性水平均有所增强，表明其相关性受到其他要素指标综合反向作用的影响，而土壤速效钾与叶片有机质之间的相关程度却有所减小，表明二者相关性受到其他要素指标综合同向作用的影响。此外，与单相关相比，土壤有机质与叶片砷之间、土壤有机质与叶片速效磷之间、土壤速效氮与叶片 pH 之间、土壤速效氮与叶片锌之间以及土壤速效钾与叶片速效钾之间均未表现出显著性相关关系，表明单相关中显著性是由其他要素指标的综合作用引起的，其中土壤有机质与叶片砷之间受到其他要素指标较强的综合反向作用，而其他均受到其他要素指标的综合同向作用。

　　土壤铜、锌、镉、砷、硒对叶片各要素指标的影响较单相关分析整体上要弱。其中，土壤铜仅与叶片砷之间表现为 5%水平下显著负相关，但其相关系数及显著性水平较单相关均有所减弱，此外土壤铜与叶片速效氮、速效磷以及硒之间均未表现出显著性相关关系，表明土壤铜与叶片砷之间受到其他要素指标综合同向作用的影响。土壤锌仅与叶片镉之间表现出 5%水平下显著负相关，但其相关程度较单相关分析有所增强，表明土壤锌与叶片镉之间受到其他要素指标综合反向作用的影响；此外土壤锌与叶片有机质、速效氮以及硒之间均未表现出显著性相关关系，表明其均受到其他要素指标综合同向作用的影响。在重金属元素中，土壤砷对叶片的影响最大，其中，与叶片速效钾及镉之间均表现出 5%水平下显著相关关系，其相关系数分别为–0.208、0.189，与单相关分析相比相关程度及其显著性水平均有所降低，表明其相关关系受到其他要素指标综合同向作用的影响；而与叶片砷之间表现出 1%水平下极显著负相关，与单相关相比，无论是相关程度还是显著性水平均有所提高，表明其相关关系受到其他要素指标较强的综合反向作用的影响；此外土壤砷与叶片有机质、速效氮、速效磷、铜之间均未表现出显著性相关关系，再由相关系数可知，土壤砷与叶片速效磷之间相关性受到其他要素指标综合同向作用的影响，而与叶片有机质、速效氮以及铜之间的相关性则受到其他要素指标较强的综合反向作用的影响；土壤硒仅与叶片速效氮表现出 1%水平下极显著正相关关系，但其相关性程度较单相关分析有所降低，表明其受到其他要素指标综合同向作用的影响，另外土壤硒与叶片 pH、有机质、速效磷、速效钾及砷和硒之间相关性程度及显著性水平均有明显下降，表明其之间均受到其他要素指标综合同向作用的影响，而土壤硒与叶片镉之间也未表现出显著性相关关系，却是因为受到其他要素指标较强的综合反向作用的影响。

　　通过对土壤及叶片各要素指标偏相关关系的分析可知，土壤和叶片两个系统中各要素指标之间的相互影响是一个非常复杂的过程。可能两要素之间并未表现出明显的相关关系，但其之间可能受到其他要素相互之间及其形成的综合作用而使其在含量上表现出一定的显著性相关关系。同理，也可能两要素之间表现出一定的显著性相关关系，但其相关关系是受到其他要素相互之间及其形成的综合作用而使其在含量上未表现出显著的相关关系，而并非二者之间实际的相关关系。此外，叶片对土壤各营养元素及重金属的吸收是在一定程度下的选择性吸收，因而在含量上可能没有直接表现出显著性相关关系，但土壤中各营养元素尤其是重金属元素的存在可以影响土壤的质地、酸碱性以及土壤溶液浓度等，从而能够在较大程度上影响叶片对其的吸收和积累。同时，叶片虽然对重金属的吸收较少，与土壤重金属含量未表现出很明显的相关关系，但日积月累，当其在叶片中超过一定含量时就会对叶片自身质量以及人体健康造成危害。此外，叶片根部吸收矿质元素后并非仅向叶片部分运输，而是向茶树需要矿质元素的各个组织器官运输，因而，有些矿质元素在叶片中积累量不高，但可能在其他组织中较高，一旦过量可能对茶树整体的生理功能造成影响。因此，掌握土壤-叶片各要素指标之间实际的相关关系及其受到其他要素综合作用的程度对控制茶园土壤要素指标含量，尤其是重金属的含量对改善土壤环境质量，提高叶片品质和产量具有重要的意义。研究区茶园土壤-叶片各要素指标间偏相关系数见表 7-1-2。

表 7-1-2　研究区茶园土壤-叶片各指标要素间偏相关系数

指标	Y-pH	Y-SOM	Y-AN	Y-AP	Y-AK	Y-Cu	Y-Zn	Y-Cd	Y-As	Y-Se
T-pH	−0.056	−0.091	−0.121	0.316**	−0.242**	−0.053	0.158	−0.138	−0.010	0.057
T-SOM	0.205*	−0.078	−0.103	−0.087	0.100	−0.006	0.090	0.002	−0.004	−0.039
T-AN	0.137	−0.002	0.046	−0.161	−0.013	0.022	−0.127	−0.064	−0.013	−0.031
T-AP	0.074	−0.052	0.050	0.011	−0.019	0.075	−0.051	0.052	−0.003	0.023
T-AK	−0.105	0.215**	0.006	0.042	−0.114	−0.080	−0.031	0.000	−0.093	0.062
T-Cu	−0.006	−0.061	−0.001	0.115	−0.156	0.087	−0.049	0.149	−0.174*	−0.099
T-Zn	−0.161	−0.143	−0.093	−0.077	0.075	−0.016	−0.004	−0.207*	0.069	−0.113
T-Cd	−0.052	0.030	−0.178*	−0.034	−0.023	−0.064	0.182*	−0.005	0.174*	0.091
T-As	0.076	−0.009	−0.053	−0.033	−0.208*	−0.057	0.100	0.189*	−0.249**	0.102
T-Se	−0.125	0.128	0.474**	−0.087	−0.053	−0.012	−0.157	−0.074	0.068	0.095

注：① "T" 字样代表土壤要素指标；"Y" 字样代表叶片要素指标；

②"*" 表示 5%水平下显著相关，"**" 表示 1%水平下极显著相关；

③相关系数临界值，$r_{0.05}=0.165$；$r_{0.01}=0.216$

7.2　江浙地区茶园土壤-叶片耦合性分析

土壤是陆地上能生长植物的疏松表层，是在生物、气候、地形、母质、时间等五大成土因素综合作用下形成的历史自然体。各类土壤都具有其特有的剖面结构和诊断层次，表现出不同的理学性状和肥力特征。土壤是重要的农业资源，是土地资源的重要组成要素，它的类型及分布、理化性质及生产能力均直接影响甚至决定着土地资源的特性、开发利用方向及生产力的高低。通常，土壤的综合性状是指某些具有共性的土壤性质的综合表现，它反映了土壤在某一方面对作物生长和土地利用的作用，一般以定性描述或等级来表达，主要包括：土壤肥力、土壤水分状况、土壤适宜性等（刘黎明，2003）。其中，土壤肥力中的有机质及矿质元素的含量及空间分布不仅直接影响着茶叶的生长和发育，而且能通过影响土壤性状从而影响茶叶对土壤水分等的吸收而间接对茶叶的生长和发育产生重要的影响。

茶叶中的主要有机成分包括蛋白质（17%）、纤维素（24%）、果胶质（6.5%）、咖啡碱（4%）、多元酚类（22%）、儿茶素（14%）、酶（3%）、有机酸（9%）等。在有机成分中，茶多酚和各种茶色素及其二级代谢产物与茶叶的色、香、味等品质有关。茶叶中的矿物质约占茶叶干物质总重量的5%，其中约50%是钾的氧化物，15%是磷的氧化物和磷酸盐，还含有多种微量元素。茶叶中至少有42种矿物质元素，其中必需常量元素有C、H、O、N、P、K、Na、Cl、Ca、S等10种，必需微量元素有Mg、Mn、Cu、Fe、B、Si、Zn、Mo、Mg等9种，痕量元素有Br、Ru、Sr、Gc等4种；还有对茶树生长发育作用有待于进一步研究的10种元素（Al、P、Se、As、Ni、I、Cr、Cd、Pb、Co）；其中Se、F两种元素的含量较高，对人体健康有重要的作用（边世平，2004）。

一方面，土壤有机质和矿物质的含量及其空间分布对茶叶的生长发育具有举足轻重的意义；另一方面，茶叶生长发育的整体状况既能有效地反映土壤环境质量整体状况，同时也能影响土壤环境质量。基于此，本研究分别用土壤要素供给指数、叶片要素富集指数以及耦合模型对土壤环境中各指标质量状况、茶叶叶片中各指标质量状况以及二者的耦合强度（匹配程度）进行研究分析，对土壤及叶片的整体状况加以了解并就此提出相关的建议。

7.2.1　研究区茶园土壤要素供给指数分析

土壤有机质及矿物质含量特征能够反映茶园土壤环境质量整体状况，含量过低不能保障茶叶的正常需求，会影响茶叶正常的生长发育及茶叶产量和品质，而含量过高又会造成土壤养分浪费，影响土壤质地，使土壤溶液中溶质的质量分数过高从而导致茶叶失水，同时也对土壤和茶叶造成一定程度的污染，进而影响人体健康。因此，本研究通过对研究区茶园土壤要素指标值的分析，从而掌握江浙地区茶园土壤要素指标含量的整体情况。

1）茶园土壤要素供给指数测算

本研究根据《NY5020—2001 无公害食品茶叶产地环境条件》《NY5199—2002

有机茶产地环境条件》以及《GB15618—1995 土壤环境质量标准》对土壤各要素指标等级的定义及划分界限，分析研究区茶园土壤各要素指标含量相对标准界限值的程度，从而分析土壤环境质量的整体状况。其中，土壤要素指标采用如下计算公式：

$$P_{ij} = \frac{\overline{X}_{ij}}{L_j} \qquad\qquad (7\text{-}2\text{-}1)$$

其中，P_{ij} 为 i 研究区茶园土壤 j 要素的要素供给指数，P_{ij} 值越高，表明 i 研究区茶园土壤 j 要素含量整体水平越高，当 $P_{ij} \geqslant 1$ 时，表明 i 研究区茶园土壤 j 要素含量整体水平达到相关规定标准的一级水平，但对重金属元素而言当 $P_{ij} \geqslant 1$ 时，则表明 i 研究区茶园土壤 j 要素含量整体水平存在超标现象，且 P_{ij} 值越大，重金属超标程度越严重；$\overline{X}_{ij}$ 为 i 研究区茶园土壤 j 要素含量平均值水平，$\overline{X}_{ij}$ 值越大，表明 i 研究区茶园土壤 j 要素含量整体水平越高，反之则越低；L_j 为茶园土壤 j 要素含量等级（一级）水平的临界值，对重金属而言则是 j 要素最高含量的标准限值。

2）茶园土壤要素供给指数测算结果与分析

根据上述相关理论及公式对江浙地区研究区茶园土壤要素指标的供给指数进行测算，并统计测算结果得到下表 7-2-1。由此可分析江浙地区茶园土壤要素供给的整体水平、江浙两省各研究区茶园土壤要素供给整体水平。

表 7-2-1　研究区茶园土壤要素供给指数

项目	有机质	速效氮	速效磷	速效钾	土壤铜	土壤锌	土壤镉	土壤砷	土壤硒
天目湖	0.569	0.534	1.166	0.716	0.800	1.043	0.437	0.458	0.633
东山镇	0.541	0.653	1.290	0.549	0.917	1.112	0.167	0.518	0.353
龙井村	0.843	0.726	1.129	0.566	0.687	1.024	0.454	0.355	0.620
溪龙乡	0.849	0.656	1.298	0.762	0.692	0.760	0.359	0.607	0.984
江苏省	0.555	0.594	1.228	0.633	0.859	1.077	0.302	0.488	0.493
浙江省	0.846	0.691	1.213	0.664	0.689	0.892	0.406	0.481	0.802
合计	0.701	0.642	1.221	0.648	0.774	0.985	0.354	0.484	0.647

由图 7-2-1 可知，就江浙地区茶园土壤要素整体水平而言，速效磷的供给指数最大，为 1.221，表明江浙地区茶园土壤速效磷含量整体水平较高，达到一级水平，对茶叶的生长和发育以及茶叶的产量和品质的提升非常有利。其次是土壤锌，

锌含量如果在茶园土壤环境质量标准限值范围内则为茶叶所需的微量元素，超过茶园土壤环境质量标准限值范围则为重金属元素，对土壤和茶叶都会产生不良影响，而由表 7-2-1 可知，尽管江浙两省茶园土壤锌总体供给指数为 0.985，小于 1，在茶园土壤环境质量标准限值范围内，但其指数值与 1 较为接近，且由两省各研究区茶园土壤锌的供给指数可以看出，仅溪龙乡茶园土壤锌的供给指数小于 1，其他三个研究区茶园土壤锌的供给指数均大于 1，表明江浙地区茶园土壤锌含量存在过量问题，在茶叶种植过程中应引起重视，其土壤锌的供给指数分别为 1.043、1.112、1.024、0.760。此外，土壤有机质、速效氮、速效钾以及土壤铜和硒的供给指数均在 0.6~0.8，表明江浙地区茶园土壤养分整体状况良好，但仍有进一步提升的空间。同时，土壤镉和砷的供给指数分别为 0.354、0.484，均小于 0.5，表明茶园土壤在整体水平上完全不存在镉和砷污染问题。因此，整体水平上，江浙地区茶园土壤环境质量较好，养分含量较为充足，除土壤锌存在一定程度的过量问题，基本不存在其他重金属污染问题，利于茶叶种植。由图可知，不同要素间的要素供给指数由高到低顺序依次为：速效磷>土壤锌>土壤铜>有机质>速效钾>土壤硒 >速效氮>土壤砷>土壤镉。

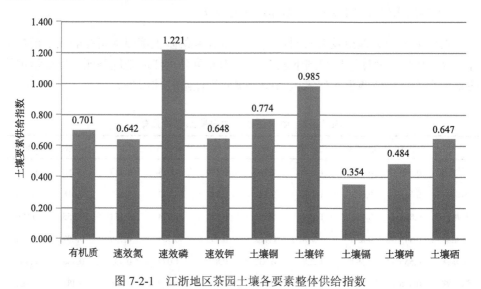

图 7-2-1　江浙地区茶园土壤各要素整体供给指数

　　由图 7-2-2 可知，从江、浙两省各自总体水平来看，两省茶园土壤要素供给指数总体上相差不大。但江苏省茶园土壤有机质、速效氮、速效钾以及土壤镉、硒的供给指数较浙江省低些，而速效磷以及土壤铜、锌、砷的供给指数较浙江省高些。其中，江浙两省要素供给指数差值最大的是土壤硒，浙江省茶园土壤硒供给指数比江苏省茶园土壤硒供给指数高 0.309，但并未达到硒中毒水平，表明浙江省茶园土壤硒含量充足，而江苏省还需进一步提高。其次是土壤有机质，也是浙江省供给指数高于江苏省，两省相差 0.291，表明虽然江浙两省茶园土壤有机质总体上均未达到一级水平，但浙江省总体水平较江苏省高，更有利于茶叶种植。总的来看，浙江省茶园土壤有机质及速效养分供给指数较江苏省更高，而微量元素或重金属元素供给指数较江苏省低。

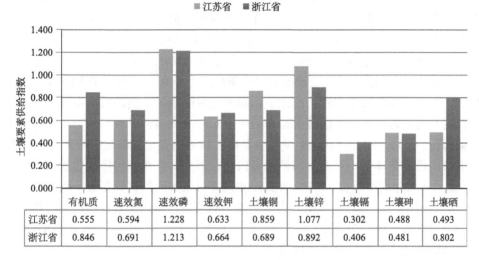

图 7-2-2　江浙两省茶园土壤各要素整体供给指数

图 7-2-3 显示了江浙两省四个研究区不同要素供给指数的关系。由图 7-2-3 可知，龙井村和溪龙乡茶园土壤有机质供给指数范围在 0.8~0.9 之间，而天目湖和东山镇茶园土壤有机质的供给指数则在 0.5~0.6 之间，浙江省两个研究区茶园土壤有机质供给水平明显更高，更有利于茶叶种植，两省茶园土壤有机质均未达到茶园土壤环境质量标准中的一级水平，还有提升的空间。速效氮供给指数最大的是龙井村茶园，其速效氮供给指数达到 0.726；其次是溪龙乡和东山镇茶园，供给指数分别为 0.656、0.653；速效氮供给指数最小的是天目湖茶园，其供给指数仅为 0.534。从四个研究区茶园土壤速效氮的供给指数来看，为继续提高名茶产量和品质，农户在茶叶种植及管理过程中应注意适当增施氮肥。四个研究区茶园土壤速效磷的供给指数均较高，且均大于 1，表明四个研究区茶园速效磷含量均达到了茶园土壤环境质量标准一级水平，有利于茶叶种植，其中四个研究区土壤速效磷供给指数由高到低顺序依次为溪龙乡>东山镇>天目湖>龙井村，供给指数分别为 1.298、1.290、1.166、1.129。四个研究区土壤速效钾的供给指数趋势与速效氮的供给指数正好互补，其中，天目湖和溪龙乡速效钾供给指数较高，均在 0.7~0.8 之间，而东山镇和龙井村速效钾供给指数较低，均在 0.5~0.6 之间；总体而言，四个研究区

茶园土壤速效钾的供给指数均不高，尤其是东山镇和龙井村。

从图 7-2-3 中可以看出，四个研究区茶园土壤铜的供给指数均在 0.6~1 之间，均达到茶园土壤环境质量标准要求，因此对土壤未造成污染；同时，从微量元素角度上看，土壤铜的供给指数较高。与土壤铜的供给指数相比，土壤锌的供给指数则普遍偏高，其中，天目湖、东山镇以及龙井村茶园土壤锌的供给指数大于 1，表明其土壤锌含量整体水平超过了茶园土壤环境质量标准限值的要求，虽然第 5 章分析中茶叶锌含量基本达标，不存在污染问题，但其对土壤存在一定程度的锌污染问题，应予以高度的重视；而溪龙乡土壤锌供给指数为 0.760，较其他三个研究区低，整体水平达标。四个研究区土壤镉和土壤砷的供给指数均较低，整体上均不存在污染问题；其中，土壤镉的供给指数均小于 0.5，表明土壤镉的整体状况良好，完全不存在污染问题；而东山镇和溪龙乡的茶园土壤砷供给指数大于 0.5，天目湖和龙井村的茶园土壤砷供给指数小于 0.5，表明前两者较后两者更易存在砷污染问题。最后，四个研究区中溪龙乡茶园土壤硒的供给指数最大，为 0.984，接近于 1，虽然整体上不存在土壤硒污染问题，但局部存在硒污染问题的可能性极大，因此应引起高度重视；其次，天目湖和龙井村土壤硒的供给指数分别为 0.633、0.620，相差较小，且作为微量元素，土壤硒的整体供给水平较高；而东山镇土壤硒的供给指数最小，为 0.353，作为重金属元素，研究区整体上不存在污染问题，但作为微量元素，其供给水平较低。

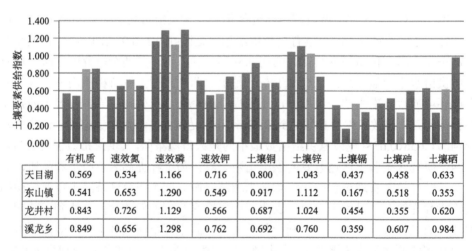

	有机质	速效氮	速效磷	速效钾	土壤铜	土壤锌	土壤镉	土壤砷	土壤硒
天目湖	0.569	0.534	1.166	0.716	0.800	1.043	0.437	0.458	0.633
东山镇	0.541	0.653	1.290	0.549	0.917	1.112	0.167	0.518	0.353
龙井村	0.843	0.726	1.129	0.566	0.687	1.024	0.454	0.355	0.620
溪龙乡	0.849	0.656	1.298	0.762	0.692	0.760	0.359	0.607	0.984

图 7-2-3 江浙两省研究区茶园土壤各要素供给指数

总体而言，各要素供给指数在不同研究区存在一定的差异，同一研究区的不同要素供给指数也存在一定差异，因此，农户在茶叶种植过程中应有针对性地施肥,从而避免茶园土壤养分不足而影响茶叶的生长发育、产量和品质以及养分过剩而导致的浪费和污染问题。

7.2.2　研究区茶叶叶片要素富集指数分析

了解茶叶叶片中有机质及矿物质含量对茶叶种植管理及人体健康有着重要的意义。一方面,茶叶叶片有机质及矿物质含量状况可以反映茶树整体生长发育以及茶园土壤各要素的供给状况,若茶叶叶片有机质及各种矿质元素含量较高,则表明茶树整体生长发育状况良好,茶园土壤各要素指标供给充足,反之则表明茶树营养不足或土壤养分缺失等问题;另一方面,人们通过饮茶摄取茶叶中的营养物质,从而补充人体所需的某些矿质元素等。本研究通过对研究区茶叶叶片要素指标值的分析,从而掌握江浙地区茶叶叶片要素指标含量的整体情况。

1)茶叶叶片要素富集指数测算

本研究根据《GBn 144—1981 绿茶、红茶卫生标准》以及农业部其他标准等,对研究区茶叶叶片各要素指标等级及标准限值划分界限,分析研究区茶叶叶片各要素指标含量相对标准限值的程度,从而分析茶叶环境质量的整体状况。其中,茶叶叶片要素富集指标采用如下计算公式:

$$Q_{ij} = \frac{\overline{Y}_{ij}}{S_j} \tag{7-2-2}$$

其中,Q_{ij} 为 i 研究区茶叶叶片 j 要素的要素富集指数,Q_{ij} 值越高,表明 i 研究区茶叶叶片 j 要素含量整体水平越高,当 $Q_{ij} \geqslant 1$ 时,表明 i 研究区茶叶叶片 j 要素含量整体水平达到相关规定标准的高水平,但对重金属元素而言当 $Q_{ij} \geqslant 1$ 时,则表明 i 研究区茶叶叶片 j 要素含量整体水平超标,且 Q_{ij} 值越大,重金属超标程度越严重;$\overline{Y}_{ij}$ 为 i 研究区茶叶叶片 j 要素含量平均值水平,$\overline{Y}_{ij}$ 值越大,表明 i 研究区茶叶叶片 j 要素含量整体水平越高,反之则越低;S_j 为茶叶叶片 j 要素含量高水平的临界值,由于叶片有机质及氮、磷、钾不会对人体造成危害,而且没有形成统一的等级标准,因此本研究中对叶片有机质及速效氮、磷、钾的 S_j 值采用各要素含量最大值,而对其他元素则是 j 要素等级标准值或最高含量的标准限值。

2)茶叶叶片要素富集指数测算结果与分析

根据上述相关理论及公式对江浙地区研究区茶叶叶片要素指标的富集指数进行测算,并统计测算结果得到下表 7-2-2。由此可分析江浙地区茶叶叶片要素富集的整体水平、江浙两省各研究区茶叶叶片要素富集整体水平。

表 7-2-2　研究区茶叶叶片要素富集指数

项目	有机质	速效氮	速效磷	速效钾	叶片铜	叶片锌	叶片镉	叶片砷	叶片硒
天目湖	0.988	0.769	0.596	0.624	0.253	0.530	0.198	0.158	0.838
东山镇	0.977	0.678	0.644	0.674	0.297	0.394	0.173	0.091	0.770
龙井村	0.980	0.701	0.575	0.744	0.134	0.357	0.178	0.201	0.738
溪龙乡	0.991	0.837	0.459	0.551	0.282	0.385	0.215	0.166	0.892
江苏省	0.983	0.724	0.620	0.649	0.275	0.462	0.185	0.124	0.804
浙江省	0.986	0.769	0.517	0.648	0.208	0.371	0.197	0.183	0.815
合计	0.984	0.746	0.569	0.648	0.242	0.417	0.191	0.154	0.810

由图 7-2-4 可知，就江浙地区茶叶叶片要素整体水平而言，有机质的富集指数最大，为 0.984，再结合叶片有机质含量值可以看出，江浙地区茶叶叶片有机质含量整体水平较高，养分较充足。其次是叶片硒，其富集指数达到 0.810，表明江浙地区茶叶为富硒茶叶，对人体健康有较大益处。接下来是速效氮、磷、钾的富集指数，均在 0.5~0.8 之间，富集指数分别为 0.746、0.569、0.648，表明茶叶叶片速效氮、磷、钾的整体水平与其高水平含量的差距较有机质更大，但整体水平相对较高。叶片铜、锌、镉、砷四种矿质元素的富集指数均较小；其中，叶片锌的富集指数最高，富集指数为 0.417，其次是叶片铜，富集指数为 0.242，而镉和砷的富集指数更低，分别为 0.191、0.154，表明江浙地区茶叶不存在重金属污染问题，且叶片铜、锌含量在标准限值范围内作为微量元素的富集指数较重金属元素镉和砷的富集指数更大。整体而言，江浙地区茶叶营养物质丰富，有害物质极少，茶叶质量良好。

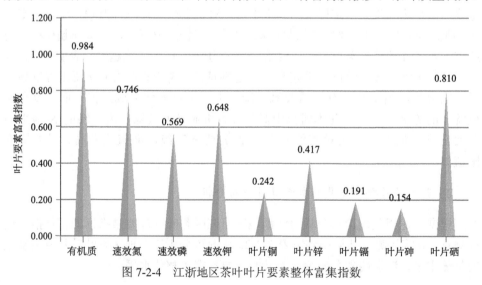

图 7-2-4　江浙地区茶叶叶片要素整体富集指数

　　由图 7-2-5 可知，与土壤要素供给指数相比，江浙两省茶叶相同要素富集指数之间的差距更小。其中，江苏省茶叶叶片有机质、速效氮以及叶片镉、砷和硒的富集指数均小于浙江省，富集指数差额分别为 0.003、0.045、0.012、0.059 以及0.011；而速效磷、速效钾以及叶片铜、锌的富集指数均大于浙江省，富集指数差额分别为 0.103、0.001、0.067 以及 0.091。此外，叶片有机质的富集指数均在 0.9~1之间，速效氮、磷、钾的富集指数均在 0.5~0.8 之间，表明江浙两省茶叶有机质等整体富集水平均比较高，营养物质较为丰富。而叶片铜、锌、镉、砷以及硒的富集指数均小于 1，表明江浙地区茶叶不存在重金属污染问题，且叶片铜、锌富集指数均在 0.2~0.5 之间，叶片硒的富集指数均达到了 0.8，而叶片镉、砷富集指数均小于 0.2，由此可以看出，江浙两省茶叶微量元素富集水平相对较高，尤其是叶片硒，同时镉、砷污染极小。

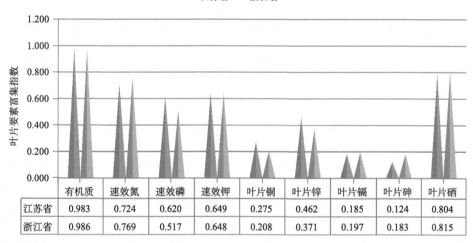

图 7-2-5　江浙两省茶叶叶片各要素整体富集指数

　　图 7-2-6 为江浙两省四个研究区茶叶叶片不同要素的富集指数及其关系图。由图 7-2-6 可知，就叶片有机质而言整体富集指数相差较小，其中东山镇的富集指数最小，为 0.977，天目湖、龙井村以及溪龙乡的富集指数均达到了 0.980，其富集指数由大到小依次为：溪龙乡>天目湖>龙井村>东山镇。就叶片速效氮而言，富集指数整体水平在 0.6~0.9 之间，与有机质相比，不同研究区茶叶速效氮富集指数差距较大，且整体水平有所减小，其中溪龙乡速效氮的富集指数最大，达到了0.837，其次是天目湖，富集指数为 0.769，龙井村再次之，富集指数为 0.701，东山镇速效氮的富集指数最小，为 0.678。就速效磷而言，天目湖、东山镇、龙井村速效磷的富集指数均达到了 0.5，其富集指数分别为 0.596、0.644、0.575，表明其

茶叶叶片对速效磷的整体富集水平较高，而溪龙乡茶叶叶片速效磷的富集指数仅为 0.459，表明其对速效磷的整体富集水平较低。就速效钾而言，四个研究区茶叶叶片的富集指数均大于 0.5，表明茶叶叶片对速效钾的富集能力较速效磷更强，其中龙井村的富集指数最高，达到了 0.744，接下来依次为东山镇、天目湖、溪龙乡，其富集指数分别为 0.674、0.624、0.551。

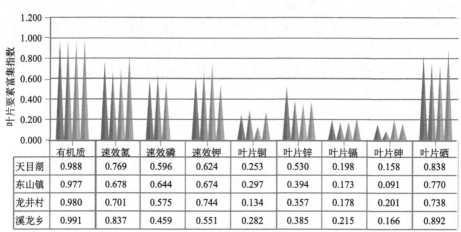

▲天目湖　▲东山镇　▲龙井村　▲溪龙乡

	有机质	速效氮	速效磷	速效钾	叶片铜	叶片锌	叶片镉	叶片砷	叶片硒
天目湖	0.988	0.769	0.596	0.624	0.253	0.530	0.198	0.158	0.838
东山镇	0.977	0.678	0.644	0.674	0.297	0.394	0.173	0.091	0.770
龙井村	0.980	0.701	0.575	0.744	0.134	0.357	0.178	0.201	0.738
溪龙乡	0.991	0.837	0.459	0.551	0.282	0.385	0.215	0.166	0.892

图 7-2-6　江浙两省研究区茶叶叶片各要素富集指数

　　茶叶中的铜、锌、镉、砷以及硒的含量有严格的标准限值。同时，茶叶中铜、锌、硒作为微量元素，对人体健康具有非常重要的作用，因此掌握并控制好其在茶叶叶片中的富集水平具有重要的意义。从图 7-2-6 中可以看出，茶叶叶片铜、锌、镉、砷、硒的富集指数均小于 1，表明其均在相关规定标准限值范围内，尤其是叶片镉和砷，其富集指数均在 0.25 以下，说明各研究区茶叶不存在任何镉和砷污染问题。而叶片铜、锌、硒的富集指数较叶片镉和砷的富集指数要高，尤其是叶片硒的富集指数均大于 0.7，表明江浙地区茶叶富含微量元素，尤其是硒元素具有明显优势。其中，四个研究区茶叶叶片铜的富集指数由高到低顺序依次为：东山镇>溪龙乡>天目湖>龙井村，其富集指数分别为：0.297、0.282、0.253、0.134；叶片锌的富集指数由高到低顺序依次为：天目湖>东山镇>溪龙乡>龙井村，其富集指数分别为：0.530、0.394、0.385、0.357；而叶片硒的富集指数由高到低顺序依次为：溪龙乡>天目湖>东山镇>龙井村，其富集指数分别为：0.892、0.838、0.770、0.738。此外，叶片镉的富集指数由高到低顺序依次为：溪龙乡>天目湖>龙井村>东山镇，其富集指数分别为：0.215、0.198、0.178、0.173；而叶片砷的富集指数由高到低顺序依次为：龙井村>溪龙乡>天目湖>东山镇，其富集指数分别为：0.201、

0.166、0.158、0.091。

总体而言，各要素富集指数在不同研究区茶叶叶片中存在一定的差异，但差异较小，同一研究区茶叶叶片的不同要素富集指数也存在一定的差异，而此差异相对较大，主要表现为营养物质如有机质、速效氮、磷、钾以及叶片硒等的富集指数较高，而有害重金属物质如叶片镉、砷的富集指数较小。因此江浙两省四个研究区的茶叶整体质量状况良好。

7.2.3　江浙地区茶园土壤要素供给-叶片要素富集耦合度分析

耦合是源自于物理学的概念，指的是两个或两个以上的电路元件或电网络等的输入与输出之间紧密配合与相互影响，并通过相互作用从一侧向另一侧传输能量的现象，即两个或两个以上（系统或运动形式）通过各种相互作用而彼此影响的现象。而耦合度就是描述系统或要素相互影响的程度的量。

1）耦合度模型

根据容量耦合概念及容量耦合系数模型，可以建立多个系统（或要素）相互作用的耦合度模型，而对于本研究两个系统的耦合度模型，可利用如下公式进行计算：

$$C = 2\sqrt{\frac{P \times Q}{(P+Q) \times (P+Q)}} \qquad (7\text{-}2\text{-}3)$$

其中，C 为耦合度，P、Q 分别表示两个系统，由于本研究主要分析江浙地区茶园地理特征指标要素，故而 P 为研究区茶园土壤系统，Q 为研究区茶叶叶片系统，因此，P 特指研究区茶园土壤要素供给指数，而 Q 则特指茶叶叶片要素富集指数。

由式（7-2-3）可以看出，耦合度 C 的取值范围是[0,1]，值越大表示耦合性越好，反之则耦合性越差。当 $C=0$ 时，耦合度极低，表明土壤系统与叶片系统之间处于无关状态，系统向无序发展；当 $C=1$ 时，耦合度最大，表明土壤系统与叶片系统之间达到良性耦合且趋向新的有序结构。此外，根据耦合度值的变化，采用中值分段法，将（0,1）区间内的耦合度划分为以下几个区段（表 7-2-3）。

表 7-2-3　耦合度分段及耦合水平

耦合度	耦合水平
$0 < C \leq 0.3$	土壤系统与叶片系统之间处于低水平耦合阶段
$0.3 < C \leq 0.5$	土壤系统与叶片系统之间处于拮抗阶段
$0.5 < C \leq 0.8$	土壤系统与叶片系统之间处于磨合阶段
$0.8 < C < 1$	土壤系统与叶片系统之间处于高水平耦合阶段

2）耦合度测算结果及分析

　　根据以上模型原理及公式，对江浙两省四个研究区茶园土壤要素供给指数和茶叶叶片要素富集指数进行耦合性分析，计算得到各自耦合度，进而对其耦合水平进行评价与分析，得到结果如表 7-2-4 所示。从耦合度计算结果可知，江浙两省四个研究区茶园土壤系统和茶叶叶片系统耦合度均较高。其中，仅东山镇要素砷和龙井村要素铜的耦合度处于 0.5~0.8 范围内，属于磨合阶段，其耦合度值分别为 0.7126、0.7397；而其他各要素耦合度均处于 0.8~1 范围内，属于高水平耦合阶段，耦合度值见表 7-2-4 所示。

表 7-2-4　研究区各要素耦合度及耦合水平

研究区	要素指标	耦合度 C	耦合水平	研究区	要素指标	耦合度 C	耦合水平
天目湖	有机质（SOM）	0.9631	高水平耦合阶段	龙井村	有机质（SOM）	0.9972	高水平耦合阶段
	速效氮（AN）	0.9835	高水平耦合阶段		速效氮（AN）	0.9998	高水平耦合阶段
	速效磷（AP）	0.9462	高水平耦合阶段		速效磷（AP）	0.9457	高水平耦合阶段
	速效钾（AK）	0.9976	高水平耦合阶段		速效钾（AK）	0.9907	高水平耦合阶段
	铜（Cu）	0.8546	高水平耦合阶段		铜（Cu）	0.7397	磨合阶段
	锌（Zn）	0.9455	高水平耦合阶段		锌（Zn）	0.8756	高水平耦合阶段
	镉（Cd）	0.9260	高水平耦合阶段		镉（Cd）	0.8999	高水平耦合阶段
	砷（As）	0.8729	高水平耦合阶段		砷（As）	0.9612	高水平耦合阶段
	硒（Se）	0.9902	高水平耦合阶段		硒（Se）	0.9962	高水平耦合阶段
东山镇	有机质（SOM）	0.9578	高水平耦合阶段	溪龙乡	有机质（SOM）	0.9970	高水平耦合阶段
	速效氮（AN）	0.9998	高水平耦合阶段		速效氮（AN）	0.9926	高水平耦合阶段
	速效磷（AP）	0.9426	高水平耦合阶段		速效磷（AP）	0.8788	高水平耦合阶段
	速效钾（AK）	0.9948	高水平耦合阶段		速效钾（AK）	0.9871	高水平耦合阶段
	铜（Cu）	0.8595	高水平耦合阶段		铜（Cu）	0.9072	高水平耦合阶段
	锌（Zn）	0.8793	高水平耦合阶段		锌（Zn）	0.9449	高水平耦合阶段
	镉（Cd）	0.9999	高水平耦合阶段		镉（Cd）	0.9683	高水平耦合阶段
	砷（As）	0.7126	磨合阶段		砷（As）	0.8207	高水平耦合阶段
	硒（Se）	0.9283	高水平耦合阶段		硒（Se）	0.9988	高水平耦合阶段

　　此外，在高水平耦合阶段，又分为两个区间段，一部分为耦合度值在（0.8,0.9）范围内，耦合水平相对较低，另一部分为耦合度值在[0.9,1）范围内，耦合水平相对更高。其中，有机质及速效氮、磷、钾的耦合度普遍偏高，其中仅溪龙乡速效磷的耦合度小于 0.9，其他均大于 0.9，表明江浙地区茶园土壤和茶叶叶片有机质及速效氮、磷、钾耦合性均较良好，土壤要素供给水平与叶片要素富集水平整体上较为均衡。微量元素（或重金属元素）中，四个研究区要素硒的耦合度也均大于 0.9，表明要素硒的供给水平与富集水平整体上也是均衡的；其次是要素镉，而其他微量元素（或重金属元素）的耦合度相对较低，表明土壤要素供给水平与叶片要素富集水平均衡程度相对要弱些。

　　为了比较江浙两省四个研究区茶园要素整体供给水平与富集水平的耦合程度，分别计算各研究区要素整体水平耦合度，并得到如图 7-2-7 所示的结果。由图 7-2-7 可知，四个研究区要素整体耦合度值均在 0.9~1 范围内，因此均属于高水平耦合阶段；其中，溪龙乡研究区要素整体耦合水平最高，耦合度高达 0.9439；其次是天目湖研究区要素整体耦合水平，耦合度达到 0.9422；再次是龙井村研究区要素整体耦合水平，耦合度为 0.9340；东山镇研究区要素整体耦合水平最低，耦合度为 0.9194。

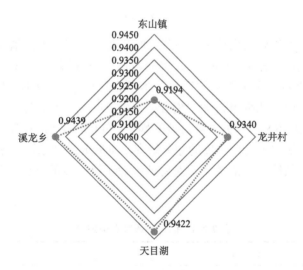

图 7-2-7　各研究区土壤-叶片要素整体耦合度

7.2.4　江浙地区茶园土壤要素供给-叶片要素富集耦合协调度分析

　　通过以上耦合度的分析可以掌握和了解江浙地区茶园土壤和茶叶叶片两个系统各要素间的耦合性水平及茶园土壤各要素供给水平与茶叶叶片各要素的富集水

平之间的关系。但是，耦合度模型的结果只能衡量数据间大小的匹配关系，而无法兼顾各要素数据的质量，即数据所表明要素的供给水平或富集水平。例如，东山镇速效磷（AP）茶园土壤供给指数和茶叶叶片富集指数分别为 1.290、0.644，其耦合度计算结果为 0.9426；而天目湖速效钾（AK）茶园土壤供给指数和茶叶叶片富集指数分别为 0.716、0.624，其耦合度计算结果却为 0.9976。仅由耦合度计算结果分析，天目湖速效钾土壤-叶片系统耦合水平更高，表明其要素供给水平和富集水平更为均衡，但实际其供给水平和富集水平较东山镇速效磷要低。因此，有必要引入耦合协调度模型，弥补上述不足之处，进而准确的评价各要素土壤-叶片系统耦合水平。

1）耦合协调度模型

耦合协调度主要是通过引入系数，对耦合度进行修正，从而可以兼顾供给指数、富集指数的耦合水平和供给水平、富集水平的高低。耦合协调度模型可按以下公式进行计算：

$$\begin{cases} D = (C \times T)^{\frac{1}{2}} \\ T = \mu P + vQ \end{cases} \qquad (7\text{-}2\text{-}4)$$

其中，D 为茶园土壤要素供给水平与茶叶叶片要素富集水平的耦合协调度，C 为耦合度，T 为土壤要素供给与叶片要素富集综合调整指数，μ、v 分别为土壤要素供给指数和叶片要素富集指数的系数，本研究默认 $\mu=v=0.5$。此外，一般认为①当 $0<D\leqslant0.4$ 时，为低度协调的耦合；②当 $0.4<D\leqslant0.5$ 时，为中度协调的耦合；③当 $0.5<D\leqslant0.8$ 时，为高度协调的耦合；④$0.8<D\leqslant1.0$ 时，为极度协调的耦合。同时，借鉴相关对协调度的划分研究，本研究结合茶园土壤要素供给指数与茶叶叶片要素供给指数的关系，对协调度做了进一步的划分，具体如表 7-2-5 所示。

表 7-2-5　耦合协调度类型划分

类型	耦合协调度 D	亚类型	阶段划分
低度协调	$0<D\leqslant0.4$	$P-Q>0.1$	低度协调-供给充足
		$Q-P>0.1$	低度协调-供给不足
		$\lvert P-Q \rvert \leqslant0.1$	低度协调
中度协调	$0.4<D\leqslant0.5$	$P-Q>0.1$	中度协调-供给充足
		$Q-P>0.1$	中度协调-供给不足
		$\lvert P-Q \rvert \leqslant0.1$	中度协调

续表

类型	耦合协调度 D	亚类型	阶段划分
高度协调	$0.5 < D \leq 0.8$	$P-Q > 0.1$	高度协调-供给充足
		$Q-P > 0.1$	高度协调-供给不足
		$|P-Q| \leq 0.1$	高度协调
极度协调	$0.8 < D \leq 1.0$	$P-Q > 0.1$	极度协调-供给充足
		$Q-P > 0.1$	极度协调-供给不足
		$|P-Q| \leq 0.1$	极度协调

2）耦合协调度测算结果及分析

根据以上耦合协调度模型原理及公式，对江浙两省四个研究区茶园土壤要素供给指数和茶叶叶片要素富集指数的耦合协调度进行计算和分析，进而对其耦合协调度水平进行评价与分析，并得到结果如表 7-2-6 所示。

表 7-2-6　各研究区不同要素耦合协调度及其强度类型

研究区	要素指标	耦合协调度	协调强度	阶段类型
天目湖	有机质（SOM）	0.8659	极度协调	极度协调-供给不足
	速效氮（AN）	0.8004	极度协调	极度协调-供给不足
	速效磷（AP）	0.9129	极度协调	极度协调-供给充足
	速效钾（AK）	0.8176	极度协调	极度协调
	铜（Cu）	0.6709	高度协调	高度协调-供给充足
	锌（Zn）	0.8624	极度协调	极度协调-供给充足
	镉（Cd）	0.5421	高度协调	高度协调-供给充足
	砷（As）	0.5185	高度协调	高度协调-供给充足
	硒（Se）	0.8535	极度协调	极度协调-供给不足
东山镇	有机质（SOM）	0.8526	极度协调	极度协调-供给不足
	速效氮（AN）	0.8160	极度协调	极度协调
	速效磷（AP）	0.9548	极度协调	极度协调-供给充足
	速效钾（AK）	0.7797	高度协调	高度协调-供给不足
	铜（Cu）	0.7223	高度协调	高度协调-供给充足
	锌（Zn）	0.8138	极度协调	极度协调-供给充足

续表

研究区	要素指标	耦合协调度	协调强度	阶段类型
东山镇	镉（Cd）	0.4127	中度协调	中度协调
	砷（As）	0.4658	中度协调	中度协调-供给充足
	硒（Se）	0.7219	高度协调	高度协调-供给不足
龙井村	有机质（SOM）	0.9535	极度协调	极度协调-供给不足
	速效氮（AN）	0.8445	极度协调	极度协调
	速效磷（AP）	0.8978	极度协调	极度协调-供给充足
	速效钾（AK）	0.8056	极度协调	极度协调-供给不足
	铜（Cu）	0.5510	高度协调	高度协调-供给充足
	锌（Zn）	0.7776	高度协调	高度协调-供给充足
	镉（Cd）	0.5334	高度协调	高度协调-供给充足
	砷（As）	0.5170	高度协调	高度协调-供给充足
	硒（Se）	0.8226	极度协调	极度协调-供给不足
溪龙乡	有机质（SOM）	0.9579	极度协调	极度协调-供给不足
	速效氮（AN）	0.8608	极度协调	极度协调-供给不足
	速效磷（AP）	0.8786	极度协调	极度协调-供给充足
	速效钾（AK）	0.8052	极度协调	极度协调-供给充足
	铜（Cu）	0.6647	高度协调	高度协调-供给充足
	锌（Zn）	0.7355	高度协调	高度协调-供给充足
	镉（Cd）	0.5272	高度协调	高度协调-供给充足
	砷（As）	0.5629	高度协调	高度协调-供给充足
	硒（Se）	0.9679	极度协调	极度协调

由表 7-2-6 可知，江浙地区土壤-叶片要素耦合协调度整体水平较高。其中，仅东山镇要素镉、砷的耦合协调强度为中度协调，其余要素均为高度协调或极度协调。此外，有机质及速效氮、磷、钾的耦合协调度基本均达到极度协调，而微量元素或重金属元素的耦合协调度基本均为高度协调。而且，耦合协调度达到极度协调的要素除速效磷外，大部分均为极度协调-供给不足阶段，这主要是因处于极度协调的要素中主要为有机质和速效氮、磷、钾，而茶叶对有机质和速效氮、磷、钾的需求量较大，因此对茶园土壤中这些要素含量的要求也比较高。而就土壤养分等级而言，江浙地区茶园土壤养分中，仅速效磷含量整体水平最高，整体

水平均达到一级水平，且空间上一级水平覆盖率较其他要素也都高，因此茶园土壤速效磷供给水平更高，导致土壤速效磷供给指数大于茶叶叶片富集指数，而其他要素含量整体水平则相对较低。耦合协调度为高度协调的要素中，仅东山镇硒和速效钾为高度协调-供给不足阶段，其他均为高度协调-供给充足阶段，原因主要是处于高度协调阶段的要素主要是微量元素或重金属元素，茶叶对其的需求很小，且由于这些要素含量过多会造成污染问题，而受到人为有意识的控制，茶园土壤中这些要素的含量比较少，因此其供给指数较有机质等更低，而被茶叶叶片富集的含量则会更少，因而茶叶叶片中这些要素的富集指数也普遍更低，导致整体水平上这些要素的土壤供给指数通常大于叶片富集指数，表现为供给充足的现象。

　　计算各研究区要素整体水平耦合协调度，比较江浙两省四个研究区茶园要素整体供给水平与富集水平的耦合协调度强度，并得到如图 7-2-8 所示结果。由图 7-2-8 可知，四个研究区要素整体耦协调合度均在 0.7~0.8 范围内，属于高水平协调的耦合；其中，溪龙乡研究区要素整体耦合协调度强度相对最高，耦合协调度达到 0.7734；其次是天目湖研究区要素整体耦合协调度强度，耦合协调度达到 0.7605；再次是龙井村研究区要素整体耦合协调度强度，耦合协调度为 0.7448；东山镇研究区要素整体耦合协调度强度相对最低，耦合协调度为 0.7266。

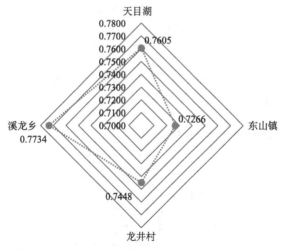

图 7-2-8　各研究区土壤-叶片要素整体耦合协调度

7.3　江浙地区茶园土壤-叶片要素标准差椭圆分析

　　前两节的相关分析及土壤-叶片系统要素指标耦合性分析主要是从数量上

对土壤要素含量与茶叶叶片要素含量的关系进行的研究分析，而研究江浙地区茶园土壤–叶片要素整体的耦合性分析，除了要分析数量上的含量关系外，还需要考虑空间上的含量关系。因此，本节主要借助标准差椭圆模型对江浙地区茶园土壤及茶叶叶片各要素整体分布的方向性特征、分布范围、重心位置等进行对比研究分析，从而全面掌握江浙地区茶园土壤–茶叶叶片系统各要素耦合性关系。

7.3.1　标准差椭圆模型

标准差椭圆（standard deviational ellipse，SDE）最最早由美国南加州大学（University of Southern California）社会学教授韦尔蒂·利菲弗（D. Welty Lefever）在 1926 年提出，用于揭示地理要素空间分布特征，已在人口学、社会学、地质学、生态学等领域得到广泛的应用。其产生模型的椭圆圆心、椭圆面积、长短轴的大小以及确定的旋转角度等分别表示地理要素指标的重心位置、分布范围、分布的主要和次要趋势方向以及主趋势方向相对于正北方向的偏差。根据标准差椭圆的相关理论，其相关参数计算公式如下。

1）重心坐标

$$(\overline{X}, \overline{Y}) = \left(\frac{\sum\limits_{i=1}^{n} \omega_i x_i}{\sum\limits_{i=1}^{n} \omega_i}, \frac{\sum\limits_{i=1}^{n} \omega_i y_i}{\sum\limits_{i=1}^{n} \omega_i} \right) \tag{7-3-1}$$

其中，$(\overline{X}, \overline{Y})$ 为要素分布的平均中心/重心位置坐标，(x_i, y_i) 为要素地理位置坐标，ω_i 为地理要素属性值。

2）标准差椭圆的形式（SDE）

$$\begin{cases} SDE_x = \sqrt{\dfrac{\sum\limits_{i=1}^{n} \omega_i (x_i - \overline{X})^2}{\sum\limits_{i=1}^{n} \omega_i}} \\[4mm] SDE_y = \sqrt{\dfrac{\sum\limits_{i=1}^{n} \omega_i (y_i - \overline{Y})^2}{\sum\limits_{i=1}^{n} \omega_i}} \end{cases} \tag{7-3-2}$$

其中，n 为要素总数目。

3）旋转角/方位角（θ）

$$\begin{cases} \tan\theta = \dfrac{A+B}{C} \\[2mm] A = \sum\limits_{i=1}^{n} \tilde{x}_i{}^2 - \sum\limits_{i=1}^{n} \tilde{y}_i{}^2 \\[2mm] B = \sqrt{\left(\sum\limits_{i=1}^{n} \tilde{x}_i{}^2 - \sum\limits_{i=1}^{n} \tilde{y}_i{}^2\right)^2 + 4\left(\sum\limits_{i=1}^{n} \tilde{x}_i{}^2 \tilde{y}_i{}^2\right)^2} \\[2mm] C = 2\sum\limits_{i=1}^{n} \tilde{x}_i \tilde{y}_i \end{cases}$$

$$(7\text{-}3\text{-}3)$$

其中，θ 为椭圆旋转角/方位角，即由正北方向顺时针旋转至椭圆长轴所形成的夹角，反映地理要素空间分布的主趋势方向。而 $\tilde{x}_i$、$\tilde{y}_i$ 分别为各要素采样点地理位置坐标 x_i、y_i 与平均中心地理位置坐标 $\overline{X}$、$\overline{Y}$ 的偏差。

4）x 轴和 y 轴的标准差

$$\begin{cases} \sigma_x = \sqrt{2}\sqrt{\dfrac{\sum\limits_{i=1}^{n}(\omega_i \tilde{x}_i \cos\theta - \omega_i \tilde{y}_i \sin\theta)^2}{\sum\limits_{i=1}^{n}\omega_i}} \\[4mm] \sigma_y = \sqrt{2}\sqrt{\dfrac{\sum\limits_{i=1}^{n}(\omega_i \tilde{x}_i \sin\theta + \omega_i \tilde{y}_i \cos\theta)^2}{\sum\limits_{i=1}^{n}\omega_i}} \end{cases}$$

$$(7\text{-}3\text{-}4)$$

其中，σ_x、σ_y 分别为 x 轴和 y 轴的标准差。

此外，通过比对标准差椭圆的面积可以看出地理要素指标空间分布的范围变化；而标准差椭圆短轴与长轴的比值可以反映地理要素指标分布的空间形状，比值越接近于 1，表明地理要素指标空间分布标准差椭圆形状越接近于圆，地理要素指标分布越离散，而空间方向性就越差，反之亦然。

7.3.2　研究区土壤-叶片要素标准差椭圆测算结果分析

根据上述相关理论及公式分别计算江浙地区茶园土壤及叶片各要素指标的标准差椭圆，并对计算结果进行统计分析，从而可分别得到各研究区茶园土壤要素指标以及茶叶叶片要素指标标准差椭圆的相关参数，做进一步的相关分析，具体如下。

1）天目湖土壤-叶片要素标准差椭圆分析

（1）有机质标准差椭圆分析

有机质标准差椭圆模型结果显示（表 7-3-1）：①土壤有机质空间分布的

重心坐标为（E119.4140°，N31.3190°），叶片有机质空间分布的重心坐标为（E119.4142°，N31.3194°），二者重心位置偏差较小，均在研究区中部偏西区域内，但相比之下，叶片有机质重心向东北方向有所偏移。②土壤与叶片有机质标准差椭圆区域覆盖面积相差较小。其中，土壤有机质标准差椭圆面积为1.4513km²，叶片有机质标准差椭圆面积为1.4425km²，二者相差0.0088km²，且土壤有机质高于叶片有机质。③土壤有机质标准差椭圆的短轴标准差为0.0041km，长轴标准差为0.0084km，短轴与长轴的比值为0.4928；而叶片有机质标准差椭圆的短轴标准差为0.0040km，长轴标准差为0.0087km，短轴与长轴的比值为0.4610。二者比值均小于0.5，分布集中性、方向性均较强，但相比之下，叶片有机质分布离散程度较小，空间分布方向性相对较强。④土壤-叶片有机质标准差椭圆的方位角分别为70.6145°和75.8882°，二者的主趋势方向均在西南-东北方向上，且叶片的方位角有所增加，表明比之土壤有机质，叶片有机质空间分布上东西差异相对较大，而南北差异相对较小。总体而言，土壤-叶片标准差椭圆吻合程度较高，但主趋势方向存在偏差（图7-3-1）。

表 7-3-1　天目湖茶园土壤-叶片有机质标准差椭圆参数

项目	土壤有机质	叶片有机质
椭圆面积/km²	1.4513	1.4425
椭圆 X 轴/km	0.0041	0.0040
椭圆 Y 轴/km	0.0084	0.0087
短轴与长轴比值	0.4928	0.4610
椭圆方位角/（°）	70.6145	75.8882

（2）速效氮标准差椭圆分析

速效氮标准差椭圆模型结果（表 7-3-2）：①土壤速效氮空间分布的重心坐标为（E119.4141°，N31.3191°），叶片速效氮空间分布的重心坐标为（E119.4144°，N31.3194°），二者重心位置偏差也较小，均在研究区中部偏西区域内，相比之下，也是叶片速效氮重心向东北方向有所偏移。②土壤与叶片速效氮标准差椭圆区域覆盖面积相差较有机质二者的差额有所增加。其中，土壤速效氮标准差椭圆面积为1.5040km²，叶片速效氮标准差椭圆面积为1.4149km²，二者相差0.0891km²，且土壤速效氮高于叶片速效氮。③土壤速效氮标准差椭圆的短轴标准差为0.0039km，长轴标准差为0.0092km，短轴与长轴的比值为0.4239；而叶片速效氮标准差椭圆的短轴标准差为0.0039km，长轴标准差为0.0086km，短轴与长轴的比值为0.4535。土壤速效氮分布离散程度较小，空间分布方向性相对较强。④土壤-叶片速效氮标准差椭圆的方位角分别为 72.2185° 和 77.0739°，二者的主趋势方向也在西南-东北方向上，且叶片的方位角更大，表明比之土壤速效氮，叶片速效氮空间分布上东西差异较大，而南北差异较小。总体而言，同有机质一样，土壤-叶片速效氮吻合程度较高，但主趋势方向存在偏差（图 7-3-2）。

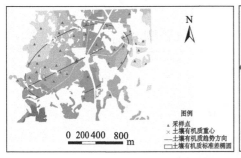
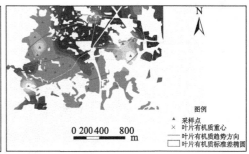
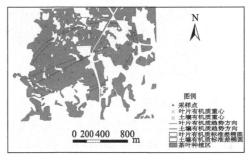

图 7-3-1 天目湖研究区土壤-叶片有机质标准差椭圆

表 7-3-2 天目湖茶园土壤-叶片速效氮标准差椭圆参数

项目	土壤速效氮	叶片速效氮
椭圆面积/km²	1.5040	1.4149
椭圆 X 轴/km	0.0039	0.0039
椭圆 Y 轴/km	0.0092	0.0086
短轴与长轴比值	0.4239	0.4535
椭圆方位角/（°）	72.2185	77.0739

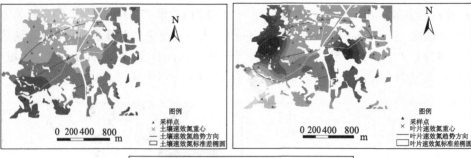

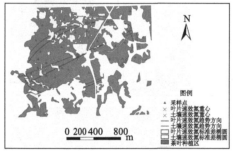

图 7-3-2　天目湖研究区土壤-叶片速效氮标准差椭圆

（3）速效磷标准差椭圆分析

速效磷标准差椭圆模型结果（表 7-3-3）：①土壤速效磷空间分布的重心坐标为（E119.4137°，N31.3198°），叶片速效磷空间分布的重心坐标为（E119.4140°，N31.3195°），二者重心位置偏差也较小，也在研究区中部偏西区域内，相比之下，叶片速效磷重心向东南方向有所偏移。②土壤与叶片速效磷标准差椭圆区域覆盖面积差处于有机质、速效氮差额之间。其中，土壤速效磷标准差椭圆面积为 1.3317km²，叶片速效磷标准差椭圆面积为 1.3715km²，二者相差 0.0398km²，且叶片速效磷高于土壤速效磷。③土壤速效磷标准差椭圆的短轴标准差为 0.0038km，长轴标准差为 0.0085km，短轴与长轴的比值为 0.4471；而叶片速效磷标准差椭圆的短轴标准差为 0.0038km，长轴标准差为 0.0086km，短轴与长轴的比值为 0.4419。叶片速效磷的分布离散程度较小，空间分布方向性相对较强。④土壤-叶片速效磷标准差椭圆的方位角分别为 73.0973°和 78.0796°，二者的主趋势方向也在西南-东北方向上，且叶片的方位角更大，表明与土壤速效磷相比，叶片速效磷空间分布上东西差异相对较大，而南北差异相对较小。总体而言，土壤-叶片速效磷吻合程度较高，但主趋势方向存在偏差（图 7-3-3）。

表 7-3-3　天目湖茶园土壤-叶片速效磷标准差椭圆参数

项目	土壤速效磷	叶片速效磷
椭圆面积/km²	1.3317	1.3715
椭圆 X 轴/km	0.0038	0.0038
椭圆 Y 轴/km	0.0085	0.0086
短轴与长轴比值	0.4471	0.4419
椭圆方位角/（°）	73.0973	78.0796

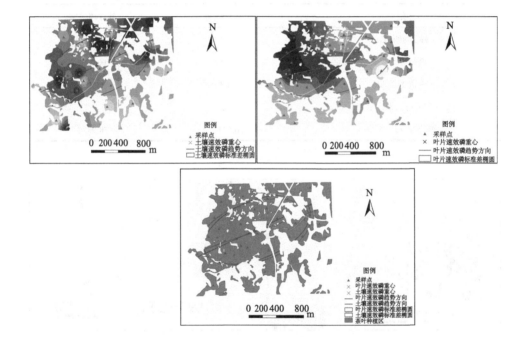

图 7-3-3　天目湖研究区土壤-叶片速效磷标准差椭圆

（4）速效钾标准差椭圆分析

速效钾标准差椭圆模型结果显示（表 7-3-4）：①土壤速效钾空间分布的重心坐标为（E119.4139°，N31.3190°），叶片速效钾空间分布的重心坐标为（E119.4137°，N31.3194°），二者重心位置偏差较小，均在研究区中部偏西区域内，相比之下，叶片速效钾重心向西北方向有所偏移。②土壤与叶片速效钾标准差椭圆区域覆盖面积相差处于有机质、速效磷差额之间。其中，土壤速效钾标准差椭圆面积为 1.4378km²，叶片速效钾标准差椭圆面积为 1.4062km²，二者相差 0.0316km²，且土壤速效钾高于叶片速效钾。③土壤速效钾标准差椭圆的短轴标准差为

0.0041km，长轴标准差为 0.0085km，短轴与长轴的比值为 0.4824；而叶片速效钾标准差椭圆的短轴标准差为 0.0039km，长轴标准差为 0.0086km，短轴与长轴的比值为 0.4535。叶片速效钾的分布离散程度较小，空间分布方向性相对较强。④土壤-叶片速效钾标准差椭圆的方位角分别为 70.5414°和 78.9436°，二者的主趋势方向也在西南-东北方向上，且叶片的方位角更大，表明与土壤速效钾相比，叶片速效钾空间分布上东西差异相对较大，而南北差异相对较小。整体而言，土壤-叶片速效钾吻合程度较有机质等低，主趋势方向存在明显偏差（图 7-3-4）。

表 7-3-4　天目湖茶园土壤-叶片速效钾标准差椭圆参数

项目	土壤速效钾	叶片速效钾
椭圆面积/km²	1.4378	1.4062
椭圆 X 轴/km	0.0041	0.0039
椭圆 Y 轴/km	0.0085	0.0086
短轴与长轴比值	0.4824	0.4535
椭圆方位角/（°）	70.5414	78.9436

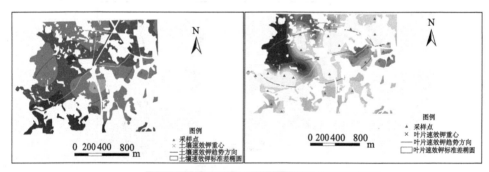

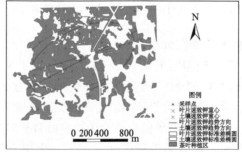

图 7-3-4　天目湖研究区土壤-叶片速效钾标准差椭圆

（5）铜标准差椭圆分析

铜的标准差椭圆模型结果显示（表 7-3-5）：①土壤铜空间分布的重心坐标为
（E119.4146°，N31.3194°），叶片铜空间分布的重心坐标为（E119.4142°，
N31.3193°），二者重心位置偏差较小，均在研究区中部偏西区域内，相比之下，
叶片铜重心向西南方向有所偏移。②土壤与叶片铜标准差椭圆区域覆盖面积相差
较以上各要素的面积差额更小。其中，土壤铜标准差椭圆面积为 1.3989km²，叶
片铜标准差椭圆面积为 1.4036km²，二者相差 0.0047km²，且叶片铜高于土壤铜。
③土壤铜标准差椭圆的短轴标准差为 0.0039km，长轴标准差为 0.0087km，短轴
与长轴的比值为 0.4483；而叶片铜标准差椭圆的短轴标准差为 0.0039km，长轴标
准差为 0.0086km，短轴与长轴的比值为 0.4535。土壤铜的分布离散程度较小，空
间分布方向性相对较强。④土壤-叶片铜标准差椭圆的方位角分别为 73.9594°和
75.0814°，二者的主趋势方向也在西南-东北方向上，且叶片的方位角更大，表明
与土壤铜相比，叶片铜空间分布上东西差异相对较大，而南北差异相对较小。整
体而言，土壤-叶片铜标准差椭圆基本吻合（图 7-3-5）。

表 7-3-5　天目湖茶园土壤-叶片铜标准差椭圆参数

项目	土壤铜	叶片铜
椭圆面积/km²	1.3989	1.4036
椭圆 X 轴/km	0.0039	0.0039
椭圆 Y 轴/km	0.0087	0.0086
短轴与长轴比值	0.4483	0.4535
椭圆方位角/（°）	73.9594	75.0814

（6）锌标准差椭圆分析

锌的标准差椭圆模型结果显示（表 7-3-6）：①土壤锌空间分布的重心坐标为
（E119.4142°，N31.3192°），叶片锌空间分布的重心坐标为（E119.4144°，
N31.3194°），二者重心位置偏差较小，均在研究区中部偏西区域内，相比之下，
叶片锌重心向东北方向有所偏移。②土壤与叶片锌标准差椭圆区域覆盖面积差处
于有机质、速效钾差额之间。其中，土壤锌标准差椭圆面积为 1.4379km²，叶片
锌标准差椭圆面积为 1.4565km²，二者相差 0.0186km²，且叶片锌高于土壤锌。
③土壤锌标准差椭圆的短轴标准差为 0.0040km，长轴标准差为 0.0086km，短轴
与长轴的比值为 0.4651；叶片锌标准差椭圆的短轴标准差为 0.0040km，长轴标准
差为 0.0087km，短轴与长轴的比值为 0.4598。叶片锌的分布离散程度较小，空
间分布方向性相对较强。④土壤-叶片锌标准差椭圆的方位角分别为 73.1462°和

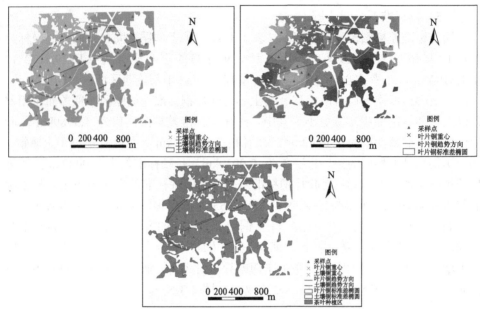

图 7-3-5　天目湖研究区土壤-叶片铜标准差椭圆

77.3214°，二者主趋势方向也在西南-东北方向上，且叶片的方位角更大，表明与土壤锌相比，叶片锌空间分布上东西差异相对较大，而南北差异相对较小。整体而言，土壤-叶片锌吻合程度较高，但主趋势方向存在一定偏差（图 7-3-6）。

表 7-3-6　天目湖茶园土壤-叶片锌标准差椭圆参数

项目	土壤锌	叶片锌
椭圆面积/km^2	1.4379	1.4565
椭圆 X 轴/km	0.0040	0.0040
椭圆 Y 轴/km	0.0086	0.0087
短轴与长轴比值	0.4651	0.4598
椭圆方位角/（°）	73.1462	77.3214

（7）镉标准差椭圆分析

镉的标准差椭圆模型结果显示（表 7-3-7）：①土壤镉空间分布的重心坐标为（E119.4141°，N31.3191°），叶片镉空间分布的重心坐标为（E119.4152°，N31.3196°），二者重心位置偏差较小，均在研究区中部偏西区域内，相比之下，叶片锌重心向东北方向有所偏移。②土壤与叶片镉标准差椭圆区域覆盖面积基本相等，其差值比铜的标准差椭圆面积差还小。其中，土壤镉标准差椭圆面积为

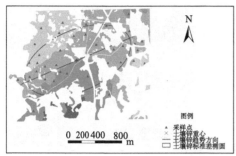
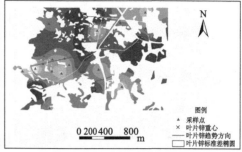

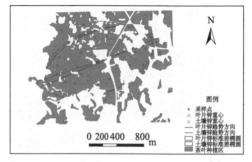

图 7-3-6　天目湖研究区土壤-叶片锌标准差椭圆

1.4200km²，叶片镉标准差椭圆面积为 1.4205km²，二者相差 0.0005km²，且叶片镉高于土壤镉。③土壤镉标准差椭圆的短轴标准差为 0.0040km，长轴标准差为 0.0084km，短轴与长轴的比值为 0.4762；叶片镉标准差椭圆的短轴标准差为 0.0040km，长轴标准差为 0.0085km，短轴与长轴的比值为 0.4705。叶片镉的分布离散程度较小，空间分布方向性相对较强。④土壤-叶片镉标准差椭圆的方位角分别为 74.1180°和 78.4892°，二者的主趋势方向也在西南-东北方向上，且叶片的方位角更大，表明与土壤镉相比，叶片镉空间分布上东西差异相对较大，而南北差异相对较小。整体而言，土壤-叶片镉吻合程度较低，叶片镉标准差椭圆整体向东北方向有所偏移，且主趋势方向也有偏差（图 7-3-7）。

表 7-3-7　天目湖茶园土壤-叶片镉标准差椭圆参数

项目	土壤镉	叶片镉
椭圆面积/km²	1.4200	1.4205
椭圆 X 轴/km	0.0040	0.0040
椭圆 Y 轴/km	0.0084	0.0085
短轴与长轴比值	0.4762	0.4705
椭圆方位角/(°)	74.1180	78.4892

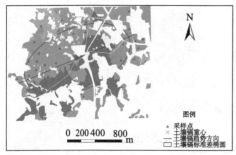
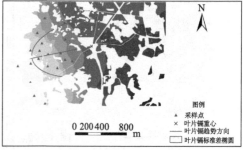

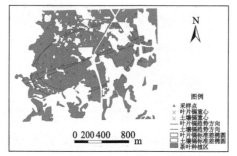

图 7-3-7　天目湖研究区土壤-叶片镉标准差椭圆

（8）砷标准差椭圆分析

砷的标准差椭圆模型结果显示（表 7-3-8）：①土壤砷空间分布的重心坐标为（E119.4143°，N31.3195°），叶片砷空间分布的重心坐标为（E119.4155°，N31.3196°），二者重心位置偏差较小，均在研究区中部偏西区域内，相比之下，叶片砷重心向东北方向有所偏移。②土壤与叶片砷标准差椭圆区域覆盖面积差处于锌、速效钾差额之间。其中，土壤砷标准差椭圆面积为 1.3877km²，叶片砷标准差椭圆面积为 1.4085km²，二者相差 0.0208km²，且叶片砷高于土壤砷。③土壤砷标准差椭圆的短轴标准差为 0.0038km，长轴标准差为 0.0087km，短轴与长轴的比值为 0.4368；叶片砷标准差椭圆的短轴标准差为 0.0039km，长轴标准差为 0.0087km，短轴与长轴的比值为 0.4483。土壤砷的分布离散程度较小，空间分布方向性相对较强。④土壤-叶片砷标准差椭圆的方位角分别为 75.5476° 和 76.5959°，二者的主趋势方向也在西南-东北方向上，且相差较小，表明二者砷空间分布上东西差异和南北差异基本相同。整体而言，土壤-叶片砷吻合程度较低，且叶片砷向东北方向有明显的偏移（图 7-3-8）。

表 7-3-8　天目湖茶园土壤-叶片砷标准差椭圆参数

项目	土壤镉	叶片镉
椭圆面积/km²	1.3877	1.4085
椭圆 X 轴/km	0.0038	0.0039

续表

项目	土壤镉	叶片镉
椭圆 Y 轴/km	0.0087	0.0087
短轴与长轴比值	0.4368	0.4483
椭圆方位角/（°）	75.5476	76.5959

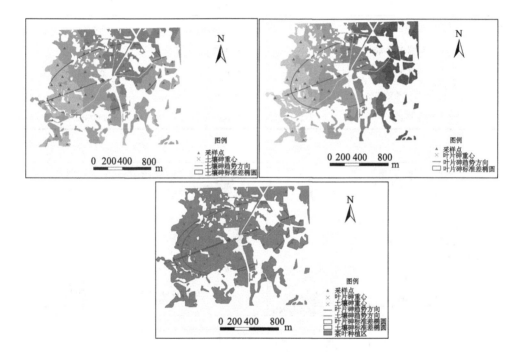

图 7-3-8　天目湖研究区土壤-叶片砷标准差椭圆

（9）硒标准差椭圆分析

硒的标准差椭圆模型结果显示（表 7-3-9）：①土壤硒空间分布的重心坐标为（E119.4136°，N31.3192°），叶片硒空间分布的重心坐标为（E119.4133°，N31.3192°），二者重心位置偏差较小，均在研究区中部偏西区域内，相比之下，叶片硒重心向正西部有所偏移。②土壤与叶片硒标准差椭圆区域覆盖面积差处于砷、速效钾差额之间。其中，土壤硒标准差椭圆面积为 1.4502km²，叶片硒标准差椭圆面积为 1.4743km²，二者相差 0.0241km²，且叶片硒高于土壤硒。③土壤硒标准差椭圆的短轴标准差为 0.0040km，长轴标准差为 0.0087km，短轴与长轴的比值为 0.4598；叶片硒标准差椭圆的短轴标准差为 0.0041km，长轴标准差为 0.0086km，短轴与长轴的比值为 0.4767。土壤硒的分布离散程度较小，空间分布方向性相对较强。④土壤-叶片硒标准差椭圆的方位角分别为 74.0096°和75.7652°，二者的主趋势方向也在西南-东北方向上，且叶片的方位角更大，表明与土壤硒相比，叶片硒空间分布上东西差异相对较大，而南北差异相对较小。整体而言，土壤-叶片硒基本吻合，但主趋势方向存在一定的偏差（图 7-3-9）。

表 7-3-9　天目湖茶园土壤-叶片硒标准差椭圆参数

项目	土壤镉	叶片镉
椭圆面积/km²	1.4502	1.4743
椭圆 X 轴/km	0.0040	0.0041
椭圆 Y 轴/km	0.0087	0.0086
短轴与长轴比值	0.4598	0.4767
椭圆方位角/（°）	74.0096	75.7652

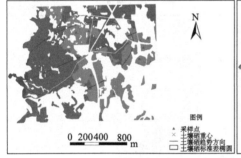
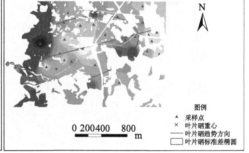
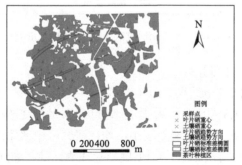

图 7-3-9　天目湖研究区土壤-叶片硒标准差椭圆

2）东山镇土壤-叶片要素标准差椭圆分析

（1）有机质标准差椭圆分析

有机质标准差椭圆模型结果显示（表 7-3-10）：①土壤有机质空间分布的重

心坐标为（E120.3752°，N31.0712°），叶片有机质空间分布的重心坐标为
（E120.3745°，N31.0706°），二者重心位置偏差很小，均在研究区中部地区，但
相比之下，叶片有机质重心向西南方向略有偏移。②土壤与叶片有机质标准差椭
圆区域覆盖面积相差较小。其中，土壤有机质标准差椭圆面积为 11.4128km²，叶
片有机质标准差椭圆面积为 11.6895km²，二者相差 0.2767km²，且叶片有机质高
于土壤有机质。③土壤有机质标准差椭圆的短轴标准差为 0.0111km，长轴标准差
为 0.0321km，短轴与长轴的比值为 0.3455；而叶片有机质标准差椭圆的短轴标准
差为 0.0113km，长轴标准差为 0.0322km，短轴与长轴的比值为 0.3512。相比之
下，土壤有机质分布离散程度相对较小，而空间分布方向性相对较强。④土壤-
叶片有机质标准差椭圆的方位角分别为 43.5552°和 44.3045°，二者的主趋势方向
均在西南-东北方向上，与东山山脉走向相近，且叶片的方位角有所增加，表明比
之土壤有机质，叶片有机质空间分布上东西差异相对较大，而南北差异相对较小。
整体而言，土壤-叶片有机质标准差椭圆基本吻合，整体偏移量较小（图 7-3-10）。

表 7-3-10　东山镇茶园土壤-叶片有机质标准差椭圆参数

项目	土壤有机质	叶片有机质
椭圆面积/km²	11.4128	11.6895
椭圆 X 轴/km	0.0111	0.0113
椭圆 Y 轴/km	0.0321	0.0322
短轴与长轴比值	0.3455	0.3512
椭圆方位角/(°)	43.5552	44.3045

（2）速效氮标准差椭圆分析

速效氮标准差椭圆模型结果（表 7-3-11）：①土壤速效氮空间分布的重心坐
标为（E120.3763°，N31.0723°），叶片速效氮空间分布的重心坐标为（E120.3743°，
N31.0702°），二者重心位置偏差较有机质重心偏差有所增加，均在研究区中部地
区，相比之下，也是叶片速效氮重心向西南方向有所偏移。②土壤与叶片速效氮
标准差椭圆区域覆盖面积相差较有机质二者的差额有所增加。其中，土壤速效氮
标准差椭圆面积为 11.2323km²，叶片速效氮标准差椭圆面积为 11.7641km²，二者
相差 0.5318km²，且叶片速效氮高于土壤速效氮。③土壤速效氮标准差椭圆的短
轴标准差为 0.0114km，长轴标准差为 0.0309km，短轴与长轴的比值为 0.3681；
而叶片速效氮标准差椭圆的短轴标准差为 0.0115km，长轴标准差为 0.0319km，
短轴与长轴的比值为 0.3615。叶片速效氮的分布离散程度较小，空间分布方向性
相对较强。④土壤-叶片速效氮标准差椭圆的方位角分别为 43.6399°和 44.6617°，

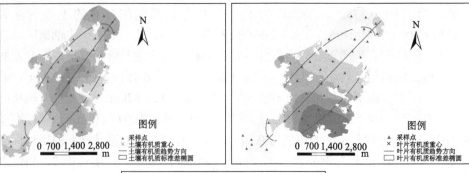

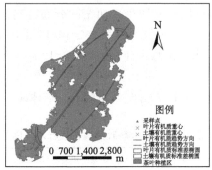

图 7-3-10　东山镇研究区土壤-叶片有机质标准差椭圆

二者的主趋势方向也在西南-东北方向上，与东山山脉走向相近，且叶片的方位角更大，表明比之土壤速效氮，叶片速效氮空间分布上东西差异相对较大，南北差异相对较小。整体而言，土壤-叶片速效氮标准差椭圆吻合程度较高，且相对土壤速效氮，叶片速效氮的标准差椭圆整体向西南方向的偏移量较小（图 7-3-11）。

表 7-3-11　东山镇茶园土壤-叶片速效氮标准差椭圆参数

项目	土壤速效氮	叶片速效氮
椭圆面积/km^2	11.2323	11.7641
椭圆 X 轴/km	0.0114	0.0115
椭圆 Y 轴/km	0.0309	0.0319
短轴与长轴比值	0.3681	0.3615
椭圆方位角/(°)	43.6399	44.6617

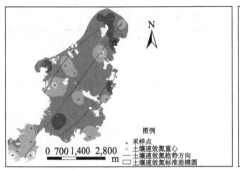
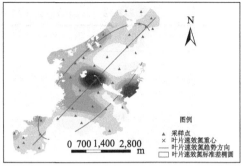
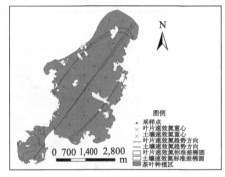

图 7-3-11 东山镇研究区土壤-叶片速效氮标准差椭圆

（3）速效磷标准差椭圆分析

速效磷标准差椭圆模型结果（表 7-3-12）：①土壤速效磷空间分布的重心坐标为（E120.3755°，N31.0723°），叶片速效磷空间分布的重心坐标为（E120.3726°，N31.0679°），二者重心位置偏差也明显比有机质重心偏差大，也在研究区中部地区，相比之下，叶片速效磷重心向东南方向有所偏移。②土壤与叶片速效磷标准差椭圆区域覆盖面积差较有机质、速效氮差额均更大。其中，土壤速效磷标准差椭圆面积为 12.0291km^2，叶片速效磷标准差椭圆面积为 12.5686km^2，二者相差0.5395km^2，且叶片速效磷高于土壤速效磷。③土壤速效磷标准差椭圆的短轴标准差为 0.0112km，长轴标准差为 0.0334km，短轴与长轴的比值为 0.3357；而叶片速效磷标准差椭圆的短轴标准差为 0.0119km，长轴标准差为 0.0329km，短轴与长轴的比值为 0.3616。土壤速效磷的分布离散程度较小，空间分布方向性相对较强。④土壤-叶片速效磷标准差椭圆的方位角分别为 44.1882°和45.1413°，二者的主趋势方向也在西南-东北方向上，与东山镇山脉走向相近，且叶片的方位角更大，表明与土壤速效磷相比，叶片速效磷空间分布上东西差异相对较大，而南北差异相对较小。整体而言，土壤-叶片速效磷标准差椭圆吻合程度也较高，但相比土壤速效磷，叶片速效磷的标准差椭圆整体向西南方向有所偏移，且偏移量较有机质和速效氮更明显（图 7-3-12）。

表 7-3-12　　东山镇茶园土壤-叶片速效磷标准差椭圆参数

项目	土壤速效磷	叶片速效磷
椭圆面积/km^2	12.0291	12.5686
椭圆 X 轴/km	0.0112	0.0119
椭圆 Y 轴/km	0.0334	0.0329
短轴与长轴比值	0.3357	0.3616
椭圆方位角/（°）	44.1882	45.1413

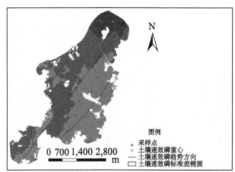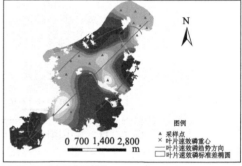

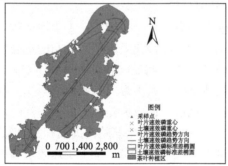

图 7-3-12　　东山镇研究区土壤-叶片速效磷标准差椭圆

（4）速效钾标准差椭圆分析

速效钾标准差椭圆模型结果显示（表 7-3-13）：①土壤速效钾空间分布的重心坐标为（E120.3765°，N31.0745°），叶片速效钾空间分布的重心坐标为（E120.3744°，N31.0700°），二者重心位置偏差明显比有机质和速效氮重心偏差更大，但也在研究区中部地区，相比之下，叶片速效钾重心向西南方向有所偏移。②土壤与叶片速效钾标准差椭圆区域覆盖面积相差处于有机质、速效氮差额之间。其中，土壤速效钾标准差椭圆面积为 11.5385km²，叶片速效钾标准差椭圆面积为 11.5875km²，二者相差 0.0490km²，且叶片速效钾高于土壤速效钾。③土壤速效钾标准差椭圆的短轴标准差为 0.0109km，长轴标准差为 0.0331km，短轴与长轴的比值为 0.3281；而叶片速效钾标准差椭圆的短轴标准差为 0.0114km，长轴标准差为 0.0317km，短轴与长轴的比值为 0.3592。土壤速效钾的分布离散程度较小，空间分布方向性相对较强。④土壤-叶片速效钾标准差椭圆的方位角分别为 44.1586° 和 44.4468°，二者的主趋势方向也在西南-东北方向上，与东山山脉走向相近，且叶片的方位角更大，表明与土壤速效钾相比，叶片速效钾空间分布上东西差异相对较大，而南北差异相对较小。整体而言，土壤-叶片速效钾标准差椭圆吻合程度较高，但相比土壤速效钾，叶片速效钾标的准差椭圆在西南方向存在明显的偏移，且偏移量较上述各要素偏移量均更大（图 7-3-13）。

表 7-3-13　东山镇茶园土壤-叶片速效钾准差椭圆参数

项目	土壤速效钾	叶片速效钾
椭圆面积/km²	11.5385	11.5875
椭圆 X 轴/km	0.0109	0.0114
椭圆 Y 轴/km	0.0331	0.0317
短轴与长轴比值	0.3281	0.3592
椭圆方位角/ (°)	44.1586	44.4468

（5）铜标准差椭圆分析

铜的标准差椭圆模型结果显示（表 7-3-14）：①土壤铜空间分布的重心坐标为（E120.3743°，N31.0713°），叶片铜空间分布的重心坐标为（E120.3741°，N31.0717°），二者重心位置偏差较以上各要素的重心偏差均小，且均在研究区中部地区，相比之下，叶片铜重心向西南方向略有偏移。②土壤与叶片铜标准差椭圆区域覆盖面积差较以上各要素的面积差均明显更大。其中，土壤铜标准差椭圆面积为 11.7660km²，叶片铜标准差椭圆面积为 10.3129km²，二者相差 1.4531km²，且土壤铜明显高于叶片铜。③土壤铜标准差椭圆的短轴标准差为 0.0116km，长轴标准差为 0.0317km，短轴与长轴的比值为 0.3648；而叶片铜标准差椭圆的短轴标准差为 0.0101km，长轴标准差为 0.0319km，短轴与长轴的比值为 0.3163。叶片

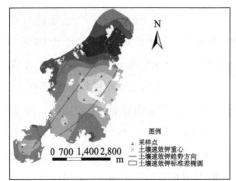

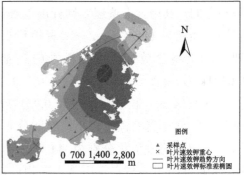

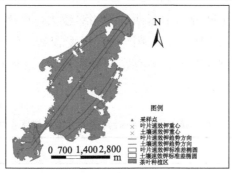

图 7-3-13　东山镇研究区土壤-叶片速效钾标准差椭圆

铜的分布离散程度较小，空间分布方向性相对较强。④土壤-叶片铜标准差椭圆的方位角分别为 44.2185° 和 44.3013°，二者的主趋势方向也在西南-东北方向上，与东山山脉走向相近，且叶片的方位角略大，表明与土壤铜相比，叶片铜空间分布上东西差异相对较大，而南北差异相对较小。整体而言，土壤-叶片铜标准差椭圆基本吻合，但土壤铜的覆盖范围明显更广（图 7-3-14）。

表 7-3-14　东山镇茶园土壤-叶片铜标准差椭圆参数

项目	土壤铜	叶片铜
椭圆面积/km²	11.7660	10.3129
椭圆 X 轴/km	0.0116	0.0101
椭圆 Y 轴/km	0.0317	0.0319
短轴与长轴比值	0.3648	0.3163
椭圆方位角/（°）	44.2185	44.3013

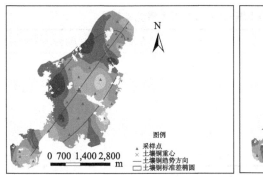
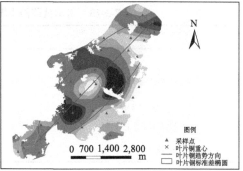
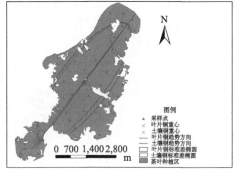

图 7-3-14　东山镇研究区土壤-叶片铜标准差椭圆

（6）锌标准差椭圆分析

锌的标准差椭圆模型结果显示（表 7-3-15）：①土壤锌空间分布的重心坐标为（E120.3766°，N31.0738°），叶片锌空间分布的重心坐标为（E120.3743°，N31.0692°），二者重心位置偏差较有机质、速效氮、铜等更大，且均在研究区中部地区，相比之下，叶片锌重心向西南方向有所偏移。②土壤与叶片锌标准差椭圆区域覆盖面积差处于速效磷、铜差额之间。其中，土壤锌标准差椭圆面积为 10.5624km²，叶片锌标准差椭圆面积为 11.6332km²，二者相差 1.0708km²，且叶片锌高于土壤锌。③土壤锌标准差椭圆的短轴标准差为 0.0105km，长轴标准差为 0.0314km，短轴与长轴的比值为 0.3335；叶片锌标准差椭圆的短轴标准差为 0.0116km，长轴标准差为 0.0312km，短轴与长轴的比值为 0.3721。土壤锌的分布离散程度较小，空间分布方向性相对较强。④土壤-叶片锌标准差椭圆的方位角分别为 44.2757° 和 44.2263°，二者的主趋势方向也在西南-东北方向上，与东山山脉走向相近，且土壤的方位角略大，表明与叶片锌相比，土壤锌空间分布上东西差异相对较大，而南北差异相对较小。整体而言，土壤-叶片锌标准差椭圆吻合程度也相对较差，且相对土壤锌，叶片锌的标准差椭圆明显向西南方向有所偏移，且覆盖范围明显更广（图 7-3-15）。

表 7-3-15　东山镇茶园土壤-叶片锌标准差椭圆参数

项目	土壤锌	叶片锌
椭圆面积/km^2	10.5624	11.6332
椭圆 X 轴/km	0.0105	0.0116
椭圆 Y 轴/km	0.0314	0.0312
短轴与长轴比值	0.3335	0.3721
椭圆方位角/（°）	44.2757	44.2263

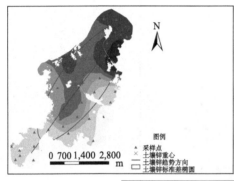
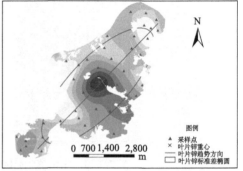
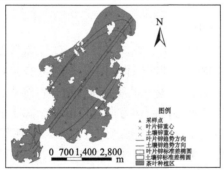

图 7-3-15　东山镇研究区土壤-叶片锌标准差椭圆

（7）镉标准差椭圆分析

镉的标准差椭圆模型结果显示（表 7-3-16）：①土壤镉空间分布的重心坐标为（E120.3778°，N31.0737°），叶片镉空间分布的重心坐标为（E120.3734°，N31.0694°），二者重心位置偏差较有机质、速效氮等明显更大，且均在研究区中部地区，相比之下，叶片镉重心向西南方向有所偏移。②土壤与叶片镉标准差椭圆区域覆盖面积基本相等，其差值仅比速效钾的标准差椭圆面积差大。其中，土壤镉标准差椭圆面积为 11.4807km^2，叶片镉标准差椭圆面积为 11.3956km^2，二者相差 0.0851km²，且土壤镉高于叶片镉。③土壤镉标准差椭圆的短轴标准差为 0.0122km，长轴标准差为 0.0293km，短轴与长轴的比值为 0.4185；叶片镉标准差椭圆的短轴标准差为 0.0113km，长轴标准差为 0.0314km，短轴与长轴的比值为 0.3618。叶片镉的分布离散程度较小，空间分布方向性相对较强。④土壤-叶片镉标准差椭圆的方位角分别为 43.6780°和 43.9850°，二者的主趋势方向也在西南-东北方向上，与东山山脉走向相近，且叶片的方位角更大，表明与土壤镉相比，叶片镉空间分布上东西差异相对较大，而南北差异相对较小。整体而言，土壤-叶片镉标准差椭圆吻合程度较高，但相对土壤镉，叶片镉的标准差椭圆整体上明显向西南方向有所偏移（图 7-3-16）。

表 7-3-16　东山镇茶园土壤-叶片镉标准差椭圆参数

项目	土壤镉	叶片镉
椭圆面积/km²	11.4807	11.3956
椭圆 X 轴/km	0.0122	0.0113
椭圆 Y 轴/km	0.0293	0.0314
短轴与长轴比值	0.4185	0.3618
椭圆方位角/（°）	43.6780	43.9850

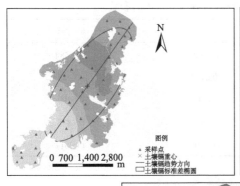
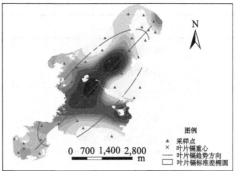
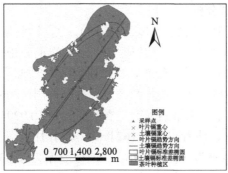

图 7-3-16　东山镇研究区土壤-叶片镉标准差椭圆

（8）砷标准差椭圆分析

砷的标准差椭圆模型结果显示（表 7-3-17）：①土壤砷空间分布的重心坐标为（E120.3788°，N31.0739°），叶片砷空间分布的重心坐标为（E120.3742°，N31.0694°），二者重心位置也存在一定程度的偏差，且偏差相对较大，但基本均在研究区中部地区，相比之下，叶片砷重心明显向西南方向有所偏移。②土壤与叶片砷标准差椭圆区域覆盖面积差处于速效磷、锌的差额之间。其中，土壤砷标准差椭圆面积为 10.3924km^2，叶片砷标准差椭圆面积为 10.9584km^2，二者相差 0.5660km^2，且叶片砷高于土壤砷。③土壤砷标准差椭圆的短轴标准差为 0.0107km，长轴标准差为 0.0303km，短轴与长轴的比值为 0.3538；叶片砷标准差椭圆的短轴标准差为 0.0115km，长轴标准差为 0.0297km，短轴与长轴的比值为 0.3875。土壤砷的分布离散程度较小，空间分布方向性相对较强。④土壤-叶片砷标准差椭圆的方位角分别为 40.3910° 和 44.9611°，二者的主趋势方向也在西南-东北方向上，与东山山脉走向相近，且叶片砷的方位角明显大于土壤砷的方位角，表明与土壤砷相比，叶片砷空间分布上东西差异相对较大，南北差异相对较小。整体而言，土壤-叶片砷标准差椭圆吻合程度较差，且相对土壤砷，叶片砷的标准差椭圆向西南方向有明显的偏移，且主趋势方向在顺时针方向有所增加（图 7-3-17）。

表 7-3-17　东山镇茶园土壤-叶片砷标准差椭圆参数

项目	土壤砷	叶片砷
椭圆面积/km^2	10.3924	10.9584
椭圆 X 轴/km	0.0107	0.0115
椭圆 Y 轴/km	0.0303	0.0297
短轴与长轴比值	0.3538	0.3875
椭圆方位角/（°）	40.3910	44.9611

（9）硒标准差椭圆分析

硒的标准差椭圆模型结果显示（表 7-3-18）：①土壤硒空间分布的重心坐标为（E120.3758°，N31.0717°），叶片硒空间分布的重心坐标为（E120.3753°，N31.0715°），二者重心位置偏差较小，均在研究区中部地区，相比之下，叶片硒重心向西南方向略有偏移。②土壤与叶片硒标准差椭圆区域覆盖面积差处于有机质、镉的差额之间。其中，土壤硒标准差椭圆面积为 10.9294km^2，叶片硒标准差椭圆面积为 11.0918km^2，两者相差 0.1624km^2，且叶片硒高于土壤硒。③土壤硒标准差椭圆的短轴标准差为 0.0107km，长轴标准差为 0.0318km，短轴与长轴的比值为 0.3372；叶片硒标准差椭圆的短轴标准差为 0.0107km，长轴标准差为

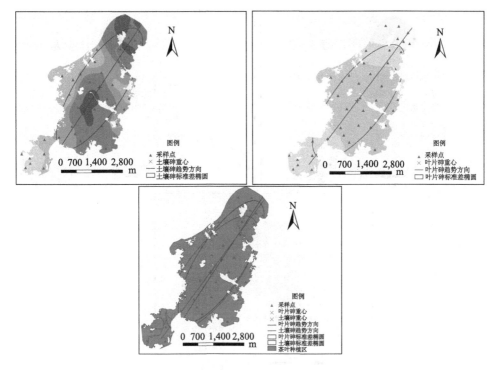

图 7-3-17　东山镇研究区土壤-叶片砷标准差椭圆

0.0323km，短轴与长轴的比值为 0.3322。叶片硒的分布离散程度较小，空间分布方向性相对较强。④土壤-叶片硒标准差椭圆的方位角分别为 42.6030° 和 45.6312°，二者的主趋势方向也在西南-东北方向上，与东山山脉走向相近，且叶片的方位角明显更大，表明与土壤硒相比，叶片硒空间分布上东西差异相对较大，而南北差异相对较小。整体而言，土壤-叶片硒标准差椭圆吻合程度较高，但相比土壤硒，叶片硒的标准差椭圆主趋势方向在顺时针方向上有明显的增加（图 7-3-18）。

表 7-3-18　东山镇茶园土壤-叶片硒标准差椭圆参数

项目	土壤硒	叶片硒
椭圆面积/km²	10.9294	11.0918
椭圆 X 轴/km	0.0107	0.0107
椭圆 Y 轴/km	0.0318	0.0323
短轴与长轴比值	0.3372	0.3322
椭圆方位角/(°)	42.6030	45.6312

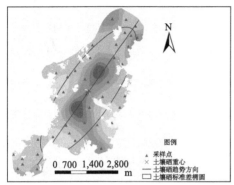
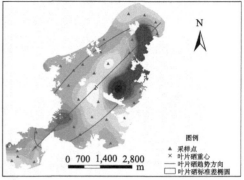

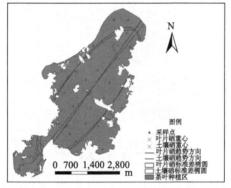

图 7-3-18　东山镇研究区土壤-叶片硒标准差椭圆

3）龙井村土壤-叶片要素标准差椭圆分析

（1）有机质标准差椭圆分析

有机质标准差椭圆模型结果显示（表 7-3-19）：①土壤有机质空间分布的重心坐标为（E120.1099°，N30.2158°），叶片有机质空间分布的重心坐标为（E120.1101°，N30.2158°），二者重心位置偏差很小，均在研究区中部偏东区域，但相比之下，叶片有机质重心向正东方向略有偏移。②土壤与叶片有机质标准差椭圆区域覆盖面积相差较小。其中，土壤有机质标准差椭圆面积为 1.6208km²，叶片有机质标准差椭圆面积为 1.7733km²，二者相差 0.1525km²，且叶片有机质高于土壤有机质。③土壤有机质标准差椭圆的短轴标准差为 0.0024km，长轴标准差为 0.0094km，短轴与长轴的比值为 0.2541；而叶片有机质标准差椭圆的短轴标准差为 0.0026km，长轴标准差为 0.0093km，短轴与长轴的比值为 0.2808。相比之下，土壤有机质分布离散程度相对较小，而空间分布方向性相对较强。④土壤-叶片有机质标准差椭圆的方位角分别为 100.8189°和 103.1006°，二者的主趋势方向均在西北-东南方向上，且叶片有机质的方位角有所增加，表明比之土壤有机质，叶片有机质空间分布上南北差异相对较大，而东西差异相对较小。整体而言，土壤-叶片有机质标准差椭圆吻合程度较高，但相对土壤有机质，叶片有机质的标准差椭圆在东南方向上略有偏移（图 7-3-19）。

表 7-3-19　龙井村茶园土壤-叶片有机质标准差椭圆参数

项目	土壤有机质	叶片有机质
椭圆面积/km^2	1.6208	1.7733
椭圆 X 轴/km	0.0094	0.0093
椭圆 Y 轴/km	0.0024	0.0026
短轴与长轴比值	0.2541	0.2808
椭圆方位角/（°）	100.8189	103.1006

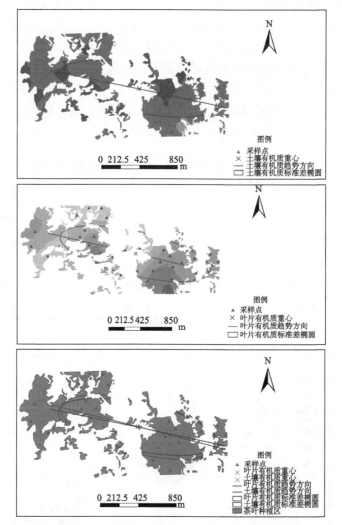

图 7-3-19　龙井村研究区土壤-叶片有机质标准差椭圆

（2）速效氮标准差椭圆分析

速效氮标准差椭圆模型结果（表 7-3-20）：①土壤速效氮空间分布的重心坐标为（E120.1099°，N30.2157°），叶片速效氮空间分布的重心坐标为（E120.1098°，N30.2158°），二者重心位置偏差较小，也均在研究区中部偏东区域，相比之下，叶片速效氮重心向西北方向略有偏移。②土壤与叶片速效氮标准差椭圆区域覆盖面积相差较有机质二者的差额有所减小。其中，土壤速效氮标准差椭圆面积为 1.7091km²，叶片速效氮标准差椭圆面积为 1.8017km²，二者相差 0.0926km²，且叶片速效氮明显高于土壤速效氮。③土壤速效氮标准差椭圆的短轴标准差为 0.0025km，长轴标准差为 0.0093km，短轴与长轴的比值为 0.2702；而叶片速效氮标准差椭圆的短轴标准差为 0.0027km，长轴标准差为 0.0093km，短轴与长轴的比值为 0.2881。土壤速效氮的分布离散程度较小，空间分布方向性相对较强。④土壤-叶片速效氮标准差椭圆的方位角分别为 103.3404°和 103.5118°，二者的主趋势方向也在西北-东南方向上，且叶片的方位角较大，表明比之土壤速效氮，叶片速效氮空间分布上南北差异相对较大，而东西差异相对较小。整体而言，土壤-叶片速效氮标准差椭圆吻合程度较高，且相对土壤速效氮，叶片速效氮的标准差椭圆整体向西北方向有较小的偏移（图 7-3-20）。

表 7-3-20　龙井村茶园土壤-叶片速效氮标准差椭圆参数

项目	土壤速效氮	叶片速效氮
椭圆面积/km²	1.7091	1.8017
椭圆 X 轴/km	0.0093	0.0093
椭圆 Y 轴/km	0.0025	0.0027
短轴与长轴比值	0.2702	0.2881
椭圆方位角/（°）	103.3404	103.5118

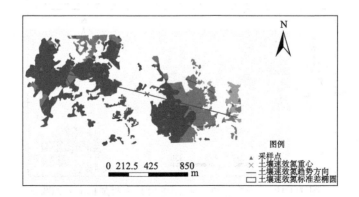

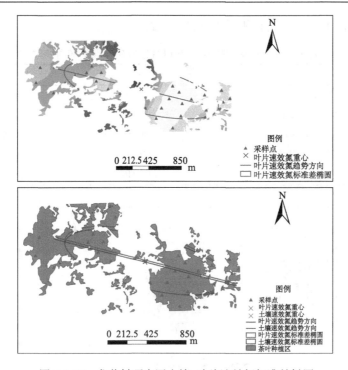

图 7-3-20　龙井村研究区土壤-叶片速效氮标准差椭圆

（3）速效磷标准差椭圆分析

速效磷标准差椭圆模型结果（表 7-3-21）：①土壤速效磷空间分布的重心坐标为（E120.1104°，N30.2157°），叶片速效磷空间分布的重心坐标为（E120.1099°，N30.2159°），二者重心位置偏差比有机质、速效氮的重心偏差略大，也在研究区中部偏东区域，相比之下，叶片速效磷重心向西北方向有所偏移。②土壤与叶片速效磷标准差椭圆区域覆盖面积差较有机质、速效氮差额均更小。其中，土壤速效磷标准差椭圆面积为 1.7639km²，叶片速效磷标准差椭圆面积为 1.7855km²，二者相差 0.0216km²，且叶片速效磷高于土壤速效磷。③土壤速效磷标准差椭圆的短轴标准差为 0.0025km，长轴标准差为 0.0095km，短轴与长轴的比值为 0.2667；而叶片速效磷标准差椭圆的短轴标准差为 0.0027km，长轴标准差为 0.0092km，短轴与长轴的比值为 0.2867。土壤速效磷的分布离散程度较小，空间分布方向性相对较强。④土壤-叶片速效磷标准差椭圆的方位角分别为 101.8410° 和 103.8133°，二者的主趋势方向也在西北-东南方向上，且叶片的方位角明显更大，表明与土壤速效磷相比，叶片速效磷空间分布上南北差异相对较大，而东西差异相对较小。整体而言，土壤-叶片速效磷标准差椭圆吻合程度较高，但相比土壤速效磷，叶片速效磷的标准差椭圆整体向西北方向略有偏移，且偏移量较小，同时在顺时针方向上，方位角有所增加（图 7-3-21）。

表 7-3-21　龙井村茶园土壤-叶片速效磷标准差椭圆参数

项目	土壤速效磷	叶片速效磷
椭圆面积/km²	1.7639	1.7855
椭圆 X 轴/km	0.0095	0.0092
椭圆 Y 轴/km	0.0025	0.0027
短轴与长轴比值	0.2667	0.2867
椭圆方位角/（°）	101.8410	103.8133

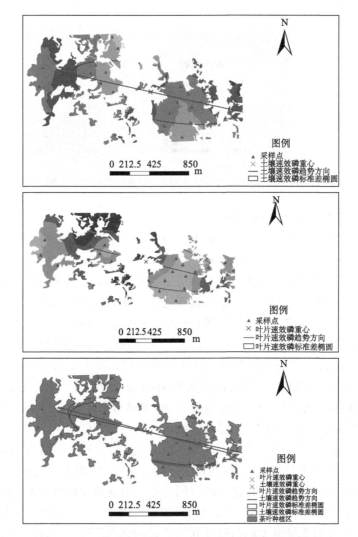

图 7-3-21　龙井村研究区土壤-叶片速效磷标准差椭圆

（4）速效钾标准差椭圆分析

速效钾标准差椭圆模型结果显示（表 7-3-22）：①土壤速效钾空间分布的重心坐标为（E120.1108°，N30.2152°），叶片速效钾空间分布的重心坐标为（E120.1098°，N30.2158°），二者重心位置偏差明显比有机质、速效氮及速效磷重心偏差更大，而且也在研究区中部偏东区域，相比之下，叶片速效钾重心向西北方向有所偏移。②土壤与叶片速效钾标准差椭圆区域覆盖面积相差也较上述龙井村各要素土壤-叶片面积差均更大。其中，土壤速效钾标准差椭圆面积为1.4787km²，叶片速效钾标准差椭圆面积为 1.7699km²，二者相差 0.2912km²，且叶片速效钾明显高于土壤速效钾。③土壤速效钾标准差椭圆的短轴标准差为0.0024km，长轴标准差为0.0086km，短轴与长轴的比值为 0.2741；而叶片速效钾标准差椭圆的短轴标准差为 0.0025km，长轴标准差为 0.0095km，短轴与长轴的比值为 0.2670。叶片速效钾的分布离散程度相对较小，空间分布方向性相对较强。④土壤-叶片速效钾标准差椭圆的方位角分别为 100.8557°和 102.6785°，二者的主趋势方向也在西北-东南方向上，且叶片的方位角更大，表明与土壤速效钾相比，叶片速效钾空间分布上南北差异相对较大，而东西差异相对较小。整体而言，土壤-叶片速效钾标准差椭圆吻合程度相对较低，且相比土壤速效钾，叶片速效钾的标准差椭圆向西北方向存在明显的偏移，且区域覆盖面积明显更大（图 7-3-22）。

表 7-3-22　龙井村茶园土壤-叶片速效钾标准差椭圆参数

项目	土壤速效钾	叶片速效钾
椭圆面积/km²	1.4787	1.7699
椭圆 X 轴/km	0.0086	0.0095
椭圆 Y 轴/km	0.0024	0.0025
短轴与长轴比值	0.2741	0.2670
椭圆方位角/（°）	100.8557	102.6785

（5）铜标准差椭圆分析

铜的标准差椭圆模型结果显示（表 7-3-23）：①土壤铜空间分布的重心坐标为（E120.1104°，N30.2157°），叶片铜空间分布的重心坐标为（E120.1099°，N30.2158°），二者重心位置偏差较小，且均在研究区中部偏东区域，相比之下，叶片铜重心向西北方向有所偏移。②土壤与叶片铜标准差椭圆区域覆盖面积差较以上各要素的面积差均有所减小。其中，土壤铜标准差椭圆面积为 1.7620km²，叶片铜标准差椭圆面积为1.7749km²，二者相差0.0129km²，且叶片铜明显高于土壤铜。③土壤铜标准差椭圆的短轴标准差为0.0025km，长轴标准差为0.0095km，

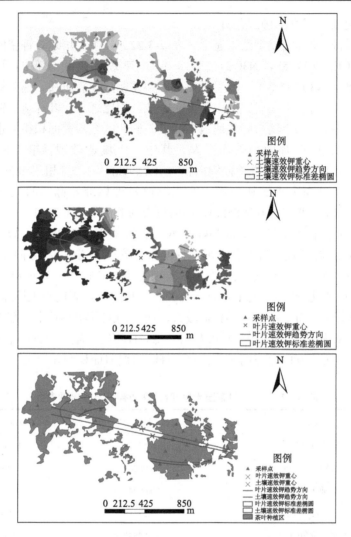

图 7-3-22　龙井村研究区土壤-叶片速效钾标准差椭圆

短轴与长轴的比值为 0.2686；而叶片铜标准差椭圆的短轴标准差为 0.0026km，长轴标准差 0.0093km，短轴与长轴的比值为 0.2815。土壤铜的分布离散程度较小，空间分布方向性相对较强。④土壤-叶片铜标准差椭圆的方位角分别为 102.4505° 和 102.9296°，二者的主趋势方向也在西北-东南方向上，且叶片的方位角较大，表明与土壤铜相比，叶片铜空间分布上南北差异相对较大，而东西差异相对较小。整体而言，土壤-叶片铜标准差椭圆吻合程度较高，但叶片铜的整体向西北方向略有偏移，且主趋势方向在顺时针方向有所增加（图 7-3-23）。

表 7-3-23　龙井村茶园土壤-叶片铜标准差椭圆参数

项目	土壤铜	叶片铜
椭圆面积/km^2	1.7620	1.7749
椭圆 X 轴/km	0.0095	0.0093
椭圆 Y 轴/km	0.0025	0.0026
短轴与长轴比值	0.2686	0.2815
椭圆方位角/（°）	102.4505	102.9296

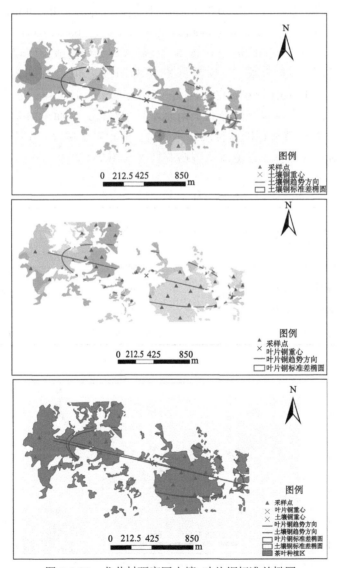

图 7-3-23　龙井村研究区土壤-叶片铜标准差椭圆

（6）锌标准差椭圆分析

锌的标准差椭圆模型结果显示（表 7-3-24）：①土壤锌空间分布的重心坐标为（E120.1102°，N30.2156°），叶片锌空间分布的重心坐标为（E120.1100°，N30.2158°），二者重心位置偏差较铜略小，且均在研究区中部偏东区域，相比之下，叶片锌重心向西北方向有所偏移。②土壤与叶片锌标准差椭圆区域覆盖面积差较速效氮二者差略大。其中，土壤锌标准差椭圆面积为 1.6171km²，叶片锌标准差椭圆面积为 1.7098km²，二者相差 0.0927km²，且叶片锌高于土壤锌。③土壤锌标准差椭圆的短轴标准差为 0.0025km，长轴标准差为 0.0090km，短轴与长轴的比值为 0.2750；叶片锌标准差椭圆的短轴标准差为 0.0026km，长轴标准差为 0.0091km，短轴与长轴的比值为 0.2836。土壤锌的分布离散程度较小，空间分布方向性相对较强。④土壤-叶片锌标准差椭圆的方位角分别为 103.0276°和 102.8537°，二者的主趋势方向也在西北-东南方向上，且土壤的方位角略大，表明与叶片锌相比，土壤锌空间分布上南北差异相对较大，而东西差异相对较小。整体而言，土壤-叶片锌标准差椭圆基本吻合，但相对土壤锌，叶片锌的标准差椭圆向西北方向略有偏移，且覆盖范围略有增加（图 7-3-24）。

表 7-3-24　龙井村茶园土壤-叶片锌标准差椭圆参数

项目	土壤锌	叶片锌
椭圆面积/km²	1.6171	1.7098
椭圆 X 轴/km	0.0090	0.0091
椭圆 Y 轴/km	0.0025	0.0026
短轴与长轴比值	0.2750	0.2836
椭圆方位角/（°）	103.0276	102.8537

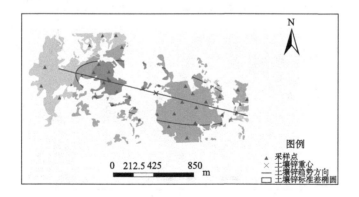

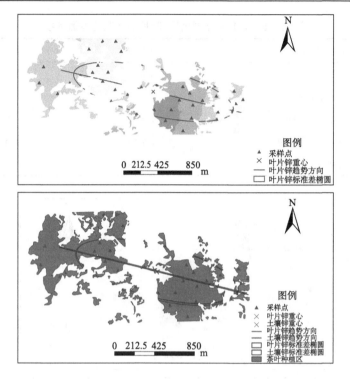

图 7-3-24　龙井村研究区土壤-叶片锌标准差椭圆

（7）镉标准差椭圆分析

镉的标准差椭圆模型结果显示（表 7-3-25）：①土壤镉空间分布的重心坐标为（E120.1104°，N30.2159°），叶片镉空间分布的重心坐标为（E120.1100°，N30.2157°），二者重心位置偏差相对有机质、速效氮等较为明显，且均在研究区中部偏东区域，相比之下，叶片锌重心向西南方向有所偏移。②土壤与叶片镉标准差椭圆区域覆盖面积差处于有机质、速效钾差额之间。其中，土壤镉标准差椭圆面积为 1.8698km²，叶片镉标准差椭圆面积为 1.7163km²，二者相差 0.1536km²，且土壤镉高于叶片镉。③土壤镉标准差椭圆的短轴标准差为 0.0030km，长轴标准差为 0.0086km，短轴与长轴的比值为 0.3472；叶片镉标准差椭圆的短轴标准差为 0.0026km，长轴标准差为 0.0091km，短轴与长轴的比值为 0.2851。叶片镉的分布离散程度明显较小，空间分布方向性相对较强。④土壤-叶片镉标准差椭圆的方位角分别为 104.3888°和 102.6430°，二者的主趋势方向也在西北-东南方向上，且土壤的方位角明显更大，表明与叶片镉相比，土壤镉空间分布上南北差异相对较大，而东西差异相对较小。整体而言，土壤-叶片镉标准差椭圆吻合程度相对铜、锌等较低，且相对于土壤镉，叶片镉的标准差椭圆主趋势方向在顺时针方向上有所减小（图 7-3-25）。

表 7-3-25　龙井村茶园土壤–叶片镉标准差椭圆参数

项目	土壤镉	叶片镉
椭圆面积/km^2	1.8698	1.7163
椭圆 X 轴/km	0.0086	0.0091
椭圆 Y 轴/km	0.0030	0.0026
短轴与长轴比值	0.3472	0.2851
椭圆方位角/（°）	104.3888	102.6430

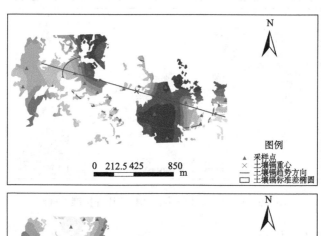

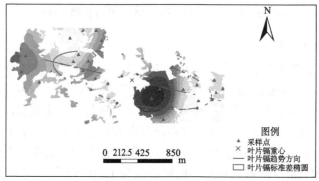

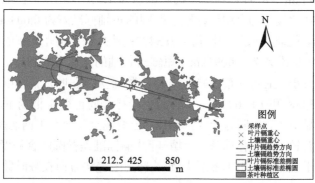

图 7-3-25　龙井村研究区土壤–叶片镉标准差椭圆

（8）砷标准差椭圆分析

砷的标准差椭圆模型结果显示（表 7-3-26）：①土壤砷空间分布的重心坐标为（E120.1092°，N30.2164°），叶片砷空间分布的重心坐标为（E120.1101°，N30.2156°），二者重心位置也存在一定程度的偏差，且偏差相对较大，但基本也在研究区中部偏东区域，相比之下，叶片砷重心明显向东南方向有所偏移。②土壤与叶片砷标准差椭圆区域覆盖面积差较上述各要素椭圆面积差额均大。其中，土壤砷标准差椭圆面积为 2.0107km²，叶片砷标准差椭圆面积为 1.6176km²，二者相差 0.3931km²，且土壤砷高于叶片砷。③土壤砷标准差椭圆的短轴标准差为0.0029km，长轴标准差为 0.0097km，短轴与长轴的比值为 0.2945；叶片砷标准差椭圆的短轴标准差为 0.0024km，长轴标准差为 0.0094km，短轴与长轴的比值为0.2508。叶片砷的分布离散程度明显较小，空间分布方向性相对较强。④土壤-叶片砷标准差椭圆的方位角分别为 103.9197°和 101.2232°，二者的主趋势方向也在西北-东南方向上，且土壤砷的方位角明显大于叶片砷的方位角，表明与叶片砷相比，土壤砷空间分布上南北差异相对较大，而东西差异相对较小。整体而言，土壤-叶片砷标准差椭圆吻合程度也相对较低，且相对土壤砷，叶片砷的标准差椭圆面积明显有所减小，且向主趋势方向在顺时针方向有所减小（图 7-3-26）。

表 7-3-26　龙井村茶园土壤-叶片砷标准差椭圆参数

项目	土壤砷	叶片砷
椭圆面积/km²	2.0107	1.6176
椭圆 X 轴/km	0.0097	0.0094
椭圆 Y 轴/km	0.0029	0.0024
短轴与长轴比值	0.2945	0.2508
椭圆方位角/（°）	103.9197	101.2232

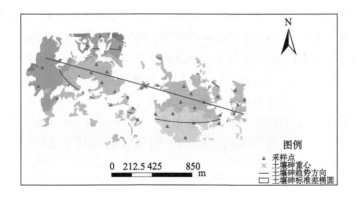

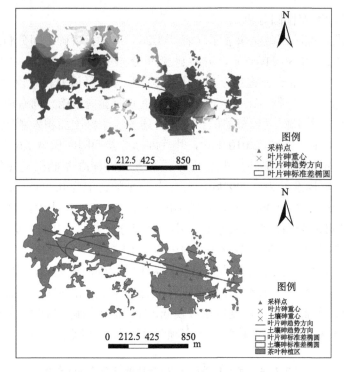

图 7-3-26　龙井村研究区土壤-叶片砷标准差椭圆

（9）硒标准差椭圆分析

硒的标准差椭圆模型结果显示（表 7-3-27）：①土壤硒空间分布的重心坐标为（E120.1092°，N30.2163°），叶片硒空间分布的重心坐标为（E120.1101°，N30.2160°），二者重心位置偏差相对砷较大，且均在研究区中部偏东区域，相比之下，叶片硒重心向东南方向有所偏移。②土壤与叶片硒标准差椭圆区域覆盖面积差处于速效磷、速效氮的差额之间。其中，土壤硒标准差椭圆面积为 1.9262km²，叶片硒标准差椭圆面积为 1.9673km²，二者相差 0.0411km²，且叶片硒高于土壤硒。③土壤硒标准差椭圆的短轴标准差为 0.0028km，长轴标准差为 0.0094km，短轴与长轴的比值为 0.3010；叶片硒标准差椭圆的短轴标准差为 0.0029km，长轴标准差为 0.0094km，短轴与长轴的比值为 0.3065。土壤硒的分布离散程度略小，空间分布方向性相对略强。④土壤-叶片硒标准差椭圆的方位角分别为 103.8350°和104.1819°，二者的主趋势方向也在西北-东南方向上，且叶片的方位角略大，表明与土壤硒相比，叶片硒空间分布上南北差异相对略大，而东西差异相对略小。整体而言，土壤-叶片硒标准差椭圆吻合程度较高，但相比土壤硒，叶片硒整体在东南方向上有所偏移（图 7-3-27）。

表 7-3-27　龙井村茶园土壤-叶片硒标准差椭圆参数

项目	土壤硒	叶片硒
椭圆面积/km²	1.9262	1.9673
椭圆 X 轴/km	0.0094	0.0094
椭圆 Y 轴/km	0.0028	0.0029
短轴与长轴比值	0.3010	0.3065
椭圆方位角/(°)	103.8350	104.1819

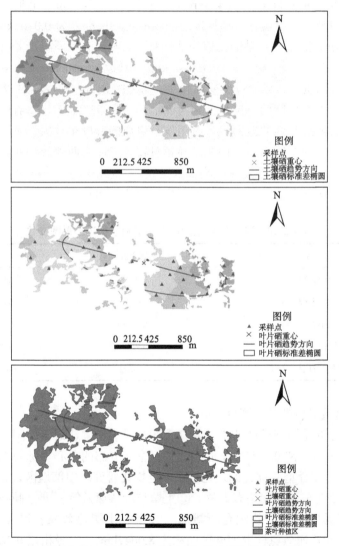

图 7-3-27　龙井村研究区土壤-叶片硒标准差椭圆

4）溪龙乡土壤-叶片要素标准差椭圆分析

（1）有机质标准差椭圆分析

有机质标准差椭圆模型结果显示（表 7-3-28）：①土壤有机质空间分布的重心坐标为（E119.7636°，N30.7359°），叶片有机质空间分布的重心坐标为（E119.7622°，N30.7358°），二者重心位置偏差较小，均在研究区中部地区，但相比之下，叶片有机质重心向西南方向有所偏移。②土壤与叶片有机质标准差椭圆区域覆盖面积相差较小。其中，土壤有机质标准差椭圆面积为 7.9075km²，叶片有机质标准差椭圆面积为 8.0423km²，二者相差 0.1348km²，且叶片有机质明显高于土壤有机质。③土壤有机质标准差椭圆的短轴标准差为 0.0105km，长轴标准差为 0.0137km，短轴与长轴的比值为 0.7631；而叶片有机质标准差椭圆的短轴标准差为 0.0102km，长轴标准差为 0.0143km，短轴与长轴的比值为 0.7156。相比之下，叶片有机质分布离散程度明显较小，而空间分布方向性相对较强。④土壤-叶片有机质标准差椭圆的方位角分别为 96.5673°和 93.2579°，二者的主趋势方向均在东-西略偏东南-西北方向上，且土壤有机质的方位角较大，表明比之叶片有机质，土壤有机质空间分布上南北差异相对较大，而东西差异相对较小。整体而言，土壤-叶片有机质标准差椭圆吻合程度较高，但相对于土壤有机质，叶片有机质的标准差椭圆向西北部存在明显的偏移（图 7-3-28）。

表 7-3-28　溪龙乡茶园土壤-叶片有机质标准差椭圆参数

项目	土壤有机质	叶片有机质
椭圆面积/km²	7.9075	8.0423
椭圆 X 轴/km	0.0137	0.0143
椭圆 Y 轴/km	0.0105	0.0102
短轴与长轴比值	0.7631	0.7156
椭圆方位角/（°）	96.5673	93.2579

（2）速效氮标准差椭圆分析

速效氮标准差椭圆模型结果（表 7-3-29）：①土壤速效氮空间分布的重心坐标为（E119.7620°，N30.7357°），叶片速效氮空间分布的重心坐标为（E119.7624°，N30.7358°），二者重心位置偏差也较小，也均在研究区中部地区，相比之下，叶片速效氮重心向东北方向略有偏移。②土壤与叶片速效氮标准差椭圆区域覆盖面积相差较有机质二者的差额有所增加。其中，土壤速效氮标准差椭圆面积为 7.8014km²，叶片速效氮标准差椭圆面积为 8.0647km²，二者相差 0.2633km²，且

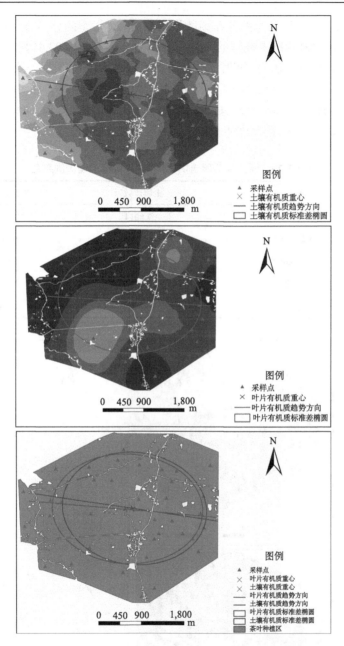

图 7-3-28　溪龙乡研究区土壤-叶片有机质标准差椭圆

叶片速效氮明显高于土壤速效氮。③土壤速效氮标准差椭圆的短轴标准差为
0.0106km，长轴标准差为 0.0134km，短轴与长轴的比值为 0.7930；而叶片速效氮
标准差椭圆的短轴标准差为 0.0104km，长轴标准差为 0.0141km，短轴与长轴的

比值为 0.7353。叶片速效氮的分布离散程度相对较小，空间分布方向性相对较强。
④土壤-叶片速效氮标准差椭圆的方位角分别为 93.1750° 和 93.4142°，二者的主趋势方向也在东-西略偏东南-西北方向上，且叶片的方位角略大，表明比之土壤速效氮，叶片速效氮空间分布上南北差异相对较大，而东西差异相对较小。整体而言，土壤-叶片速效氮标准差椭圆基本吻合，但相对土壤速效氮，叶片速效氮的标准差椭圆在东部地区覆盖范围明显增加（图 7-3-29）。

表 7-3-29　溪龙乡茶园土壤-叶片速效氮标准差椭圆参数

项目	土壤速效氮	叶片速效氮
椭圆面积/km^2	7.8014	8.0647
椭圆 X 轴/km	0.0134	0.0141
椭圆 Y 轴/km	0.0106	0.0104
短轴与长轴比值	0.7930	0.7353
椭圆方位角/（°）	93.1750	93.4142

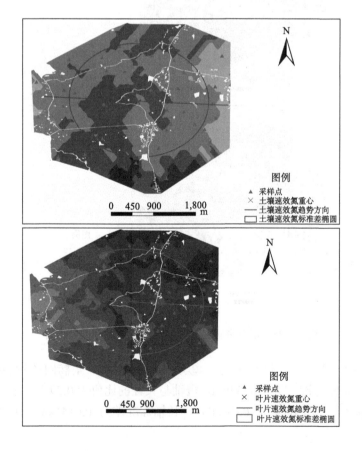

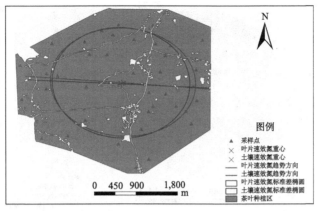

图 7-3-29 溪龙乡研究区土壤-叶片速效氮标准差椭圆

（3）速效磷标准差椭圆分析

速效磷标准差椭圆模型结果（表 7-3-30）：①土壤速效磷空间分布的重心坐标为（E119.7613°，N30.7363°），叶片速效磷空间分布的重心坐标为（E119.7619°，N30.7359°），二者重心位置偏差也较小，且均在研究区中部偏东区域，相比之下，叶片速效磷重心向东南方向有所偏移。②土壤与叶片速效磷标准差椭圆区域覆盖面积差较有机质、速效氮差额均更大。其中，土壤速效磷标准差椭圆面积为 7.6356km²，叶片速效磷标准差椭圆面积为 7.9111km²，二者相差 0.2755km²，且叶片速效磷高于土壤速效磷。③土壤速效磷标准差椭圆的短轴标准差为 0.0103km，长轴标准差为 0.0135km，短轴与长轴的比值为 0.7591；而叶片速效磷标准差椭圆的短轴标准差为 0.0103km，长轴标准差为 0.0141km，短轴与长轴的比值为 0.7295。叶片速效磷的分布离散程度相对较小，空间分布方向性相对较强。④土壤-叶片速效磷标准差椭圆的方位角分别为 100.9570°和 92.3254°，二者的主趋势方向也在东-西略偏东南-西北方向上，且土壤的方位角明显更大，表明与叶片速效磷相比，土壤速效磷空间分布上南北差异相对较大，而东西差异相对较小。整体而言，土壤-叶片速效磷标准差椭圆吻合程度较速效氮要低，且相比土壤速效磷，叶片速效磷的标准差椭圆主趋势方向在顺时针方向上明显减小（图 7-3-30）。

表 7-3-30 溪龙乡茶园土壤-叶片速效磷标准差椭圆参数

项目	土壤速效磷	叶片速效磷
椭圆面积/km²	7.6356	7.9111
椭圆 X 轴/km	0.0135	0.0141
椭圆 Y 轴/km	0.0103	0.0103
短轴与长轴比值	0.7591	0.7295
椭圆方位角/ (°)	100.9570	92.3254

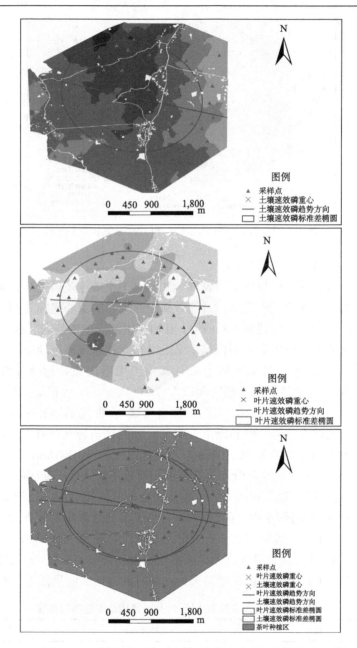

图 7-3-30　溪龙乡研究区土壤-叶片速效磷标准差椭圆

（4）速效钾标准差椭圆分析

速效钾标准差椭圆模型结果显示（表 7-3-31）：①土壤速效钾空间分布的重心坐标为（E119.7623°，N30.7356°），叶片速效钾空间分布的重心坐标为

（E119.7627°，N30.7358°），二者重心位置偏差也较小，且也在研究区中部地区，相比之下，叶片速效钾重心向东北方向有所偏移。②土壤与叶片速效钾标准差椭圆区域覆盖面积相差也较小，仅略大于有机质的差额。其中，土壤速效钾标准差椭圆面积为 7.8144km²，叶片速效钾标准差椭圆面积为 7.9669km²，二者相差 0.1525km²，且叶片速效钾高于土壤速效钾。③土壤速效钾标准差椭圆的短轴标准差为 0.0099km，长轴标准差为 0.0144km，短轴与长轴的比值为 0.6829；而叶片速效钾标准差椭圆的短轴标准差为 0.0103km，长轴标准差为 0.0140km，短轴与长轴的比值为 0.7375。土壤速效钾的分布离散程度相对较小，空间分布方向性相对较强。④土壤-叶片速效钾标准差椭圆的方位角分别为 97.4840°和 92.2010°，二者的主趋势方向也在东-西略偏东南-西北方向上，且土壤的方位角更大，表明与叶片速效钾相比，土壤速效钾空间分布上南北差异相对较大，而东西差异相对较小。整体而言，土壤-叶片速效钾标准差椭圆吻合程度较速效磷略高，且相比土壤速效钾，叶片速效钾的标准差椭圆主趋势方向在顺时针方向上明显减小（图7-3-31）。

表 7-3-31　溪龙乡茶园土壤-叶片速效钾标准差椭圆参数

项目	土壤速效钾	叶片速效钾
椭圆面积/km²	7.8144	7.9669
椭圆 X 轴/km	0.0144	0.0140
椭圆 Y 轴/km	0.0099	0.0103
短轴与长轴比值	0.6829	0.7375
椭圆方位角/（°）	97.4840	92.2010

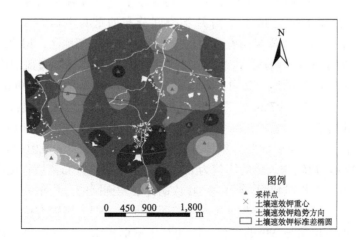

图例
▲ 采样点
✕ 土壤速效钾重心
— 土壤速效钾趋势方向
▢ 土壤速效钾标准差椭圆

0　450　900　　1,800
　　　　　　　m

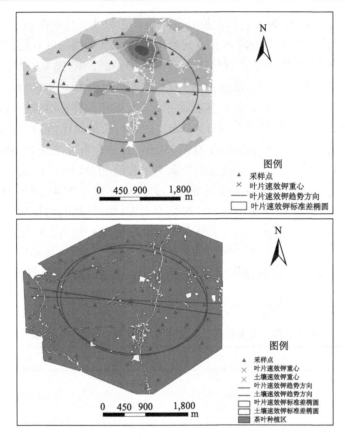

图 7-3-31　溪龙乡研究区土壤-叶片速效钾标准差椭圆

（5）铜标准差椭圆分析

铜的标准差椭圆模型结果显示（表 7-3-32）：①土壤铜空间分布的重心坐标为（E119.7623°，N30.7356°），叶片铜空间分布的重心坐标为（E119.7643°，N30.7356°），二者重心位置偏差较大，且均在研究区中部地区，相比之下，叶片铜重心向正东方向有所偏移。②土壤与叶片铜标准差椭圆区域覆盖面积差较以上各要素的面积差明显增加。其中，土壤铜标准差椭圆面积为 8.2159km²，叶片铜标准差椭圆面积为 7.3497km²，二者相差 0.8662km²，且土壤铜明显高于叶片铜。③土壤铜标准差椭圆的短轴标准差为 0.0104km，长轴标准差为 0.0145km，短轴与长轴的比值为 0.7159；而叶片铜标准差椭圆的短轴标准差为 0.0101km，长轴标准差 0.0132km，短轴与长轴的比值为 0.7676。土壤铜的分布离散程度明显更小，而空间分布方向性相对较强。④土壤-叶片铜标准差椭圆的方位角分别为 90.0652°和 88.7507°，二者的主趋势方向基本在东西方向上，但土壤铜方位角与 90°的差值小于叶片铜方位角与 90°的差值，因而与土壤铜相比，叶片铜空间分布上南北差异相对较大，而东西差异相对较小。整体而言，土壤-叶片铜标准差椭圆吻合程度相对较低，且叶片铜整体向东部有偏移，而覆盖范围明显小于土壤铜（图7-3-32）。

表 7-3-32　溪龙乡茶园土壤-叶片铜标准差椭圆参数

项目	土壤铜	叶片铜
椭圆面积/km^2	8.2159	7.3497
椭圆 X 轴/km	0.0145	0.0101
椭圆 Y 轴/km	0.0104	0.0132
短轴与长轴比值	0.7159	0.7676
椭圆方位角/（°）	90.0652	88.7507

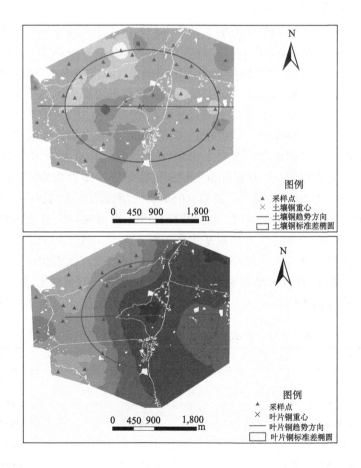

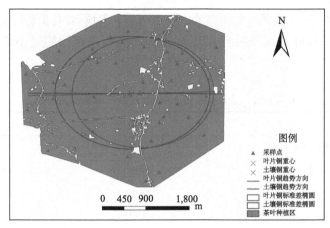

图 7-3-32　溪龙乡研究区土壤-叶片铜标准差椭圆

（6）锌标准差椭圆分析

锌的标准差椭圆模型结果显示（表 7-3-33）：①土壤锌空间分布的重心坐标为（E119.7624°，N30.7354°），叶片锌空间分布的重心坐标为（E119.7624°，N30.7359°），二者重心位置偏差较小，也均在研究区中部偏东区域，相比之下，叶片锌重心整体向北有所偏移。②土壤与叶片锌标准差椭圆区域覆盖面积差处于速效磷、铜的差额之间。其中，土壤锌标准差椭圆面积为 8.4809km²，叶片锌标准差椭圆面积为 8.1030km²，二者相差 0.3779km²，且土壤锌明显高于叶片锌。③土壤锌标准差椭圆的短轴标准差为 0.0106km，长轴标准差为 0.0145km，短轴与长轴的比值为 0.7319；叶片锌标准差椭圆的短轴标准差为 0.0099km，长轴标准差为 0.0150km，短轴与长轴的比值为 0.6589。土壤锌的分布离散程度明显较小，空间分布方向性相对较强。④土壤-叶片锌标准差椭圆的方位角分别为 85.4290°和 87.1930°，二者的主趋势方向也基本在东西方向上，且叶片的方位角略大，表明与土壤锌相比，叶片锌空间分布上东西差异相对较大，而南北差异相对较小。整体而言，土壤-叶片锌标准差椭圆吻合程度相对较高，但相对土壤锌，叶片锌的标准差椭圆重心相比略有偏移，且覆盖范围在南部有所减小（图 7-3-33）。

表 7-3-33　溪龙乡茶园土壤-叶片锌标准差椭圆参数

项目	土壤锌	叶片锌
椭圆面积/km²	8.4809	8.1030
椭圆 X 轴/km	0.0106	0.0099
椭圆 Y 轴/km	0.0145	0.0150
短轴与长轴比值	0.7319	0.6589
椭圆方位角/（°）	85.4290	87.1930

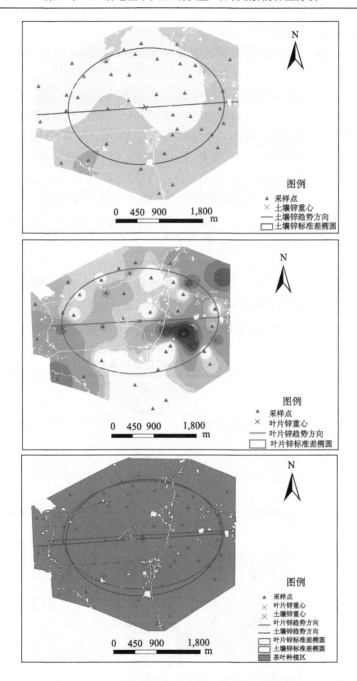

图 7-3-33　溪龙乡研究区土壤-叶片锌标准差椭圆

（7）镉标准差椭圆分析

镉的标准差椭圆模型结果显示（表 7-3-34）：①土壤镉空间分布的重心坐标为（E119.7634°，N30.7355°），叶片镉空间分布的重心坐标为（E119.7613°，N30.7362°），二者重心位置偏差较为明显，但基本均在研究区中部地区，相比之下，叶片镉重心向西北方向有所偏移。②土壤与叶片镉标准差椭圆区域覆盖面积差较高，仅次于铜的差额。其中，土壤镉标准差椭圆面积为 7.3062km²，叶片镉标准差椭圆面积为 8.0916km²，二者相差 0.7854km²，且叶片镉高于土壤镉。③土壤镉标准差椭圆的短轴标准差为 0.0098km，长轴标准差为 0.0136km，短轴与长轴的比值为 0.7207；叶片镉标准差椭圆的短轴标准差为 0.0102km，长轴标准差为 0.0144km，短轴与长轴的比值为 0.7078。叶片镉的分布离散程度相对较小，空间分布方向性相对较强。④土壤-叶片镉标准差椭圆的方位角分别为 91.0504°和 92.1344°，二者的主趋势方向基本在东西方向上，且叶片的方位角较大，表明与土壤镉相比，叶片镉空间分布上南北差异相对较大，而东西差异相对较小。整体而言，土壤-叶片镉标准差椭圆吻合程度相对较低，且相对于土壤镉，叶片镉的标准差椭圆整体向西北方向有所偏移，且覆盖范围较土壤镉也有所增加（图 7-3-34）。

表 7-3-34　溪龙乡茶园土壤-叶片镉标准差椭圆参数

项目	土壤镉	叶片镉
椭圆面积/km²	7.3062	8.0916
椭圆 X 轴/km	0.0136	0.0144
椭圆 Y 轴/km	0.0098	0.0102
短轴与长轴比值	0.7207	0.7078
椭圆方位角/（°）	91.0504	92.1344

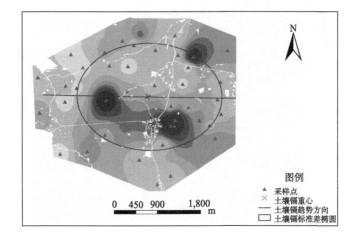

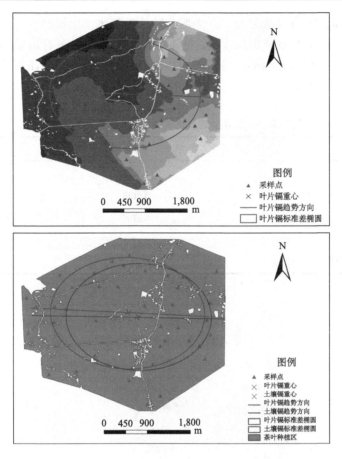

图 7-3-34　溪龙乡研究区土壤-叶片镉标准差椭圆

（8）砷标准差椭圆分析

砷的标准差椭圆模型结果显示（表 7-3-35）：①土壤砷空间分布的重心坐标为（E119.7630°，N30.7358°），叶片砷空间分布的重心坐标为（E119.7620°，N30.7362°），二者重心位置也存在一定程度的偏差，但基本均在研究区中部地区，相比之下，叶片砷重心整体明显向西北方向有所偏移。②土壤与叶片砷标准差椭圆区域覆盖面积差较上述各要素椭圆面积差额均小。其中，土壤砷标准差椭圆面积为 7.5694km²，叶片砷标准差椭圆面积为 7.6251km²，二者相差 0.0557km²，且叶片砷高于土壤砷。③土壤砷标准差椭圆的短轴标准差为 0.0100km，长轴标准差为 0.0138km，短轴与长轴的比值为 0.7252；叶片砷标准差椭圆的短轴标准差为 0.0096km，长轴标准差为 0.0145km，短轴与长轴的比值为 0.6652。叶片砷的分布离散程度明显较小，空间分布方向性相对较强。④土壤-叶片砷标准差椭圆的方位角分别为 97.1446°和 93.4212°，二者的主趋势方向也在东-西略偏东南-西北方向上，且土壤砷的方位角明显较大，表明与叶片砷相比，土壤砷空间分布上南北差异相对较大，而东西差异相对较小。整体而言，土壤-叶片砷标准差椭圆吻合程度也相对较高，且相对土壤砷，叶片砷的标准差椭圆主趋势方向在顺时针方向明显有所减小（图7-3-35）。

表7-3-35 溪龙乡茶园土壤-叶片砷标准差椭圆参数

项目	土壤砷	叶片砷
椭圆面积/km²	7.5694	7.6251
椭圆 X 轴/km	0.0138	0.0145
椭圆 Y 轴/km	0.0100	0.0096
短轴与长轴比值	0.7252	0.6652
椭圆方位角/（°）	97.1446	93.4212

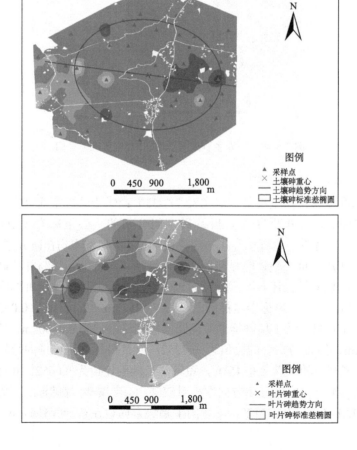

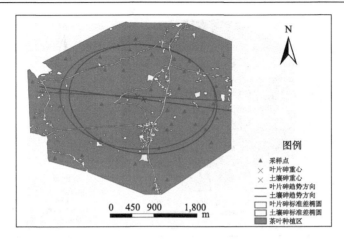

图 7-3-35 溪龙乡研究区土壤-叶片砷标准差椭圆

（9）硒标准差椭圆分析

硒的标准差椭圆模型结果显示（表 7-3-36）：①土壤硒空间分布的重心坐标为（E119.7634°，N30.7354°），叶片硒空间分布的重心坐标为（E119.7618°，N30.7355°），二者重心位置偏差相对砷较小，且均在研究区中部地区，相比之下，叶片硒重心向西北方向有所偏移。②土壤与叶片硒标准差椭圆区域覆盖面积差较上述各要素差额均小。其中，土壤硒标准差椭圆面积为 8.0670km²，叶片硒标准差椭圆面积为 8.0357km²，二者相差 0.0313km²，且土壤硒高于叶片硒。③土壤硒标准差椭圆的短轴标准差为 0.0107km，长轴标准差为 0.0137km，短轴与长轴的比值为 0.7856；叶片硒标准差椭圆的短轴标准差为 0.0102km，长轴标准差为 0.0143km，短轴与长轴的比值为 0.7143。叶片硒的分布离散程度明显较小，空间分布方向性相对较强。④土壤-叶片硒标准差椭圆的方位角分别为 96.3385°和98.6955°，二者的主趋势方向也在东-西略偏东南-西北方向上，且叶片的方位角略大，表明与土壤硒相比，叶片硒空间分布上而南北差异相对略大，而东西差异相对略小。整体而言，土壤-叶片硒标准差椭圆吻合程度较高，但相比土壤硒，叶片硒的标准差椭圆整体在西北方向上有所偏移（图 7-3-36）。

表 7-3-36 溪龙乡茶园土壤-叶片硒标准差椭圆参数

项目	土壤硒	叶片硒
椭圆面积/km²	8.0670	8.0357
椭圆 X 轴/km	0.0137	0.0143
椭圆 Y 轴/km	0.0107	0.0102
短轴与长轴比值	0.7856	0.7143
椭圆方位角/(°)	96.3385	98.6955

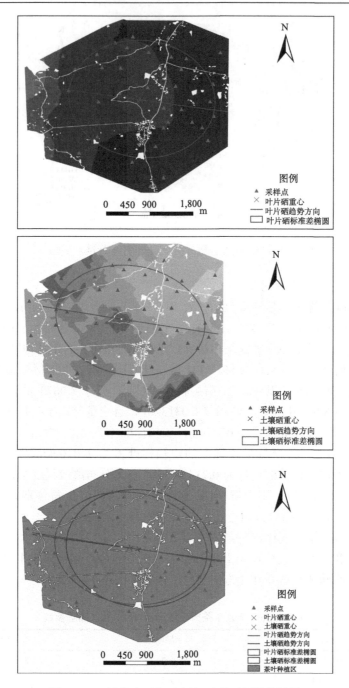

图 7-3-36　溪龙乡研究区土壤-叶片硒标准差椭圆

第 8 章　结论与展望

8.1　研究结论

本研究以江浙典型茶园（江苏省苏州市碧螺春绿茶、常州市溧阳白茶，浙江省杭州市龙井绿茶、湖州市安吉白茶）为研究区，运用 SPSS、GS+、ArcGIS 等软件，对江浙地区茶园土壤-叶片各要素指标进行描述性统计学分析、相关关系分析、空间变异结构分析、空间插值预测分析以及耦合性分析，以揭示不同地域茶园地理要素格局的内存作用机理，主要结论如下。

8.1.1　描述性统计分析

描述性统计分析表明：①江浙地区优质名茶种植区茶园土壤 pH 在 4.0~6.5 之间，其中江苏省天目湖和东山镇茶园土壤 pH 整体水平分别为 4.76、4.74，浙江省龙井村和溪龙乡茶园土壤 pH 整体水平分别为 4.40、4.22，江苏省茶园土壤 pH 处于适宜茶叶种植水平，而浙江省茶园土壤 pH 处于最适茶叶种植水平。②江浙地区茶园土壤养分整体供给水平及叶片养分整体富集水平均较高，其中土壤养分供给整体水平浙江省高于江苏省，但变异水平也较大；茶叶有机质及速效氮富集水平浙江省高于江苏省，而速效磷及速效钾富集水平江苏省高于浙江省，但江苏省茶园养分含量整体变异水平大于浙江省。③江浙地区茶园土壤重金属污染整体状况良好，除土壤锌整体水平上存在一定程度的污染问题外，其他整体水平均在标准限值范围内，未造成污染。但就锌元素本身而言，其含量高对人体是有益的，只是含量过高区域也应适当控制，防止对人体产生危害。④除茶叶叶片有机质含量变异整体水平小于 1%，属于弱变异水平外，江浙地区茶园土壤-叶片各要素指标含量的变异水平均在 10%~100%之间，属于中等强度变异水平。总体而言，江浙地区茶园土壤-叶片养分含量整体水平较高，重金属含量水平较低，茶叶整体质量较优。由于变异系数受人为影响程度较大，因此，仍然需要进一步建立健全茶园规范化管理，提高因地制宜水平及各元素的利用效率。

8.1.2　相关关系分析

相关关系分析表明：土壤要素之间、茶叶要素之间以及土壤与茶叶要素之间均存在一定的相互作用。土壤系统中，土壤硒最活跃，与土壤 pH、有机质、铜、锌、镉、砷等均表现出显著的相关关系。茶叶系统中，叶片砷最活跃，与叶片有机质、速效磷、铜、镉均表现出显著的相关关系。土壤-叶片系统中，由于叶片对土壤各营养元素及重金属元素的吸收具有选择性特征，因而在含量上并没有表现出较强的显著性相关关系，但从植物生理学角度上看，土壤中各营养元素尤其是重金属元素的存在对叶片吸收和积累该元素具有较强的促进作用。因此，养分及农药的投入仍需根据作物需求有针对性地投放。

8.1.3　变异函数（空间结构）分析

变异函数分析表明：①研究区土壤-叶片各要素指标的块金值均大于 0，表明变量本身存在着因采样误差、短距离变异、随机和固有变异引等引起的各种正基底效应。②块金系数表明江浙地区茶园土壤-叶片各要素指标空间分布既受结构性因子的影响又受到随机性因子的影响。就江浙地区茶园土壤-叶片各要素整体水平而言，块金值整体水平较小，基台值远大于块金值，表明整体水平上由采样误差、施肥管理等随机因素引起的变异较小，而由土壤母质、地形地貌、土壤类型等结构性因素引起的变异较大。③受结构性因子和随机性因子共同作用的影响，不同研究区不同要素指标的空间分布表现出不同的尺度。其中，江苏省土壤-叶片的各要素指标均表现为相对较大尺度上的空间自相关性，浙江省则表现为相对较小尺度上的空间自相关性，主要与江苏省研究区茶园相对浙江省研究区茶园地势较为平缓有关。

8.1.4　空间插值（空间预测）分析

Kriging/IDW 插值分析表明：①江浙地区茶园-叶片各要素指标的空间分布均呈现出相连成片的共性，但又各具形态。②居民点、交通道路等人为影响较大的区域及其附近的有机质和速效养分含量普遍偏低，而重金属含量普遍偏高。③浙江省土壤有机质及速效养分含量整体上较江苏省更高；但茶叶养分的区域性差异特征并不明显，其中江苏省天目湖及浙江省溪龙乡茶叶有机质和速效氮含量整体上较江苏省东山镇和浙江省龙井村更高，而浙江省溪龙乡茶叶速效磷及速效钾含量整体上明显较其他三个研究区茶叶要低。④江浙地区茶园重金属元素含量整体水平均在相关标准限值范围内，基本符合茶叶质量安全标准，但都存在局部异常或突变的情况。

8.1.5　土壤-叶片元素耦合性分析

耦合性分析表明：①江浙地区茶园土壤-叶片各要素整体水平耦合度均较高。其中，仅东山镇要素砷和龙井村要素铜的耦合度处于 0.5~0.8 范围内，属于磨合阶段；其他各要素耦合度均处于 0.8~1 范围内，属于高水平耦合阶段。②就研究区要素综合水平而言，江浙两省四个研究区要素耦合水平由高到低依次为溪龙乡>天目湖>龙井村>东山镇，其要素综合耦合度分别为 0.9439、0.9422、0.9340、0.9194。③江浙地区土壤-叶片要素耦合协调度整体水平均较高。除东山镇要素镉、要素砷的耦合协调强度为中度协调，其余要素均为高度协调或极度协调。④就研究区要素整体水平而言，要素整体耦合协调度水平由高到低依次为溪龙乡>天目湖>龙井村>东山镇，其耦合协调度分别为 0.7734、0.7605、0.7448、0.7266。高耦合性也体现出该区域土壤要素与叶片要素间确实存在较强的关联性。

8.1.6　土壤–叶片元素标准差椭圆分析

标准差椭圆分析表明：①江浙地区茶园土壤-叶片各要素标准差椭圆耦合度整体水平均较高，说明茶叶整体品质状况与茶园土壤整体质量状况密切相关。②同一研究区要素标准差椭圆整体分布情况比较相似，但不同研究区要素标准差椭圆相差较大，说明地形地貌特征、采样点布设等对标准差椭圆的特征具有重要影响。③由土壤-叶片要素标准差椭圆短轴与长轴的比值可知，天目湖、东山镇及龙井村研究区茶园要素在空间分布上均表现出明显的趋势性，而溪龙乡研究区茶园要素空间分布的趋势性则较弱。④由标准差椭圆主轴方位角可知，除东山镇研究区茶园要素空间分布在南北方向上的差异较东西方向上的差异更大外，其他三个研究区要素空间分布均为在东西方向上的差异较南北方向上的差异更大。因此，农户应结合茶园土壤及茶叶的实际状况，因地制宜地确定茶园经营管理策略。

8.2　研究不足与展望

本书运用描述性统计学分析、变异函数分析、空间分析、耦合性分析以及标准差椭圆分析等方法对江浙地区优质名茶种植区茶园地理特征指标进行研究分析，全面地了解和掌握了江浙地区优质名茶种植区茶园地理特征指标含量及其空间分布状况，并取得了一系列的研究成果。但鉴于研究时间和技术等方面的限制，本书仍存在一些不足之处有待于改善和更深入地研究。

8.2.1　研究广度有待进一步加强

本研究只针对各研究区地理特征指标某一时间点（2013 年 4 月 18 日~5 月 20 日）的空间分析，缺少时间变化上的规律分析，对未来可能存在的问题无法加以判断和预测。因此，在今后的研究中应考虑各地理特征指标时间上的变化规律，从而对未来可能存在的问题加以预测和预防，保障我国优质名茶的品质和产量得到进一步提升，同时避免可能发生的土壤或茶叶质量问题。

8.2.2　研究深度有待进一步加强

本研究只是从表层以下 0~25cm 范围内的土壤以及采样点附近的茶叶处对各研究区的地理特征指标进行整体的分析，而没有对土壤进行分层（如：0~5cm、5~10cm、10~15cm、15~20cm、20~25cm），也没有对茶叶进行分类（如：顶牙、幼叶、老叶等），更没有对茶树的其他组织（如根部、枝干等）进行分析。因此，在今后的研究中应考虑将土壤样品进行分层测试和分析，对茶叶进行分类处理和测定，同时考虑茶树的其他组织和器官，从而更加详细地分析土壤各要素指标对茶叶整体质量状况产生的更全面具体的影响。

8.2.3　研究内容有待进一步丰富

本研究主要从江浙地区茶园土壤地理特征指标及其对茶叶各要素指标的影响等方面进行分析，缺少对农户茶园经营管理成本及茶叶产量和收入的深入分析。因此，在进一步的研究中，将会加强对农户茶园经营管理的成本及整体收入状况的调查研究和深入分析，从而使研究更具有现实意义，同时对改善农户茶园经营管理和提高农户经济收入提出具有针对性和可操作性的具体建议和对策。

参 考 文 献

边丽, 王自军. 2005. 污染物协同作用和拮抗作用的初步研究. 兵团教育学院学报, 15(4): 64-65.

蔡忠建. 2009. 对描述性统计量的偏度和峰度应用的研究. 北京体育大学学报, 32(3): 75-76.

陈婵婵. 2008. 陕西茶园土壤养分与茶叶相应成分关系的研究. 咸阳: 西北农林科技大学硕士学位论文.

陈菲. 2012. 茶树栽培及茶园管理技术的研究动态与发展趋势. 农业与技术, 32(2): 96, 178.

陈凌文, 郑永德, 杨巍, 等. 2007. GIS 在茶园管理的应用及展望. 茶叶, 33(3): 140-143.

陈璐. 2013. 基于复合生态系统理论的生态城镇建设研究——以苍南县马站镇为例. 南京: 南京农业大学硕士学位论文.

陈胜可. 2013. SPSS 统计分析从入门到精通. 北京: 清华大学出版社.

陈文福. 2004. 西方现代区位理论述评. 云南社会科学, 2: 62-66.

陈月英. 2000. 可持续发展理论综述. 长春师范学院学报, 19(5): 50-52, 25.

陈宗懋. 1988. 国内外茶叶医学研究现状. 茶叶文献, 2(1): 2-3.

程博一. 2007. 不同施肥模式对茶叶品质、产量构成以及土壤肥力的影响. 合肥: 安徽农业大学硕士学位论文.

程街亮, 史舟, 朱有为, 等. 2006. 浙江省优势农产区土壤重金属分异特征及评价. 水土保持学报, 20(1): 103-107.

迟凤琴, 徐强, 匡恩俊, 等. 2016. 黑龙江省土壤硒分布及其影响因素研究. 土壤学报, 53(5): 1262-1274.

戴慧敏, 龚传东, 董北, 等. 2015. 东北平原土壤硒分布特征及影响因素. 土壤学报, 52(6): 1356-1364.

邓特, 黄勇, 顾菁, 等. 2013. 空间分析中空间自相关性的诊断. 中国卫生统计, 30(3): 343-346.

董立宽, 方斌, 施龙博, 等. 2016. 茶园土壤速效磷乡镇尺度下空间异质性对比分析——以江浙地区优质名茶种植区为例. 长江流域资源与环境, 25(10): 1576-1584.

段小华, 胡小飞, 邓泽元, 等. 2012. 茶叶主要化学品质指标和茶树体部分微量元素的钙铝调控效应. 西北植物学报, 32(5): 988-994.

方斌, 叶子君. 2016. 江浙典型茶园土壤铜含量的空间分异对比分析. 地理研究, 35(3): 525-533.

方叶林, 黄震方, 陈文娣, 等. 2013. 2001-2010 年安徽省县域经济空间演化. 地理科学进展, 32(5): 831-839.

冯娜娜, 李廷轩, 张锡洲, 等. 2006. 不同尺度下低山茶园土壤有机质含量的空间变异. 生态学报, 26(2): 349-356.

付红艳. 2014. 关于变异系数、偏度系数和峰度系数的 U 统计量检验法. 四平: 吉林师范大学硕士学位论文.

高明星, 刘少峰. 2008. DEM 数据在青藏高原地貌研究中的应用. 国土资源遥感, (1): 59-63, 106.

葛晋纲, 刘海洋. 2010. 茶树栽培及茶园管理技术的研究动态与发展趋势. 安徽农业科学, 38(25): 13659-13662.

葛晋纲, 王润贤, 高起荣, 等. 2013. 江浙地区茶文化探析. 安徽农业科学, 41(12): 5631-5632, 5634.

龚伟, 颜晓元, 王景燕. 2011. 长期施肥对土壤肥力的影响. 土壤, 43(3): 336-342.

龚雨顺, 刘仲华, 黄建安. 2003. 茶叶中儿茶素制备纯化研究进展. 茶叶通讯, (1): 15-18.

苟丽晖, 孙兆地, 聂立水, 等. 2013. 北京松山自然保护区不同母质油松林土壤氮、磷、钾含量垂直分布. 应用生态学报, 24(4): 961-966.

谷建立, 张海涛, 陈家赢, 等. 2012. 基于DEM的县域土地利用空间自相关格局分析. 农业工程学报, 28(23): 216-224.

顾成军. 2014. 克里格插值在区域土壤有机碳空间预测中的应用. 中国土壤与肥料, (3): 93-97.

管培彬, 杨阳, 孙洪欣, 等. 2015. 茶叶中砷含量特征及不同摄入方式对茶叶中砷生物可给性的影响. 环境化学, 34(5): 925-931.

郭广慧, 张航程. 2011. 宜宾市城市土壤锌含量的空间分布特征及污染评价. 地理研究, 30(1): 125-133.

郭桂义, 曹璐, 王在群, 等. 2010. 我国的茶叶标准(一). 中国茶叶加工, 3: 19-23.

郭桂义, 王广铭. 2014. 我国茶叶产品国家标准理化指标分析. 中国茶叶加工, (3): 45-52.

郭海彦, 周卫军, 张杨珠, 等. 2008. 长沙"百里茶廊"茶园土壤重金属含量及环境质量特征. 环境科学, 29(8): 2320-2326.

郭旭东, 傅伯杰, 陈利顶, 等. 2000. 河北省遵化平原土壤养分的时空变异特征——变异函数与 Kriging 插值分析. 地理学报, 55(5): 555-566.

国家环境保护局. 1995. 土壤环境质量标准-GB 15618—1995. 北京: 中国标准出版社.

韩宝瑜, 周鹏, 崔林, 等. 2007. 不同管理方式的茶园生境中茶尺蠖及其天敌密度的差异. 植物保护学报, 34(1): 15-21.

何文彪, 黄小兵, 汪艳霞, 等. 2015. 有机肥对山地茶园土壤及茶叶产量与品质的影响. 贵州农业科学, 43(11): 71-73.

何龚, 傅德平, 赵志敏, 等. 2008. 基于GIS的新疆降水空间插值方法分析. 水土保持研究, 15(6): 35-37.

侯景儒, 郭光裕. 1993. 矿床统计预测及地质统计学的理论与应用. 北京: 冶金工业出版社.

洪兴平, 周志. 2002. 微波对茶多酚结构及其儿茶素组成的影响. 食品科学, 23(1): 37.

胡克林, 陈德立. 1999. 农田土壤养分的空间变异性特征. 农业工程学报, 15(3): 33-38.

胡明宇, 林昌虎, 何腾兵, 等. 2009. 茶园土壤性状与茶叶品质关系研究现状. 贵州科学, 27(3): 92-96.

胡乔木. 1987. 中国大百科全书（哲学卷）. 北京: 中国大百科全书出版社: 1253.

黄昌勇. 2000. 土壤学. 北京: 中国农业出版社.

黄建安. 1987. 茶叶氨基酸品质化学研究进展. 茶叶通讯, 3: 39-44.

黄苹, 谭和平, 陈能武. 2003. 茶叶与土壤中铜含量的相关分析. 西南农业学报, 15(1): 51-53.

黄啟亮, 龚永新, 蔡烈伟. 2006. 茶叶中锌含量研究进展. 茶叶科学技术, 4: 12-14.

贾朝佩, 周俊, 朱江. 2010. 我国主要富硒茶的增硒途径与开发前景. 茶业通报, 32(2): 81-84.

贾式科, 侯军伟. 2008. 西方区位理论综述. 合作经济与科技, 22: 28-29.

姜超强, 沈嘉, 祖朝龙. 2015. 水稻对天然富硒土壤硒的吸收及转运. 应用生态学报, 26(03): 809-816.

姜含春, 赵红鹰. 2009. 我国茶叶地理标志特性及品牌战略研究. 中国农业资源与区划, 30(4): 58-63.

解保军. 2010. 基于生产力理论的"生产的自然条件"概念新探. 鄱阳湖学刊, 5: 72-80.

金志凤, 王治海, 姚益平, 等. 2015. 浙江省茶叶气候品质等级评价. 生态学杂志, 34(5): 1456-1463.

孔樟良, 谢国雄. 2015. 杭州市典型茶园土壤与茶叶中重金属的积累与来源分析. 中国农学通报, 31(10): 226-231.

雷咏雯, 危常州, 李俊华, 等. 2004. 不同尺度下土壤养分空间变异特征的研究. 土壤, 36(4): 376-381, 391.

雷元胜. 2010. 人工复合生态茶园研究进展. 茶业通报, 32(1): 35-36.

李洪成. 2009. 数据的正态性检验方法及其统计软件实现. 统计与决策, (12): 155-156.

李慧, 魏昌华, 鲍征宇, 等. 2011. 恩施富硒茶叶中 Se 含量与对应土壤中 Se 及重金属元素 As、Cd、U 的关系. 地质科技情报, 30(3): 103-107.

李静, 夏建国, 巩发永, 等. 2005. 外源硒肥对茶叶硒含量及化学品质的影响研究. 水土保持学报, 19(4): 104-106, 126.

李俊生, 张晓岚, 吴晓莆, 等. 2009. 道路交通的生态影响研究综述. 生态环境学报, 18(3): 1169-1175.

李灵, 梁彦兰, 张玉, 等. 2013. 武夷岩茶核心种植区土壤重金属污染特征及土壤质量评价. 土壤通报, 44(03): 730-736.

李龙熙. 2005. 对可持续发展理论的诠释与解析. 行政与法(吉林省行政学院学报), 1: 3-7.

李启权, 岳天祥, 范泽孟, 等. 2010. 中国表层土壤有机质空间分布模拟分析方法研究. 自然资源学报, 25(8): 1385-1399.

李荣林. 2010. 茶园生态技术研究. 茶业通报, 32(1): 15-17.

李润林, 姚艳敏, 唐鹏钦, 等. 2013. 县域耕地土壤锌含量的协同克里格插值及采样数量优化. 土壤通报, 44(4): 830-838.

李思米. 2005. 基于 GIS 的中尺度土壤重金属空间插值分析及污染评价——以江苏省南通市为例. 南京: 南京农业大学硕士学位论文.

李相楹, 张珍明, 张清海, 等. 2014. 茶园土壤氮磷钾与茶叶品质关系研究进展. 广东农业科学, 23: 56-60.

李晓晖, 袁峰, 贾蔡, 等. 2012. 基于反距离加权和克里格插值的 S-A 多重分形滤波对比研究. 测绘科学, 37(3): 87-89, 46.

李云, 张进忠, 童华荣. 2008. 茶园土壤和茶叶中重金属的监测与污染评价. 环境科学与技术, 31(5): 71-75.

廖万有. 1997. 我国茶园土壤物理性质研究概况与展望. 土壤, 3: 121-124, 136.

林新坚, 黄东风, 李卫华, 等. 2012. 施肥模式对茶叶产量、营养累积及土壤肥力的影响. 中国生态农业学报, 20(2): 151-157.

林跃胜, 方凤满, 魏晓飞. 2014. 皖南茶园土壤重金属化学形态及其生物有效性. 水土保持通报, 34(6): 59-63.

刘爱利, 王培法, 丁园圆, 等. 2012. 地统计学概论. 北京: 科学出版社.

刘福顺, 刘会玲, 张毅功. 2011. 河北沧州果品主产区土壤砷空间变异性研究. 土壤通报, 42(6): 1496-1500.

刘国顺, 常栋, 叶协锋, 等. 2013. 基于 GIS 的缓坡烟田土壤养分空间变异研究. 生态学报, 33(8): 2586-2595.

刘海燕, 黄彩梅, 周盛勇, 等. 2015a. 茶叶锌、硒含量变化与种植土壤差异的研究. 植物科学学报, 33(2): 237-243.

刘海燕, 黄彩梅, 周盛勇, 等. 2015b. 茶园土壤及与茶叶中微量元素锌硒含量相关性的研究. 广西植物, 35(6): 868-874, 941.

刘洪涛, 郑国砥, 陈同斌, 等. 2008. 农田土壤中铜的主要输入途径及其污染风险控制. 生态学报, 28(4): 1774-1785.

刘黎明. 2003. 土地资源学. 北京: 中国农业大学出版社.

刘美雅, 伊晓云, 石元值, 等. 2015. 茶园土壤性状及茶树营养元素吸收、转运机制研究进展. 茶叶科学, 35(2): 110-120.

刘培哲. 1996. 可持续发展理论与《中国 21 世纪议程》. 地学前缘, 3(1): 1-9.

刘丕坤译. 1983. 1844 年经济学哲学手稿. 北京: 人民出版社: 135.

刘琼峰, 李明德, 吴海勇, 等. 2012. 城郊农田土壤 Pb、Cd 的空间变异与评价研究——以长沙市为例. 长江流域资源与环境, 21(2): 195-203.

刘仁忠, 罗军. 2007. 可持续发展理论的多重内涵. 自然辩证法研究, 23(4): 79-82, 105.

刘潇威, 何英, 赵玉杰, 等. 2007. 农产品中重金属风险评估的研究与进展. 农业环境科学学报, 26(1): 15-18.

刘新, 汪庆华, 蒋迎. 2011. 茶叶质量安全标准要求提高. 中国茶叶, 11: 6-7.

刘秀英, 张爱芝, 朱金花, 等. 2007. 太原市清徐县土壤养分动态分析. 山西农业科学, (9).

刘耀彬, 李仁东, 宋学锋. 2005. 中国城市化与生态环境耦合度分析. 自然资源学报, 20(1): 105-112.

鲁如坤. 1999. 土壤农业化学分析方法. 北京: 中国农业科技出版社.

吕连梅, 董尚胜. 2003. 茶树的钾素营养. 茶叶, 29(4): 195-197.

吕苏丹, 汪光宇, 邬亚浪, 等. 2002. 东阳万亩园区土壤养分综合评价研究. 浙江大学学报(农业与生命科学版), 28(3): 272-276.

罗健, 蓝红梅. 1995. 薄层扫描法测定茶叶中咖啡碱含量. 广东药学院学报, (3): 183-184.

罗晓明, 周春山, 钟世安, 等. 2002. 茶多酚浸提工艺研究. 食品工业科技, (3): 41-43.

骆永明, 等. 2012. 长江、珠江三角洲土壤及其环境. 北京: 科学出版社: 13-23.

马立锋. 2001. 重视茶园土壤的急速酸化和改良. 中国茶叶, 23(4): 30-31.

马立锋, 石元值, 阮建云. 2000. 苏、浙、皖茶区茶园土壤 pH 状况及近十年来的变化. 土壤通报, 31(5): 205-207, 241.

马荣华, 谢顺平. 2001. GIS 环境下面向地理特征的自动综合. 测绘通报, 9: 14-17.

马世骏, 王如松. 1984. 社会—经济—自然复合生态系统. 生态学报, 27(1): 3-11.

毛清黎. 1986. 茶树高光效株型育种研究——叶部性状与单叶净同化率的相关分析. 茶叶, (3): 8-11, 7.

毛清黎. 1989. 茶叶氨基酸的研究进展. 氨基酸杂志, 4: 16-21.

牛文元. 2008. 可持续发展理论的基本认知. 地理科学进展, 27(3): 1-6.

牛文元. 2012. 可持续发展理论的内涵认知——纪念联合国里约环发大会 20 周年. 中国人口: 资源与环境, 22(5): 9-14.

潘明安. 2009. 多尺度下低山丘陵区茶园土壤特性空间变异及制图. 成都: 四川农业大学硕士学位论文.

潘攀, 杨俊诚, 邓仕槐, 等. 2011. 土壤—植物体系中农药和重金属污染研究现状及展望. 农业环境科学学报, 12: 2389-2398.

庞凤, 李廷轩, 王永东, 等. 2009. 土壤速效氮、磷、钾含量空间变异特征及其影响因子. 植物营养与肥料学报, 15(1): 114-120.

庞元明. 2009. 土壤肥力评价研究进展. 山西农业科学, 37(2): 85-87.

彭天杰. 1990. 复合生态系统的理论与实践. 环境科学丛刊, 11(3): 1-98.

齐龙波, 周卫军, 郭海彦, 等. 2008. 覆盖和间作对亚热带红壤茶园土壤磷营养的影响. 中国生态农业学报, 16(3): 593-597.

綦菁华. 1998. 茶多酚在食品加工中的应用. 食品科技, (6): 35-36.

钱学森. 1994. 论地理科学. 浙江教育.

秦松, 樊燕, 刘洪斌, 等. 2008. 地形因子与土壤养分空间分布的相关性研究. 水土保持研究, 15(1): 46-49.

青木智. 1985. 固定化酵素膜一過酸化水素電極による茶樹の炭水化物と遊離アミノ酸の定量. 日本作物學會紀事, 54(3): 235-240.

阮建云, 吴洵, Hardter R. 1996. 茶园土壤钾素容量/强度关系及施用钾镁肥的影响. 茶叶科学, (2): 93-98.

阮建云. 2003. 关于无公害茶叶生产的几点认识. 中国茶叶, 25(3): 8-9.

阮宇成. 1997. 茶叶咖啡碱与人体健康. 茶叶通讯, (1): 3-4.

施加春, 刘杏梅, 于春兰, 等. 2007. 浙北环太湖平原耕地土壤重金属的空间变异特征及其风险评价研究. 土壤学报, 44(5): 824-830.

石建平. 2005. 复合生态系统良性循环及其调控机制研究——以福建省为例. 福州: 福建师范大学.

石元值, 金李孟, 祝幼松. 2007. 第一讲: 茶叶重金属元素含量现状及累积特点. 中国茶叶, (6): 17-19.

石元值, 马立峰, 韩文炎, 等. 2003. 铅在茶树中的吸收累积特性. 中国农业科学, 36(11): 1272-1278.

石元值, 阮建云, 马立峰, 等. 2006. 茶树中镉、砷元素的吸收累积特性. 生态与农村环境学报, 22(3): 70-75.

石垣幸三, 平峰重郎, 池ヶ谷賢次郎など. 1977. 本邦主要茶産地における茶樹の各種異常症状の実態と微量金属元素との関係. 茶業試験場研究報告, 13: 1-52.

史文娇, 刘纪远, 杜正平, 等. 2011. 基于地学信息的土壤属性高精度曲面建模. 地理学报,

66(11): 1574-1581.

史文娇, 岳天祥, 石晓丽, 等. 2012. 土壤连续属性空间插值方法及其精度的研究进展. 自然资源学报, 27(1): 163-175.

史志华, 蔡强国. 1999. GIS 在三峡库区土壤肥力综合评价中的应用. 水土保持学报, (1): 74-78.

矢野清, 常色一明, 安部秀雄. 1986. チヤ「芽枯れ症」に関する研究. 茶業研究報告,64: 13-28.

水野直治, 鎌田賢一, 稲津脩. 1981. 三笠市丘陵地帯のコムギの銅欠乏と不稔発生条件. 日本土壌肥料学雑誌, 52(4): 334-338.

宋丽丽, 程亚莉, 李俊. 2011. 粘性土壤与植物种植. 中国城市经济, 11: 300-301.

苏本营, 陈圣宾, 李永庚, 等. 2013. 间套作种植提升农田生态系统服务功能. 生态学报, 33(14): 4505-4514.

苏姝, 林爱文, 刘庆华. 2004. 普通 Kriging 法在空间内插中的运用. 江南大学学报, 3(1): 18-21.

苏有健, 廖万有, 丁勇, 等. 2011. 不同氮营养水平对茶叶产量和品质的影响. 植物营养与肥料学报, 17(6): 1430-1436.

孙艳玲, 郭鹏, 刘洪斌, 等. 2003. 基于 GIS 的土壤肥力综合评价. 西南大学学报(自然科学版), 25(2): 176-179.

孙中才. 2005. 农业经济学与数学. 林业经济问题, 25(4): 193-198.

孙中才. 2006. 农业经济学应用发展分析. 汕头大学学报, 22(1): 12-14, 90.

孙中才. 2007. 农业经济学在 20 世纪的科学化进展. 阴山学刊, 20(4): 87-92, 99.

Takeo T. 1981. 茶叶试验场所研究报告(日), 17: 1-68.

谭见安. 1989a. 环境硒与健康. 北京: 人民出版社.

谭见安. 1989b. 中华人民共和国地方病与环境图集. 北京: 科学出版社.

谭万能, 李志安, 邹碧, 等. 2005. 地统计学方法在土壤学中的应用. 热带地理, 25(4): 307-311.

唐茜, 叶善蓉, 陈能武, 等. 2008. 茶树对铬、镉的吸收积累特性研究. 茶叶科学, 28(5): 339-347.

唐玉琴, 彭良志, 淳长品, 等. 2013. 红壤甜橙园土壤和叶片营养元素相关性分析. 园艺学报, 40(4): 623-632.

陶富源. 1991. 地理环境与人类社会. 哲学研究, (4): 29-36.

陶荣达. 1997. 茶多酚的制备和应用研究的进展. 化学世界, (2): 64-67.

田丽荣. 2014. 对农业经济学的发展分析. 经济与社会发展研究, 6: 34.

田禹. 2012. 基于偏度和峰度的正态性检验. 上海: 上海交通大学硕士学位论文.

涂妍, 陈文福. 2003. 古典区位论到新古典区位论: 一个综述. 河南师范大学学报(哲学社会科学版), 30(5): 38-42.

宛晓春. 2003. 面向 21 世纪课程教材, 茶叶生物化学(茶学专业用), 3 版. 北京: 中国农业出版社.

万丽. 2006. 基于变异函数的空间异质性定量分析. 统计与决策, (4): 26-27.

汪万芬, 蒋锦刚. 2014. DEM 辅助的土壤速效钾及速效磷空间分异研究——以行埠河流域为例. 扬州大学学报(农业与生命科学版), 35(1): 81-85.

王宝军. 2009. 基于标准差椭圆法 SEM 图像颗粒定向研究原理与方法. 岩土工程学报, 31(7): 1082-1087.

王宏. 2009. 东洞庭湖湿地土壤重金属的分布特征及风险评价. 长沙: 湖南师范大学硕士学位论文.

王宏镔, 束文圣, 蓝崇钰. 2005. 重金属污染生态学研究现状与展望. 生态学报, 25(3): 596-605.

王洪新, 戴军, 张家骊, 等. 2001. 茶叶儿茶素单体的分离纯化及鉴定. 食品与生物技术学报, 20(2): 117-121.

王慧. 2010. 观光茶园规划设计研究. 咸阳: 西北农林科技大学硕士学位论文.

王慧炯. 1999. 对我国经济、社会、科技协调发展道路的一点认识. 经济理论与经济管理, 6: 11-13.

王济, 王世杰, 欧阳自远. 2007. 贵阳市表层土壤中镍的基线及污染研究. 西南大学学报(自然科学版), 29(3): 115-120.

王健民, 王伟, 张毅, 等. 2004. 复合生态系统动态足迹分析. 生态学报, 24(12): 2920-2926.

王美珠. 1991. 茶叶含硒量的研究. 浙江农业大学学报, 17(3): 250-254.

王倩, 尚月敏, 冯锐, 等. 2012. 基于变异函数的耕地质量等别监测点布设分析——以四川省中江县和北京市大兴区为例. 中国土地科学, 26(8): 80-86.

王青云. 2004. 可持续发展理论发展概述. 黄石高等专科学校学报, 20(4): 9-12.

王庆仁, 李继云, 李振声. 1999. 高效利用土壤磷素的植物营养学研究. 生态学报, 19(3): 417 – 421.

王仁锋, 胡光道. 1988. 线性地质统计学. 北京: 地质出版社.

王如松, 李锋, 韩宝龙, 等. 2014. 城市复合生态及生态空间管理. 生态学报, 34(1): 1-11.

王如松, 欧阳志云. 2012. 社会—经济—自然复合生态系统与可持续发展//可持续发展20年学术研讨会.

王如松. 2008. 复合生态系统理论与可持续发展模式示范研究. 中国科技奖励, 1(4): 21-21.

王绍强, 朱松丽, 周成虎. 2001. 中国土壤土层厚度的空间变异性特征. 地理研究, 20(2): 161-169.

王守生, 黄建国, 邹连生, 等. 2003. "巴山峡川"茶园自然环境与茶叶品质的调查研究. 中国农学通报, 19(5): 160-163.

王淑彬, 徐慧芳, 宋同清, 等. 2014. 广西森林土壤主要养分的空间异质. 生态学报, 34(18): 5293-5299.

王婷, 张倩, 杨海雪, 等. 2014. 农田土壤中铜的来源分析及控制阈值研究. 生态毒理学报, 9(4): 774-784.

王维, 张金婷, 王伟, 等. 2014. 基于耦合模型的重金属污染土壤植物修复效益空间差异分析. 土壤学报, 51(3): 547-554.

王晓萍. 1992. 土壤水分对茶树根系吸收机能的影响. 中国茶叶, (4): 10-11.

王效举. 1994. 土壤条件与茶叶品质关系的研究. 茶叶通讯, (2): 6-9.

王秀, 苗孝可, 孟志军, 等. 2005. 插值方法对GIS土壤养分插值结果的影响. 土壤通报, 36(6): 12-16.

王学民. 2008. 偏度和峰度概念的认识误区. 统计与决策, (12): 145-146.

王雅玲, 潘根兴, 刘洪莲, 等. 2005. 皖南茶区土壤硒含量及其与茶叶中硒的关系. 农村生态环境, 21(2): 54-57.

王亚力, 吴云超. 2014. 复合生态系统理论下的城市化现象透视. 商业经济研究, (5): 34-36.

王亚力. 2010. 基于复合生态系统理论的生态型城市化研究. 长沙: 湖南师范大学硕士学位论

文.

王艳妮, 谢金梅, 郭祥. 2009. ArcGIS 中的地统计克里格插值法及其应用. 教育技术导刊, 7(12): 36-38.

王毅, 丁正山, 余茂军, 等. 2015. 基于耦合模型的现代服务业与城市化协调关系量化分析——以江苏省常熟市为例. 地理研究, 34(1): 97-108.

王银华, 李凯, 王金戌, 等. 2006. 茶叶硒含量测定及影响富硒茶硒浸出率的因素. 河北科技大学学报, 27(2): 143-145, 154.

王泽农. 1979. 茶叶生物化学. 北京: 农业出版社.

王震, 邹华, 杨桂军, 等. 2014. 太湖叶绿素 a 的时空分布特征及其与环境因子的相关关系. 湖泊科学, 26(4): 567-575.

魏复盛, 等. 1990. 中国土壤元素背景值. 北京: 中国环境科学出版社.

吴彩, 方兴汉. 1993. 茶树解除休眠前后体内激素等物质变化及锌的积极影响. 作物学报, 19(2): 179-184.

吴丹, 王友保, 胡珊, 等. 2013. 吊兰生长对重金属镉、锌、铅复合污染土壤修复的影响. 土壤通报, 44(5): 1245-1252.

吴学文, 晏路明. 2007. 普通 Kriging 法的参数设置及变异函数模型选择方法——以福建省一月均温空间内插为例. 地球信息科学, 9(3): 104-108.

吴永刚, 姜志林, 罗强. 2002. 公路边茶园土壤与茶树中重金属的积累与分布. 南京林业大学学报(自然科学版), 26(4): 39-42.

武伟, 刘洪斌. 2000. 土壤养分的模糊综合评价. 西南大学学报(自然科学版), (3): 270-272.

向芬, 常硕其, 傅海平, 等. 2012. 氮素对茶树根系影响的研究进展. 茶叶通讯, 39(4): 29-31.

谢一辉. 1998. 茶色素中咖啡碱含量的测定. 江西中医药大学学报, 10(4): 178-178.

谢忠雷, 杨佰玲, 包国章, 等. 2006. 茶园土壤锌的形态分布及其影响因素. 农业环境科学学报, S1: 32-36.

徐锋. 2001. 三种农业经济理论的比较与评价. 华中农业大学学报(社会科学版), (4): 46-49.

徐国策, 李占斌, 李鹏, 等. 2012. 丹江中游典型小流域土壤总氮的空间分布. 地理学报, 67(11): 1547-1555.

徐建华. 2002. 现代地理学中的数学方法. 北京: 高等教育出版社.

徐茂, 王绪奎, 顾祝军, 等. 2007. 江苏省环太湖地区速效磷和速效钾含量时空变化研究. 植物营养与肥料学报, 13(6): 983.

徐萍, 杨丽韫, 刘某承, 等. 2014. 福建省安溪县不同类型茶园土壤性状与养分比较研究(英文). Journal of Resources and Ecology, 5(4): 356-363.

徐阳, 苏兵. 2012. 区位理论的发展沿袭与应用. 商业时代, (33): 138-139.

徐云鹤, 方斌. 2015. 江浙典型茶园土壤有机质空间异质性分析. 地球信息科学学报, 17(5): 622-630.

许文静. 2010. 农业经济理论对我国农村职业教育发展的启示. 科教导刊(上旬刊), 7: 91-92.

许允文, 吴洵, 杨锁森, 等. 1991. 低丘红壤茶园土的持水特性及水分循环特征. 茶叶科学, (1): 5-10.

许允文. 1986. 植物水分张力计在茶树水分状况研究中的应用. 中国茶叶, (3): 7-8.

薛冬. 2007. 茶园土壤微生物群落多样性及硝化作用研究. 杭州: 浙江大学.

颜明娟, 林琼, 吴一群, 等. 2014. 不同施氮措施对茶叶品质及茶园土壤环境的影响. 生态环境学报, 23(3): 452-456.

阳文锐, 王如松, 黄锦楼, 等. 2007. 反距离加权插值法在污染场地评价中的应用. 应用生态学报, 18(9): 2013-2018.

杨明. 1999. 微波加热—紫外分光光度法快速测定茶叶中咖啡碱. 曲阜师范大学学报(自然科学版), 25(1): 91-92.

杨清平, 毛清黎, 杨新河. 2014. 不同生态茶园土壤微生物及脲酶活性研究. 湖北大学学报(自科版), 36(4): 300-302.

杨巍. 2006. 咖啡碱的药理作用与开发利用前景. 茶叶科学技术, (4): 9-11.

杨晓萍. 2005. 功能性茶制品. 北京: 化学工业出版社.

杨耀松. 1996. 茶树氮素营养研究. 茶叶通讯, (1): 16-18.

杨勇, 李卫东, 贺立源. 2011. 土壤属性空间预测中变异函数套合模型的表达与参数估计. 农业工程学报, 27(6): 85-89.

杨跃华, 庄雪岚, 胡海波. 1987. 土壤水分对茶树生理机能的影响. 茶叶科学, 7(1): 23-28.

姚国坤, 葛铁钧. 1987. 密植免耕茶园的土壤理化特性. 中国茶叶, (2): 25-28.

叶勇, 王泽时, 俞丽霞. 2006. HPLC测定冰茶栓中茶叶咖啡碱的研究. 云南中医学院学报, 29(3): 7-8, 11.

叶子君, 方斌, 欧阳宸曦, 等. 2016. 江浙典型茶园土壤镉的空间分异对比分析. 土壤通报, 47(2): 467-473.

尹莲. 1999. 超声法提取茶多酚的实验研究. 食品工业, (3): 10-11.

于海宁, 沈生荣, 臧荣春, 等. 2001. 茶多酚中儿茶素类的 HPLC 分析方法学考察. 茶叶科学, 21(1): 61-64.

于华忠, 龚竹琼, 张东山. 2004. 茶多酚的研究进展. 福建茶叶, 4: 16-19.

于晓华, 郭沛. 2015. 农业经济学科危机及未来发展之路. 中国农村经济, 8: 89-96.

张德利, 杨犇. 2009. 基于重心模型的江苏沿海地区经济空间演变研究. 淮海工学院学报(自然科学版), 18(2): 77-80.

张鼎华, 叶章发, 罗水发. 2001. 福建山地红壤磷酸离子($H_2PO_4^-$)吸附与解吸附的初步研究. 山地学报, 19(1): 19-24.

张惠. 2015. 典型绿茶茶园土壤养分和重金属的空间变异特性分析及肥力质量评价. 北京: 中国农业科学院硕士学位论文.

张锦明, 郭丽萍, 张小丹. 2012. 反距离加权插值算法中插值参数对 DEM 插值误差的影响. 测绘科学技术学报, 29(1): 51-56.

张莉, 段宏瑾, 方洪钜, 等. 1995. 茶中儿茶素类和生物碱成分的 HPLC 分析. 药学学报, (12): 920-924.

张丽亚, 沈其荣, 姜洋. 2001. 有机肥对镉污染土壤的改良效应. 土壤学报, 38(2): 212-218.

张明龙, 周剑勇, 刘娜. 2014. 杜能农业区位论研究. 浙江师范大学学报(社会科学版), 39(5): 95-100.

张鹏岩, 秦明周, 闫江虹, 等. 2013. 黄河下游滩区开封段土壤重金属空间分异规律. 地理研究,

32(3): 421-430.

张荣艳, 朱江, 曹海生. 2006. 茶园土壤中钾的形态及空间分布特征研究. 茶业通报, 28(3): 113-114.

张盛, 刘仲华, 黄建安, 等. 2002. 吸附树脂法制备高纯儿茶素的研究. 茶叶科学, 22(2): 125-130.

张铁婵, 常庆瑞, 刘京. 2010. 土壤养分元素空间分布不同插值方法研究——以榆林市榆阳区为例. 干旱地区农业研究, 28(2): 177-182.

张心昱, 陈利顶, 李琪, 等. 2006. 不同农业土地利用类型对北方传统农耕区土壤养分含量及垂直分布的影响. 农业环境科学学报, 25(2): 377-381.

张星海, 周晓红, 唐德松, 等. 2010. 浙江名茶品质特征及评鉴新技术应用现状. 安徽农业科学, 38(34): 19561-19563.

张亚莲. 1990. 红壤常规茶园免耕法探讨. 茶叶通讯, (2): 14-16.

张义辉, 李洪建, 荣燕美, 等. 2010. 太原盆地土壤呼吸的空间异质性. 生态学报, 30(23): 6606-6612.

张忠良, 毛先颉. 2006. 中国世界茶文化. 北京: 北京时事出版社.

赵建华, 盖艾鸿, 陈芳, 等. 2008. 基于 GIS 和地统计学的区域土壤有机质空间变异性研究. 甘肃农业大学学报, 43(4): 103-106.

赵晋谦, 吴喜云. 1979. 茶叶喷灌效果的初步分析. 茶叶, (2): 1-6.

赵晶, 冯文强, 秦鱼生, 等. 2010. 不同氮磷钾肥对土壤 pH 和镉有效性的影响. 土壤学报, 47(5): 954-961.

赵璐. 2013. 中国经济格局时空演化趋势. 城市发展研究, 7: 14-18, 34.

赵明松, 张甘霖, 李德成, 等. 2013. 苏中平原南部土壤有机质空间变异特征研究. 地理科学, 33(1): 83-88.

赵明扬, 孙长忠, 康磊. 2013. 偏相关系数在林冠截留影响因子分析中的应用. 西南林业大学学报, 33(2): 61-65.

赵倩倩, 赵庚星, 姜怀龙, 等. 2012. 县域土壤养分空间变异特征及合理采样数研究. 自然资源学报, 27(8): 1382-1391.

赵雅婷, 杜晓, 李品武, 等. 2012. 不同茶园茶树与土壤的铜含量及分布特征. 湖北农业科学, 51(7): 1370-1375.

赵妍, 宗良纲, 曹丹, 等. 2011. 江苏省典型茶园土壤硒分布特性及其有效性研究. 农业环境科学学报, 30(12): 2467-2474.

赵业婷. 2015. 基于 GIS 的陕西省关中地区耕地土壤养分空间特征及其变化研究. 咸阳: 西北农林科技大学博士学位论文.

赵媛, 郝丽莎, 杨足膺. 2010. 江苏省能源效率空间分异特征与成因分析. 地理学报, 65(8): 919-928.

郑袁明, 陈同斌, 郑国砥, 等. 2005. 不同土地利用方式对土壤铜积累的影响——以北京市为例. 自然资源学报, 20(5): 690-696.

中川致之. 1973. 緑茶の味と化学成分. 茶業研究報告.

中国农业科学院茶叶研究所. 1986. 中国茶树栽培学. 上海: 上海科学技术出版社.

中国农业科学院茶叶研究所, 程启坤. 1982. 茶化浅析.

中国农业科学院茶叶研究所, 中国茶叶学会. 2004. 陈宗懋论文集. 北京: 中国农业科学技术出版社, 10: 271-272.

中华人民共和国农业部. 2001. 无公害食品茶叶产地环境条件 NY 5020—2001. 北京: 中国标准出版社.

中华人民共和国农业部. 2002. 有机茶产地环境条件 NY 5199—2002. 北京: 中国标准出版社.

中华人民共和国卫生部. 1988. GB 9679—1988 茶叶卫生标准.

钟萝, 王月根, 施兆鹏, 等. 1989. 茶叶品原理化分析. 上海: 上海科学技术出版社.

钟世安, 周春山, 杨娟玉. 2003. 高效液相色谱法分离纯化酯型儿茶素的研究. 化学世界, 44(5): 237-239.

钟晓兰, 周生路, 李江涛, 等. 2007. 长江三角洲地区土壤重金属污染的空间变异特征——以江苏省太仓市为例. 土壤学报, 44(1): 33-40.

周尔槐, 丁金坦, 江友友. 2015. 茶园土壤理化性质改良的主要措施. 蚕桑茶叶通讯, (1): 38-39.

周国华, 孙彬彬, 贺灵, 等. 2016. 安溪土壤-茶叶铅含量关系与土壤铅临界值研究. 物探与化探, 40(1): 148-153.

周红艺, 何毓蓉, 张保华. 2002. 长江上游典型地区 SOTER 数据库支持下的土壤肥力评价. 山地学报, 20(6): 748-751.

周慧平, 高超, 孙波, 等. 2007. 巢湖流域土壤全磷含量的空间变异特征和影响因素. 农业环境科学学报, 26(6): 2112-2117.

周志, 汪兴平, 张家年, 等. 2001. 微波在茶多酚提取技术上的应用研究. 湖北民族学院学报(自科版), 19(2): 8-10.

朱珩, 王月根, 程启坤, 等. 1983. 茶叶中营养成分和药效成分研究初报. 茶叶, (3): 44-47.

朱勤艳, 陈振宇. 1999. 茶中茶多酚的高效液相色谱法分离分析. 分析试验室, 18(4): 70-72.

朱益玲. 2002. 紫色土土壤养分空间变异性研究. 重庆: 西南农业大学硕士学位论文.

庄晚芳. 1984. 茶树生理. 北京: 中国农业出版社.

宗良纲, 周俊, 罗敏, 等. 2006. 江苏茶园土壤环境质量现状分析. 中国生态农业学报, 14(4): 61-64.

Agnieszka G K, Katarzyna M K. 2016. Potential health risk of selected metals for Polish consumers of oolong tea from the Fujian Province, China. Human and Ecological Risk Assessment: An International Journal, 22(5): 1147-1165.

Badilla O R, Ginocchio R, Rodríguez P H, et al. 2002. Relationship between soil copper content and copper content of selected crop plants in central Chile. Environmental Toxicology and Chemistry, 20(12): 2749-2757.

Bartier P M, Keller C P. 1996. Multivariate interpolation to incorporate thematic surface data using inverse distance weighting(IDW). Computers & Geosciences, 22(7): 795-799.

Bhatia I S, Deb S B. 1965. Nitrogen metabolism of detached tea shoots I. —Changes in amino-acids and amides of tea shoots during withering. Journal of the Science of Food and Agriculture. 16(12): 759-769.

Börjesson G, Nohrstedt H Ö. 1998. Short- and long-term effects of nitrogen fertilization on methane oxidation in three Swedish forest soils. Biology and Fertility of Soils, 27(2): 113-118.

Cambardella C A, Moorman T B, Novak J M, et al. 1994. Fieldscale variability of soil properties in central Iowa soils. Soil Science Society of America Journal, 58(5): 1501-1511.

Cao H B, Qiao L, Zhang H, et al. 2010. Exposure and risk assessment for aluminium and heavy metals in Puerh tea. Science of the Total Environment, 408(14): 2777-2784.

Chatani Y, Tadokoro H, Saegusa T, et al. 1981. Structural studies of poly(ethylenimine). 1. Structures of two hydrates of poly(ethylenimine): sesquihydrate and dihydrate. Macromolecules, 14(2): 315-321.

Chen H S, Shen Z L, Liu G S, et al. 2009. Spatial variability of soil fertility factors in the Xiangcheng tobacco planting region, China. Frontiers of Biology in China, 4(3): 350-357.

CO H. , Sanderson G W. 1970. Biochemistry of tea fermentation: conversion of amino acids to black tea aroma constituents. Journal of Food Science, 35(2): 160-164.

Dayo O, Albert C A. 2010. Quantitative assessment of heavy metals in some tea marketed in Nigeria—Bioaccumulation of heavy metals in tea. Health, 2(9): 1097-1100.

Dong X, Huang X, Yao H, et al. 2010. Effect of lime application on microbial community in acidic tea orchard soils in comparison with those in wasteland and forest soils. Journal of Environmental Sciences, 22(8): 1253-1260.

Dong X W, Zhang X K, Bao X L, et al. 2009. Spatial distribution of soil nutrients after the establishment of sand-fixing shrubs on sand dune. Plant, Soil and Environment, 55: 288-294.

Eriksson J E. 1990. Effect of nitrogen-containing fertilizer on solubility and plant uptake of cadmium. Water, Air, and Soil Pollution, 3(49): 355-368.

Fang X M, Chen F S, Hu X F, et al. 2014. Aluminum and nutrient interplay across an age-chronosequence of tea plantations within a hilly red soil farm of subtropical China. Soil Science and Plant Nutrition, 60(4): 448-459.

Feldheim W, Yongvanit P, Cummings P H. 1986. Investigation of the presence and significance of theanine in the tea plant. Journal of the Science of Food and Agriculture, 37(6): 527-534.

Helmut S, Helvecio D P, Sven B, et al. Spatial heterogeneity of soil respiration and related properties at the plant scale. Plant and Soil, 2000, 222(1): 203-214.

Huo X N, Zhang W W, Sun D F, et al. 2011. Spatial pattern analysis of heavy metals in Beijing agricultural soils based on spatial autocorrelation statistics. International Journal of Environmental Research and Public Health, 8(6): 2074-2089.

Igor V F, Shawna M M, David L B. 2004. Topographic control of soil microbial activity: a case study of denitrifiers. Geoderma, 119(1): 33-53.

International Tea Committee (ITC). 2011. Annual Bulletin of Statistics.

Isaaks E H, Srivastava R M. 1990. An Introduction To Applied Geostatistics. New York: Oxford University Press.

Jiang H L, Liu G S, Wang R, et al. 2012. Spatial variability of soil total nutrients in a tobacco plantation field in central China. Communications in Soil Science and Plant Analysis, 43(14): 1883-1896.

Kavianpoor H, Esmali O A, Jafarian J Z. 2012. Spatial variability of some chemical and physical soil properties in Nesho Mountainous Rangelands. American Journal of Environmental Engineering, 2(1): 11.

Kibet S, Patrick G H, David M K, et al. 2013. Nitrogen and potassium dynamics in tea cultivation as influenced by fertilizer type and application rates. American Journal of Plant Sciences, 4(1): 59-65.

Konishi S, Takahashi E. 1966. Degradation of theanine labeled with Ethylamine-1-C in tea seedlings. Journal of the Science of Soil & Manure Japan, 37.

Li J, Andrew D, Heap. 2010. A review of comparative studies of spatial interpolation methods in environmental sciences: Performance and impact factors. Ecological Informatics, (3): 228-241.

Li W Q, Zhang M, Shu H R. 2005. Distribution and fractionation of Copper in soils of Apple Orchards. Environmental Science and Pollution Research-International, 12(3): 168-172.

Li W J, Xia Y Q, Ti C P, et al. 2011. Evaluation of biological and chemical nitrogen indices for predicting nitrogen-supplying capacity of paddy soils in the Taihu Lake region, China. Biol Fertil Soils, 47: 669-678.

Lin Z H, Qi Y P, Chen R B, et al. 2012. Effects of phosphorus supply on the quality of green tea. Food Chemistry, 130(4): 908-914.

Liu G S, Wang X Z, Zhang Z Y, et al. 2008. Spatial variability of soil properties in a tobacco field of central China. Soil Science, 173(9): 659-667.

Matheron G. 1963. Principles of geostatistics. Economic Geology, 58(8): 1246-1266.

Mohammad N, Samar M, Alireza I. 2014. Levels of Cu, Zn, Pb, and Cd in the leaves of the tea plant(Camellia sinensis) and in the soil of Gilan and Mazandaran farms of Iran. Journal of Food Measurement and Characterization, 8(4): 277-282.

Nakagawa M, Ishima N. 1971. Correlation of the chemical constituents with the organoleptic evaluation of Green Tea Liquors(Continued). Jap Tea Res Sta Stud Tea, (34): 41-44.

Narin I, Colak H, Turkoglu O, et al. 2004. Heavy metals in black tea samples produced in Turkey. Bulletin of Environmental Contamination and Toxicology, 72(4): 844-849.

Nishitani E, Sagesaka Y M. 2004. Simultaneous determination of catechins, caffeine and other phenolic compounds in tea using new HPLC method. Journal of Food Composition & Analysis, 17(5): 675-685.

Nyirenda H E. 1991. Use of Growth measurements and foliar nutrient content as criteria for clonal selection in tea(Camellia sinensis). Experimental Agriculture, 27(1): 47-52.

Olofsson J, Mazancourt C, Crawley M J. 2008. Spatial heterogeneity and plant species richness at different spatial scales under rabbit grazing. Oecologia, 156(4): 825-834.

Roberta C N, Luís R F A. 2013. Sequential extraction and speciation of Ba, Cu, Ni, Pb and Zn in soil contaminated with automotive industry waste. Chemical Speciation & Bioavailability, 25(1): 34-42.

Roberts D R, Sanderson G W. 1966. Changes undergone by free amino-acids during the manufacture of black tea. Journal of the Science of Food and Agriculture. 17(4): 182-188.

Ruan J, Haerdter R, Gerendás J. 2010. Impact of nitrogen supply on carbon/nitrogen allocation: A case study on amino acids and catechins in green tea [Camellia sinensis(L.) O. Kuntze] plants.

Plant Biology, 12(5): 724-734.

Ryan J, Singh M, Masri S, et al. 2012. Spatial variation in soil organic matter, available phosphorus, and potassium under semi-arid conditions: research station management implications. Communications in Soil Science and Plant Analysis, 43(21): 2820-2833.

Saijo R. 1982. Isolation and chemical structures of two new catechins from fresh tea leaf. Bioscience, Biotechnology and Biochemistry, 46(7): 1969-1970.

Sakato Y, Hashizume T, Kishimoto Y. 1950. Studies on the chemical constitunts of tea: Part V. Synthesis of Theanine. Nippon Nōgeikagaku Kaishi, 23: 269-271.

Sanderson G W, Grahamm H N. 1973. Formation of black tea aroma. Journal of Agricultural and Food Chemistry. 21(4): 576-585.

Sasaoka K, Kito M. 1964. Synthesis of theanine by tea seedling homogenate. Agricultural and Biological Chemistry, 28(5): 313-317.

Seenivasan S, Anderson T A, Muraleedharan N. 2016. Heavy metal content in tea soils and their distribution in different parts of tea plants, Camellia sinensis. O. Kuntze. Environmental Monitoring and Assessment, 188(7): 428.

Selvendran R R, Selvendran S. 1973a. Chemical changes in young tea plant (Camellia sinensis L.)tissues following application of fertilizer nitrogen. Annals of Botany, 37(3): 453-461.

Selvendran R R, Selvendran S. 1973b. The distribution of some nitrogenous constituents in the tea plant. Journal of the Science of Food and Agriculture, 24(2): 161-166.

Shi W J, Liu J Y, Du Z P, et al. 2011. Surface modeling of soil properties based on land use information. Geoderma, 162(3): 347-357.

Shi W J, Liu J Y, Du Z P, et al. 2012. Development of a surface modeling method for mapping soil properties. Journal of Geographical Sciences, 22(4): 752-760.

Stagg G V, Millin D J. 1975. The nutritional and therapeutic value of tea—a review. Journal of the Science of Food and Agriculture, 26(10): 1439-1459.

Takeo T. 1974. l -Alanine as a precursor of ethylamine in Camellia sinensis. Phytochemistry, 13(8): 1401-1406.

Tam N F, Liu W K, Wong M H, et al. 1987. Heavy metal pollution in roadside urban parks and gardens in Hong Kong. Science of the Total Environment, 59: 325-328.

Wang H, Jianghua Y E, Chen X, et al. 2016. Effect on soil microbes of the rhizospheric soil acidity of tea tree continuous cropping. Chinese Journal of Applied & Environmental Biology, (3): 480-485.

Wang H, Yang J P, Yang S H, et al. 2014. Effect of a 10℃-elevated temperature under different water contents on the microbial community in a tea orchard soil. European Journal of Soil Biology, 62: 113-120.

Wang H F, Helliwell K, You X Q. 2000. Isocratic elution system for the determination of catechins, caffeine and gallic acid in green tea using HPLC. Food Chemistry, 68(1): 115-121.

Wang K, Zhang C R, Li W D. 2012. Comparison of geographically weighted regression and regression kriging for estimating the spatial distribution of soil organic matter. GIScience & Remote Sensing, 49(6): 915-932.

Webster R. 1985. Quantitative spatial analysis of soil in the field. Advances in Soil Science, 3: 61-70.

Wickremasinghe R L, Perera K P W K. 1972. Site of biosynthesis and translocation of theanine in the tea plant. http: //dl. nsf. ac. lk/handle/1/13302.

Wickremasinghe R L. 1965. Studies on the quality and flavour of tea, the Polyphenols and low boiling volatile compounds. Tea Quarterly, 1965, 36(2): 59-63.

Wu P F, Zhu B, Yang Y L. 2006. Spatial and temporal distributions of soil organic matter in the mixed plantations of alder and cypress in the hilly areas of central Sichuan Basin. Wuhan University Journal of Natural Sciences, 11(4): 1021-1027.

Xie Z L, Chen Z, Sun W T, et al. 2007. Distribution of aluminum and fluoridein tea plant and soil of tea garden in central and southwest China. Chinese Geographical Science, 17(4): 376-382.

Xu G C, Li Z B, Li P, et al. 2014. Spatial variability of soil available phosphorus in a typical watershed in the source area of the middle Dan River. China. Environmental Earth Sciences, 71(9): 3953-3962.

Xu H Q, Xiao R L, Song T Q. 2008. Effects of different fertilization on microbial biomass carbon from the red soil in tea garden. Frontiers of Agriculture in China, 2(4): 418-422.

Xue D, Huang X, Yao H, et al. 2010.Effect of lime application on microbial community in acidic tea orchard soils in comparison with those in wasteland and forest soils. Journal of Environmental Sciences, 22(8): 1253-1260.

Yong J, Liang W J, Wen D Z, et al. 2005. Spatial heterogeneity of DTPA-extractable zinc in cultivated soils induced by city pollution and land use. Science in China Series C: Life Sciences, 48(1): 82-91.

Yuan X U. 2000. Reverse-phase HPLC assay for plasminogen activators. Journal of Liquid Chromatography & Related Technologies, 23(12): 1841-1850.

Zhang M K, Fang L P. 2007. Tea Plantation-induced activation of soil heavy metals. Communications in Soil Science and Plant Analysis, 38: 11-12.

Zhang S L, Ted H, Zhang X Y, et al. 2014. Spatial distribution of soil nutrient at depth in black soil of Northeast China: a case study of soil available phosphorus and total phosphorus. Journal of Soils and Sediments, 14(11): 1775-1789.

Zhao J, Wu X, Nie C, et al. 2012. Analysis of unculturable bacterial communities in tea orchard soils based on nested PCR-DGGE. World Journal of Microbiology and Biotechnology, 28(5): 1967-1979.

Zhou L Q, Shi Z, Zhu Y W. 2008. Assessment and mapping of heavy metals pollution in tea plantation soil of Zhejiang Province based on Gis // Li D L, Zhao C J. Computer and Computing Technologies in Agriculture II, Volume1. Beijing: 69-78.

Zhou Y G, Chen H, Deng Y W. 2002. Simultaneous determination of catechins, caffeine and gallic acids in green, Oolong, black and pu-erh teas using HPLC with a photodiode array detector. Talanta, 57(2): 307-316.

Zuo X A, Zhao X Y, Zhao H L, et al. 2009. Spatial heterogeneity of soil properties and vegetation–soil relationships following vegetation restoration of mobile dunes in Horqin Sandy Land, Northern China. Plant and Soil, 318(1-2): 153-167.